米政策改革による
水田農業の変貌と集落営農
兼業農業地帯・岐阜からのアプローチ

荒井 聡 著

筑波書房

目　次

序章　課題と構成 …………………………………………………………… *1*
　第1節　本書の課題 …………………………………………………………… *1*
　第2節　米政策改革と農業構造の変動 ……………………………………… *3*
　第3節　本書の構成 ………………………………………………………… *12*

Ⅰ部　米政策改革胎動期における水田農業と集落営農 ………………… *19*

第1章　兼業深化平地農村における集落営農の展開と担い手の動向
　　　　　―岐阜県海津郡平田町を中心に― ……………………………… *20*
　第1節　東海地域の農業と担い手の特徴および本章の課題 …………… *20*
　第2節　平田町農業の担い手・集落営農の特徴 ………………………… *23*
　第3節　機械化営農組合による作業受託の状況と受託型集落営農の
　　　　　特徴 ………………………………………………………………… *30*
　第4節　稲作共同経営組合による協業型集落営農の展開 ……………… *38*
　第5節　未組織4集落の農業の特徴と平田農業パイロット組合 ……… *43*
　第6節　まとめ―集落営農の展開論理と地域農業の主体形成― ……… *45*

第2章　「米政策改革」下における地域参加型集落営農法人組織の展開論理
　　　　　―岐阜県揖斐郡揖斐川町K営農組合を中心に― ……………… *49*
　第1節　課題と方法 ………………………………………………………… *49*
　第2節　揖斐川町水田農業の担い手の存在形態 ………………………… *50*
　第3節　農事組合法人・K営農組合の存立構造 ………………………… *55*
　第4節　まとめ ……………………………………………………………… *61*

第3章　新基本計画と中部地域における水田農業担い手形成の課題
　　　　―東海地区を対象として― ……………………………………… 63
　　第1節　本章の課題 ……………………………………………………… 63
　　第2節　新食料・農業・農村基本計画のシナリオ―期待と問題点― … 64
　　第3節　東海地域水田農業と地域水田農業ビジョンの特徴 ………… 69
　　第4節　東海地域における典型的担い手経営の若干の事例考察 …… 72
　　第5節　むすび―新基本計画と担い手形成の課題― ………………… 80

Ⅱ部　水田経営所得安定対策による集落営農再編と水田農業の担い手 …… 83

第4章　水田・畑作経営所得安定対策による集落営農の再編 ………… 84
　　第1節　本章の課題 ……………………………………………………… 84
　　第2節　水田・畑作経営所得安定対策の内容と岐阜県での加入状況
　　　　　（2009年） ………………………………………………………… 84
　　第3節　水田経営所得安定対策加入集落営農の経営の特徴
　　　　　―35組織調査結果概要― ……………………………………… 88
　　第4節　小括 ……………………………………………………………… 97

第5章　集落営農の再編強化による兼業農業の包摂
　　　　―海津市旧平田町の事例を中心に― …………………………… 99
　　第1節　本章の課題 ……………………………………………………… 99
　　第2節　旧平田町農業構造と営農組織の特徴 ………………………… 100
　　第3節　大区画圃場整備事業と集落営農と兼業農業の再編 ………… 103
　　第4節　水田経営安定対策による経営体化と農業就業の実態 ……… 110
　　第5節　集落営農と水田経営の展望 …………………………………… 118

第6章　兼業深化地帯における水田農業の担い手と集落営農
　　　　──美濃平坦地域を中心に── ……………………………………… *121*
　　第1節　課題と方法 ………………………………………………………… *121*
　　第2節　岐阜県の水田農業と担い手の特徴 ……………………………… *123*
　　第3節　岐阜市における担い手と集落営農 ……………………………… *131*
　　第4節　兼業深化地域における水田農業の担い手の課題と展望 ……… *139*

Ⅲ部　農政転換期の水田農業と集落営農 ……………………………………… *143*

第7章　戸別所得補償制度への転換による集落営農の新展開
　　　　──岐阜県中山間地地域を中心に── …………………………… *144*
　　第1節　課題と方法 ………………………………………………………… *144*
　　第2節　戸別所得補償制度モデル対策と集落営農 ……………………… *145*
　　第3節　戸別所得補償制度による集落営農の新動向 …………………… *148*
　　第4節　戸別所得補償制度による新設集落営農の特徴
　　　　　　──岐阜県の事例── ……………………………………………… *151*
　　第5節　戸別所得補償モデル対策を契機として新設された集落営農
　　　　　　の概要──岐阜県の事例── ……………………………………… *154*
　　第6節　まとめ ……………………………………………………………… *160*

第8章　地域農業・農地の新動向と「人・農地プラン」
　　　　──東海地域を中心に── ………………………………………… *164*
　　第1節　はじめに …………………………………………………………… *164*
　　第2節　「人・農地プラン」の背景と特徴 ……………………………… *165*
　　第3節　東海地域の農業・農家の特徴と「人・農地プラン」 ………… *170*
　　第4節　高山市にみる「人・農地プラン」の取り組み
　　　　　　──野菜作新規就農者の確保を図る── ……………………… *177*

第5節　養老町にみる「人・農地プラン」の取り組み―農地の利用
　　　集積を図る― ·· *183*
第6節　むすび ·· *184*

第9章　小規模・高齢化集落の農業と集落営農
　　　―岐阜県中山間地域の事例― ······································ *187*
第1節　課題 ·· *187*
第2節　岐阜県中山間地域における小規模・高齢化集落の農家・農地
　　　と担い手の状況 ··· *188*
第3節　中山間地域小規模・高齢化集落に関係する集落営農等の活
　　　動状況 ·· *192*
第4節　小規模・高齢化集落に関係する集落営農等の事例研究 ······· *197*
第5節　山間農業地域における集落営農の展開
　　　―岐阜県加茂郡白川町の事例― ································· *203*
第6節　まとめ ··· *209*

第10章　農業構造の変動と集落営農 ··································· *213*
第1節　雇用型集落営農の労働力―誰をどう雇用するか ············· *213*
第2節　農地管理主体として存在感を増す土地持ち非農家 ··········· *222*

Ⅳ部　農業構造改革による水田農業と集落営農の新展開 ············ *231*

第11章　集落営農における地代と労賃の衝突と法人化
　　　―岐阜県平地農村地帯の事例分析― ························· *232*
第1節　課題と方法 ··· *232*
第2節　海津市の農業構造の動向 ··· *233*
第3節　集落営農の再編と法人化の進展 ···································· *237*

第4節　法人化による剰余配当の転換
　　　　　—ぐるみ型・（農）A集落営農法人の事例— ……………… 245
　　第5節　まとめ ……………………………………………… 249

第12章　都市的地域での集落営農の急増による農業構造の大きな変動
　　　　　—大垣市の事例— …………………………………… 252
　　第1節　課題と方法 ………………………………………… 252
　　第2節　大垣市の農業構造の特徴 ………………………… 253
　　第3節　大垣市の集落営農の動向 ………………………… 256
　　第4節　土地利用型メガファーム経営の新動向 ………… 261
　　第5節　むすび ……………………………………………… 266

第13章　担い手空洞化地域におけるJA出資農業法人による農地の集積
　　　　　—サポートいび— …………………………………… 269
　　第1節　課題と方法 ………………………………………… 269
　　第2節　岐阜県におけるJA出資農業法人の動向 ………… 269
　　第3節　担い手不在地域でのサポートいびの事業展開と集落営農 … 271
　　第4節　産地体制強化とJA出資法人の役割 ……………… 275
　　第5節　JA出資農業法人による農地集積の成果と課題 … 277

終章　要約と結論 ……………………………………………… 281
　　第1節　米政策改革以降の稲作収益の動向 ……………… 281
　　第2節　平地農村地域の水田農業の担い手と集落営農 … 285
　　第3節　都市的地域における水田農業の担い手形成 …… 290
　　第4節　中山間地域における水田農業の担い手と集落営農 … 292
　　第5節　結論—水田農業の担い手の展望と集落営農— … 293

引用・参考文献 ………………………………………………… 301
あとがき ………………………………………………………… 305

序章

課題と構成

第1節 本書の課題

　本書の課題は、米政策改革大綱（2002）において「集落段階での話し合いを通じ、地域ごとに担い手を明確化する」ことの提起を受け、地域での話し合い、担い手の明確化がどのように進められたかを、主として岐阜県の水田農業を対象として明らかにすることである。それは「水田農業経営が困難な状況に立ち至っている」ことへの経営政策・構造政策の柱として進められた。現場がこれをどう受けとめ、どう対応・対抗してきたかを、関連統計分析と水田経営の実態調査を基に明らかにし、またその効果を検証する。

　「集落段階での話し合い」には、集落の機能が重要な役割を果たす[1]。集落機能が十分働くところでは各種の目的で設立された営農組織は、集落営農へと展開する場合が多い。そこでは集落営農が担い手として明確化される。平地農業地域では集落機能が比較的に保たれ、諸課題に対し集団的な対応をしてきている[2]。それは機械化・兼業化への対応から始まり、集団転作へと発展し、さらに経理の一元化へと展開を見せている。米価下落による稲作収益の低下が、特に中小経営の困難性と農地貸付意向をさらに強め、この動きを加速している。そこで第一の課題は、まずは集落営農の組織化が進んだ平地農村を中心に、米政策改革による担い手の明確化の一つの選択としての集落営農の形成論理を実態に基づき明らかにする[3]。

　農業地域類型ごとに水田農業の担い手の明確化の状況はやや異なる傾向がある。平地農業では集落を基礎として担い手の明確化を図り、農地利用集積

を進めているのに対し、都市的地域ではその動きは微弱である。都市化の影響を受け、集落機能が低下しているところでは、集団での対応には限界がある[4]。機械の共同利用、作業受委託までは行われるものの、利用権設定にまですすむところは比較的少ない。市街化区域をかかえる地域ではそれが顕著である。また、一旦明確化された地域の担い手農家や営農組織の中心的担い手が高齢化によりリタイアしても後を継承できず、担い手が空洞化するところも徐々に広がっている。稲作収益の低下がそれを加速している。こうした担い手空洞化地域の受け手となっているのがJA出資農業法人や、会社形態をとる農業法人である。これらの法人が広域にわたる領域で事業を展開してきていることが米政策改革大綱以降の都市的地域での特徴である。ここでの経営耕地は分散しがちである。その克服のため地域の営農組織と連携しながら、農地の維持管理に務めている。そこで第二の課題は、こうした都市的地域での水田農業の担い手の明確化、営農組織も含めた担い手どうしの連携のあり方を明らかにする。

担い手不在地域の広がりは中山間地域ではより深刻なものがある。「担い手」を明確化しようにも、集落に「担い手」がいないところも稀ではない。都市への人口流出が進み、集落規模が小さくなる傾向が、農業収益の低下で加速され、それはいっそう強まりをみせている。特に小規模・高齢化集落内での担い手の明確化・確保は難しい。換言すれば、中山間地域では、集落の全員が「担い手」とも言える。中山間地域では集落機能が保持され、小さな協同が積み重ねられている[5]。営農組織も法人化はできなくても、個々の経営を補完する機能を果たしている。その延長に集落単位での営農組織が徐々に形成され、また集落を越える営農組織の展開もみられる。一部では、農外企業の参入も行われている。そこで第三の課題は、こうした「担い手」不在地域が広がる中山間地域においての水田農業の担い手形成の状況と集落営農の果たす役割を主として実態調査結果を基に明らかにすることである。

言うまでもなく、既述した3つの課題については、先行研究により、相当程度明らかにされている。ここでは地域の農業構造変動との関わりで水田農

業の担い手形成の動向を明らかにし、そこで集落営農が担い手としていかに機能するかを明らかにすることに特徴がある。主として岐阜県水田農業を対象として「米政策改革」から現状までの約15年間の現場での対応の状況をあらためて通して整理することで論点を深める。上記の農業地域類型毎の水田農業の担い手の明確化の特徴をふまえ、そこで集落営農が果たす役割などについて総合的に考察することが第四の課題である。もって水田農業の担い手形成に果たした「米政策改革」の役割、現段階における農業構造の変動の特徴も明らかにする。

　こうした集落営農の形成に際し、関係機関が一定の役割を果たしている。それも視野に入れながら分析を進める。組織経営体を中心に水田農業の担い手形成が進んだ岐阜県を主たる対象とし、いくつかの典型事例の実証分析を主として課題に迫った。

　次節で、この間の政策展開、農業構造変動と集落営農展開の特徴を簡潔に提示した後、第3節で本書の構成を示す。

第2節　米政策改革と農業構造の変動

1　米政策改革の胎動と集落営農

（1）米政策改革と集落型経営体

　2002年12月に公表された「米政策改革大綱」（以下、米政策改革と略）では、「米の過剰基調が継続し、これが在庫の増嵩、米価の低下を引き起こしている」こと、「その結果、担い手を中心として水田農業経営が困難な状況に立ち至っている」ことが指摘され、水田農業経営の安定発展や水田の利活用の促進等による自給率向上施策への「重点化・集中化」を図ることが示された。あわせて過剰米に関連する政策、経費の思い切った縮減、消費者重視・市場重視の考え方に立つ需要に即応した米づくりの推進など「水田農業政策・米政策の大転換」により水田農業経営の安定と発展を図ることが提起された。

　そこでは「経営政策・構造政策の構築」が重要施策として位置づけられた。

第一に、「集落段階での話し合いを通じ、地域ごとに担い手を明確化する」こととなった。また、認定農業者に加え、集落営農のうち一元的に経理を行い、一定期間内に法人化する等の要件を満たす「集落型経営体（仮称）」が担い手として位置付けられた。

第二に、担い手を対象に、すべての生産調整実施者を対象として講じられる産地づくり推進交付金の米価下落影響緩和対策に上乗せし、稲作収入の安定を図る対策として、「担い手経営安定対策」を講じることとなった。米価下落による稲作収入の減少の影響が大きい一定規模以上の水田経営を行っている経営が対象となる。

第三に、担い手のニーズを踏まえた農地の利用集積促進が可能となるような強化措置、また水田整備の事業体系を利用集積、経営体の育成等成果重視の整備への転換などを行い、農地利用集積の確実な進展を図ることが示された。

（２）農家以外の事業体の「躍進」―2005年センサス―

2000年から2005年にかけての総農家数の減少率は－8.7％と、前期（－9.4％）、前々期（－10.2％）と比較すると、そのテンポは落ちている。しかし、販売農家数の減少率は－16.0％と増大し、自給的農家が＋12.9％と初めて増加に転じた。同時に、農家以外の農業事業体は7,542経営体から2005年１万3,742経営体へと急増し、「05農業センサスの焦点」[6]となった。農家以外の事業体による借地集積が地域全体の農地かい廃を抑止していること、こうした農家以外の事業体の躍進傾向は中期的なトレンドであることが、細山氏、鈴村氏の論考[7]で明らかにされた。借地面積の増加に占める農家以外の事業体の寄与率が都府県平均で46.8％に達すること、そしてそれが地域によっては極めて高い率を示していることが見いだされた。すなわちその寄与率が高い順に、岐阜88.9％、広島87.4％、富山82.7％などであり、岐阜が最も高い[8]。農家以外の事業体は企業体と集落営農に区分されるが、岐阜でのこの間の農家以外の事業体による借地面積の急増は集落営農によるものである。

協業型の営農組織の構成世帯は、農地を組織に貸し付けているとみなされ、土地持ち非農家等とされる。そうした集落では、協業型営農組織の設立とともに、農家戸数の減少が顕著となる。例えば、平地農村である岐阜県海津市旧平田町では、本書第1章で詳述するように2000年直後に協業型の集落営農がいくつか組織化された。そのため同町では、2000年から2005年にかけて農家戸数は－39.4％と激減した。なかでも、協業型集落営農がある7集落のそれは－57.4％と特に顕著な減少を示した。これに対し、受託型集落営農のある4集落の農家戸数の減少率は－23.7％、組織無しの4集落は－15.4％にとどまる。一部の集落営農では、肥培管理作業と経理を一元的に主宰するようになり、受託型から協業型へと進化してきたのである。この時期の「農家以外の事業体の中期的なトレンドでの躍進傾向」は、集落営農が徐々に広がりをみせ、また形態進化してきていることが背景にあると思われる。

2　水田・畑作経営所得安定対策の展開と集落営農の急増

(1) 水田・畑作経営所得安定対策の展開

　米政策改革では、米の過剰基調のもと米価が低下するなかで、関連経費の縮減を図り、望ましい生産構造を実現することが目指された。これを受け策定された第2次食料・農業・農村基本計画（2005年）では、担い手経営への重点的支援を図ること、中小経営は集落営農などへの組織化を図り、その法人化を促進することが打ち出された。規模の経済の追求による労働生産性の向上、生産費低減、低コスト生産が目指された。これは市場原理を重視した国際規律の遵守、国際競争力の強化の面からの要請でもあった。そしてそれは品目横断的経営安定対策（2007年）として実施され、規模要件を充たした担い手に限定した重点的な支援が実施された。水田農業の担い手の明確化が具体化されてきた。このなかで一定の要件を満たす集落営農が、認定農業者とともに政策の対象とされた。集落営農は経営体としての内実が求められ、経理の一元化、法人化計画の策定などが経営安定対策への加入要件とされた。

　他方、米価は長期的に低下傾向が続き、水田農業の先行きへの不透明感・

不安感から個別担い手経営が不足する地域が広がってくる。このようななか、中小兼業農家は担い手としての政策要件を満たすことができず、それが政策支援の対象となるには集落営農への参画が唯一の残された道となっていた。

そのため、個別担い手が不足する地域を中心に、集落営農がこの間新たに設立されてきた。また政策要件を満たすために、経理の一元化を図り、法人化計画を策定するなど、営農組織そのものの再編強化が図られた。従来から、組織化を検討していた地域では、担い手経営革新事業などを取り入れて、一挙に、集落ぐるみで新たな効率的な営農組織を立ち上げたところもある。また、20haの規模要件を満たすために、集落での未加入者を加えたり、近隣組織と合併を図ったりするところもある。さらにこの過程で、作業受委託から経営受委託へと進化する集落営農組織も多くあらわれた。

2008年からは、支援要件がやや緩和され、名称も水田・畑作経営所得安定対策と改称され、継続実施されてきた。こうした政策の効果により、この間、集落営農は急増した。同時にその経理の一元化が図られるなど、経営体としての内実化の取組が進み、これが農業構造変動に少なからぬインパクトを与えた。同時に2009年には、農地法改正により農外資本の農業参入条件が緩和され、その参入が促進されてくる。

(2) 集落営農の形成による大きな構造変動—2010年センサス—

2005年から2010年にかけての総農家戸数の減少率は−11.2％と大きく、なかでも販売農家のそれは−16.9％と顕著であった。こうした農家戸数の減少は、集落営農の形成と密接な関わりがあり、地域的に明確な特徴をもつことが指摘されている。すなわち「当初の予想を遙かに超える大きな構造変動がおこっており、…主要稲作地帯である東北、北陸、北九州の3地域での変化が大きく」[9]、それは集落営農組織が組織経営体として新たにセンサス調査対象となった影響にもよることが明示された。

同時に、突出した農業構造変動を示した佐賀県でも「担い手組織の実態としては前回のセンサス時と変化はない」[10]実態も克明に示された。要する

に集落営農構成員の個別経営の実体が残る、「枝番管理型」と呼称される政策対応型の集落営農が形成されたのである。そして、これらの集落営農の構成員は、センサス上の定義では、もはや農家と見なされなくなった。協業で経営している耕地は、自分の土地であっても、自家の経営耕地とはせず、協業経営体の経営耕地とされる。特定農作業受委託契約が交わされ、経理の一元化が図られた集落営農は協業経営とみなされた[11]。そうした集落営農の構成員となり、組織に農地のほとんどを預けている世帯は、センサスでは農家とはみなされなくなる。これにより、集落営農が大きく組織化された佐賀県などでは農家戸数の大幅な減少がみられた。

3　農業構造変動の現段階と集落営農

(1) 2度の政権交代と農政転換

　2009年の政権交代で民主党政権が誕生した。同政権は、選別的な規模要件を廃止し、農業共済に加入する全農家を対象とする米戸別所得補償政策を実施した。これにより米生産農家には10a当たり1万5千円が補償されることになった。ただし、補償の対象から10aは控除される「10a控除規定」が設けられた。小規模農家が集落営農を組織すれば、控除面積も少なくなり得になる。また規模要件もなくなったため、小規模な集落営農が設立されてくる[12]。さらに、「人・農地プラン」が計画され、地域の話し合いを通じた「中心的経営体」への農用地の利用集積が意図されてくる。そこでは、今後5年間に高齢化等で大量の農業者が急速にリタイアすることを見込み、土地利用型農業では、徹底的な話し合いを通じた合意形成で実質的な規模拡大を図り、平地で20〜30ha、中山間地域で10〜20haの規模の経営体が大宗を占める構造を目指すとされた[13]。

　民主党政権は3年で終止符をうち、2012年に自公政権が誕生した。米については、「諸外国との生産条件格差から生じる不利はなく、構造改革にそぐわない面がある」として戸別所得補償制度が見直された。これにより米の直接支払い交付金は2014年産から半減して7,500円となり、しかも2018年産か

らは廃止されることになった。

　また2013年には、「農林水産業・地域の活力創造プラン」が策定され、「農地中間管理機構の活用等による農業構造の改革と生産コストの削減」が大きな政策目標とされてくる。ここでは、「農業の競争力を強化し、持続可能なものとするためには、農業の構造改革を加速化すること」の必要性が強調され、都道府県ごとに農地中間管理機構を整備し、地域内に分散・錯綜する農地を整理して、担い手ごとの集積・集約化を推進するとした。併せて、新しい発想で、生産性の向上や農業イノベーションにつながる取組を進め、経営感覚豊かな農業経営体が大宗を占める強い農業を実現することが謳われた。今後10年間の政策目標として、①担い手の農地利用が全農地の8割を占める農業構造の確立、②資材・流通面等での産業界の努力も反映して担い手の米の生産コストを現状全国平均比4割削減、③新規就農し定着する農業者を倍増し、40代以下の農業従事者を40万人に拡大、④法人経営体数を5万法人に増加、との数値目標が示された。

（2）組織経営体への農地集積による構造変動の加速─2015年センサス─

　2010年から2015年にかけて総農家戸数は、252.8万戸から215.5万戸へと－14.8％とさらに大きな減少率を示した（**表序-1**）。これは「農業構造の展望（2005年）」で展望された2015年の総農家戸数予測（210〜250万戸）の下限値に近いものになった。この間の農家戸数の減少が予想を超えて進んだとみることもできる。販売農家数の減少率は－18.5％と高く、自給的農家数も－8.0％と初めて減少に転じた。これに対し、土地持ち非農家数の増加率は2.9％にとどまり、農地所有世帯の減少率は－8.6％にまで高まった。農家の不在地主化、勤労世帯化が進んでいる。他方、組織経営体数は6.4％増加し、なかでも法人経営体数は33.4％と大きく増加している。

　表示はしないが、農業経営体の両極分解の傾向が顕著にみられる。分解基軸は、経営耕地面積では都府県で5ha（北海道100ha）、農産物販売金額では3,000万円（全国）となっている。5ha以上経営への経営耕地面積集積割

表序-1 農家数等の推移

単位：千経営体、千戸、％

年		農業経営体	組織経営体	法人経営	農家数①	販売農家	自給的農家	土地持ち非農家②	農地所有世帯①+②
実数	2005	2,009	28	14	2,848	1,963	885	1,201	4,049
	2010	1,679	31	17	2,528	1,631	897	1,374	3,902
	2015	1,377	33	23	2,155	1,330	825	1,413	3,568
増減率	2010/2005	−16.4	10.4	23.1	−11.2	−16.9	1.4	14.4	−3.6
	2015/2010	−18.0	6.4	33.4	−14.8	−18.5	−8.0	2.9	−8.6

資料：農業センサス各年版より作成

表序-2 集落営農数、現況集積面積等の推移

年	集落営農数		現況集積面積			構成農家数	法人の割合	1集落営農あたり現況集積面積	経営耕地面積の割合	1集落営農あたり構成農家数
	集落営農	法人	計	経営耕地面積	農作業受託面積					
			千ha	千ha	千ha	千戸	％	ha	％	戸
2005	10,063	646	353	254	99	411	6.4	35.1	71.8	41
2010	13,577	2,038	495	369	126	537	15.0	36.5	74.6	40
2015	14,853	3,622	495	376	119	530	24.4	33.3	75.9	36

資料：『集落営農実態調査結果』から作成

合は、2005・2010・2015年にかけて、43.3％→51.4％→57.9％へと増加している。また農業就業人口は、同期間に335万人→260万人→209万人へと激減し、その平均年齢は63.2歳→65.8歳→66.4歳へと上昇し、高齢化がいっそう進んだ。

そして集落営農数は、2005年1万0,063、2010年1万3,577、2015年1万4,853へと着実に増加し、その法人化率は同期間に6.4％→15.0％→24.4％へと高まっている（**表序-2**）。しかし、その集積面積は49.5万haとこの5年間でほとんど変化はなく、1集落営農あたりの集積面積は36.5haから33.3haへと縮小している。それは2010〜15年にかけては、政策支援の規模要件がなくなったこともあり、比較的規模の小さい集落営農も新設されたためと考えられる。

4　岐阜県の農業構造と集落営農の特徴

農業経営体の経営耕地面積に占める5ha以上層の割合は、全国平均では

表序-3　地域別集落営農の状況（2015年）

	農業経営体の経営耕地面積に占める5ha以上層の割合	農業経営体の経営耕地面積に占める集落営農の集積面積割合	総農家数に占める集落営農構成農家数割合	集落営農の法人の割合
	%	%	%	%
全国	57.9	14.3	24.6	24.4
北海道	98.2	5.9	8.3	13.5
都府県	40.2	18.0	24.9	24.6
東北	<u>50.9</u>	19.9	<u>34.8</u>	17.3
北陸	<u>50.9</u>	23.0	<u>41.3</u>	<u>39.4</u>
関東・東山	34.2	8.5	11.6	26.9
東海	35.6	15.2	18.8	22.0
近畿	27.2	19.5	<u>35.7</u>	16.7
中国	30.1	<u>22.6</u>	25.8	<u>36.9</u>
四国	16.0	11.2	11.8	24.8
九州	39.7	<u>25.1</u>	31.4	16.9
沖縄	32.4	3.8	1.8	0.0
岐阜	39.7	<u>30.9</u>	<u>35.8</u>	32.6

資料：『集落営農実態調査結果』、農業センサスから作成

57.9％まで高まっているが、都府県平均は40.2％にとどまる。東北、北陸が50.9％と高く、四国が16.0％と低い。岐阜県のそれは39.7％と都府県平均並みである（**表序-3**）。また集落営農実態調査結果とクロスして、農業経営体の経営耕地面積に占める集落営農の集積面積の割合を求めてみると、全国平均で14.3％、都府県平均で18.0％となる。それは九州25.1％、北陸23.0％、中国22.6％などで高く、これらの地域では集落営農による農地集積が進んでいることがわかる。岐阜県のその割合は30.9％と高い。それは佐賀63.1％、富山40.6％、福岡38.7％、福井38.6％、滋賀36.2％、広島36.1％、宮城31.3％に次ぐ高さである。岐阜県では集落営農により農地集積が進んでいることがわかる[14]。

また総農家数に占める集落営農構成農家数割合は全国平均で24.6％であり、地域別には、北陸41.3％、近畿35.7％、東北34.8％などが高い。岐阜県のそれは35.8％と高く、集落営農の構成員となる農家が多いことがわかる。集落営農の法人の割合は、全国平均で24.4％である。岐阜県のそれは32.6％とやや高くなっており、法人化が進んでいる。

表序-4　地域類型別大規模経営の耕地面積シェア（岐阜県 2015 年）

単位 ha、%

地域区分		市町村数	経営耕地面積		5 ha 以上層シェア	20ha 以上層シェア
			実数	構成比		
農業地域類型別	山間農業	12	10,295	28.8	32.8	17.4
	中間農業	8	5,699	16.0	25.4	17.1
	都市的	17	13,133	36.8	37.9	25.3
	平地農業	5	6,598	18.5	66.4	56.6
地域別	岐阜	9	7,102	19.9	27.7	19.8
	西濃	11	13,440	37.6	58.6	46.4
	中濃	13	5,976	16.7	31.2	13.9
	東濃	5	4,551	12.7	26.5	18.5
	飛騨	4	4,656	13.0	27.0	10.9
	計	42	35,724	100.0	39.7	27.5

資料：農業センサスより作成

　農業地域類型ごとの5ha以上の大規模経営への経営耕地面積シェアは、平地農業66.4％、都市的37.9％、山間農業32.8％、中間農業25.4％の順である（**表序-4**）。20ha以上層のシェアも同傾向がある。平地農業地域では大規模経営への耕地集積が進んでおり、20ha以上の大規模経営への耕地集積率は過半数に達している。この多くが組織経営体であり、集落営農である。また、どの地域においても20ha以上層が経営耕地の17～25％のシェアを占めており、大規模経営が全域的な広がりをもって展開していることがわかる。

　地域別には、平地農業地域が多い西濃での大規模経営への集積率が高い。そこでは5ha以上層の面積シェアが58.6％、20ha以上層の面積シェアが46.4％と高く、他地域はそれぞれ26～31％、10～20％にとどまる。

　岐阜県の農業経営体の経営耕地のうち1ha以下層の面積シェアは34.8％である（**図序-1**）。うち0.5～1ha層が23.5％と最も多くを占めている。農業経営体の経営耕地面積から販売農家のそれを差し引いて組織経営体の面積を求めてみた。それを基に、1ha以下層での組織経営体の経営耕地面積の割合を算出すると1.0％となった。その割合は、階層が大きくなるほど上昇し、5～10ha層では19.7％まで高まり、20～30ha層では64.3％と過半数となる。100ha以上層の耕地は100％が組織経営体のものである。

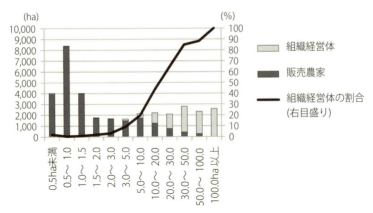

図序-1　経営耕地面積規模別面積（岐阜県2015年農業経営体）
資料：農業センサスより作成

このように岐阜県では組織経営体を中心として大規模経営が形成されていることが特徴であり、その多くが本書でとりあげるような集落営農である。

第3節　本書の構成

　米政策改革大綱の発表前後を起点として、水田農業の動きを概ね5年間隔で区切り、それぞれの時期に行った研究成果をⅣ部に分けて収録した。そのほとんどが現地調査に基づく実証的成果であるが、章によって分析対象等はやや異なる。集落営農の経営調査を行っていない章もあるが、関連して何らかの言及は行っている。資料収集（調査）時点は、2002～16年にまたがる（**表序-5**）。聞き取り調査などで独自に経営調査を行った集落営農数は延べで50集落営農にのぼる。対象とした地域の農業地域類型もさまざまである。それを章数で示すと、平地農村は8、都市的は6、中山間は4つの章で対象としている。

　各章のキーワード、主な対象地域なども整理してあるので参照されたい。各章が独立した内容になっている。そのトーンにはやや違いがあるが、ご寛

序章　課題と構成　13

表序-5　各章での分析対象等の一覧

部番号	章番号	資料収集年(年)	調査集落営農数	対象農業地域類型 平地農村	対象農業地域類型 都市的	対象農業地域類型 中山間	キーワード	主たる対象地域
I部	1	2002	12	○			集落営農の重層的展開	海津郡旧平田町
I部	2	2004	1	○			地域参加型集落営農法人	揖斐郡旧揖斐川町
I部	3	2005	0	○			水田農業ビジョン	(愛知県西三河)
II部	4	2009	9	○	○	○	水田経営所得安定対策	海津市9+県全域 (26組織)
II部	5	2009	8	○	○		集落営農の再編強化	海津市旧平田町
II部	6	2006	6		○		兼業深化集落営農	岐阜市
III部	7	2010	4		○		戸別所得補償制度	坂祝町、白川町など
III部	8	2012	0			○	人・農地プラン　地域主体	高山市、養老郡養老町
III部	9	2011	4	○			小規模・高齢化集落	下呂市、瑞浪市など
III部	10	2012	2		○	○	土地持ち非農家	羽島市など
IV部	11	2016	3	○			地代と労賃の衝突	海津市
IV部	12	2016	1		○		集落営農の法人化	大垣市
IV部	13	2016	0		○		JA出資農業法人	揖斐郡池田町
合計			50	8	6	4		

資料：本書より作成
注：資料収集年は複数年にまたがることもある。

容願いたい。終章でそれを農業地域類型ごとに再構成し、総括した。各章の課題と方法を下記に示す。

Ⅰ部「米政策改革胎動期における水田農業と集落営農」

　米政策改革大綱（2002年）当初の2000年代前半の平地農村での集落営農形成の動きと、2005年新基本計画の基本論理などを整理した。第１章では、平地農村地帯に位置する海津郡平田町（現：海津市平田町）での圃場整備事業と一体化して進んできた集落営農組織の形成の状況、それが集団転作強化、兼業深化の下で受託型から次第に協業型に移行する過程に入ってきていることを12組織の調査結果（2002年実施）から明らかにしている。

　第２章では、同じく平地農村地域に位置する揖斐川町旧K村において、旧村の領域で複数集落を基礎とした（農）K営農組合の事例を分析している。農家の高齢化・兼業化が進行し、作業受委託から賃貸借設定へと農地利用集積が動き始めるなか、米政策改革の提起を受けて担い手の絞り込みが進み、前身組織をいち早く法人化したK営農組合の事例分析（2004年調査）を行っている。

　続く第３章では、米政策改革を受けた2005年新基本計画の基本論理を抽出し、その下で進められている担い手の明確化の状況をふまえ、大規模経営の経営特性、集落営農の現状などについてまとめている（2004年時点データ分析）。

Ⅱ部「水田経営所得安定対策による集落営農再編と水田農業の担い手」

　米政策改革を受けて進められた水田経営所得安定対策による担い手の明確化により、集落営農が急速に全国的展開をみせるなかでの、水田農業の担い手形成の特徴を明らかにした。第４章では、2005年と2010年の集落営農の変化を同実態調査結果などから解析し、水田経営所得安定対策が集落営農の形成を促進し、農地の利用集積を進めたことを明らかにした。また、同対策に加入し法人化を検討している岐阜県内の任意の集落営農110組織の経営の特徴、うち35組織を対象とした聞き取り調査結果（2009年調査実施）の特徴を

整理している。

　第5章では、海津市平田町を対象として、第1章で整理した各種営農組織が、水田経営所得安定対策への対応のために経理の一元化を図り、協業型集落営農へ移行し、経営体としての内実化を進めている状況について8組織の事例分析（2008・2009年調査）で明らかにしている。

　さらに第6章では、同じ美濃平坦地域にあり、都市的地域に位置する岐阜市を主たる対象として、旧農協支店の受託部会を基礎とした営農組織などが、水田経営所得安定対策を契機として法人化を進め、地域の主たる担い手として活動していることを明らかにしている。6法人の経営調査（2006年調査実施）結果を収録するとともに、典型例としての（有）K法人について集落農業との関わりで整理した。かつ、これら集落営農法人が対応できない地域での農作業受託の担い手としてのJA出資農業法人の役割とその事業の広がりの意味について考察した。

Ⅲ部「農政転換期の水田農業と集落営農」

　政権交代による水田経営所得安定対策の見直し、戸別所得補償制度の実施にともなう集落営農の形成の新しい動向を主として中山間地域を事例として分析している。

　第7章では、水田経営所得安定対策の規模要件の廃止、戸別所得補償制度の実施により中山間地域を中心に規模が小さな集落営農が新たに形成されてきていることを明らかにしている。2010年に新設された集落営農10組織への経営アンケート調査、うち4組織への聞き取り調査結果（2010、2011年実施）に基づき、個別経営の特性を残しながら、徐々に組織化が進んできていることを明らかにしている。

　第8章では、岐阜県での「人・農地プラン」は概ね旧村、若しくはJA支店単位で作成されてきていること、自治体毎に取組がさまざまであることなどを、2012年末時点での資料に基づき明らかにしている。そして先進的にそれを策定した典型事例として、中山間地域の高山市、平地農村地域の養老郡

養老町を対象として、同プラン策定を契機とした耕作放棄地解消や農地利用集積の取組の効果などについて整理している。

　第9章では、小規模・高齢化集落に関わる集落営農の形成などによる中山間地域農業継承の仕組み作りについて考察している。小規模・高齢化集落農業の特徴を農業センサスなどから明らかにし、当該集落や近隣集落での担い手の状況から、その継承の仕組み作りについて考察した。近隣集落も含めた広域的な組織作りが小規模・高齢化集落農業にとって有効であること、そのための組織作りの必要性などについて関連17組織へのアンケート調査と、4組織への聞き取り調査（2011年実施）によって明らかにした。あわせて、典型的な山間地域に位置し、6つの小規模・高齢化集落がある加茂郡白川町の集落営農組織化の取組から、中山間地域農業振興に果たす集落営農の役割について考察した。

　第10章では、雇用型へと展開している集落営農について、平坦地の2事例（Ja集落営農、O集落営農：2009年、2012年調査）の分析を行い、また集落営農が協業型へと移行するにつれ、農地管理主体として存在感を増している土地持ち非農家の役割について、海津市（2009年調査）、羽島市（2012年調査）の事例分析を行っている。

Ⅳ部「農業構造改革による水田農業と集落営農の新展開」

　2度の政権交代を経て農業構造改革が加速され、農業構造が大きく変動してきた現状をとらえた。

　第11章では、法人化期限をむかえ、また農地中間管理事業への対応などにより任意の集落営農が急速に法人に移行した海津市の事例を収録してある。第5章に示した水田経営所得安定対策での経理一元化を図り組織再編した集落営農は、その後しばらく任意組織のまま事業を展開していたが、法人化にふみきった。法人化前後の経営の変化についてアンケート調査を実施し、回答のあった18組織の結果を分析し、また3組織の聞き取り調査結果（2016年調査実施）より法人化にともない担い手確保のための地代と労賃との調整の

対応について検討を加えた。

　第12章では、都市的地域に位置する大垣市を事例として、集落営農の組織化にともない農地の利用集積が近年急速に進んでいること、法人化と並行して集落営農間の組織的な連携によりお互いの経営の効率化を図ってきていることなどの現状について（農）大垣南の事例（2016年調査実施）を中心にまとめている。あわせて集落営農組織が形成されていない地域の農地を広域的に管理するメガファームが誕生してきている現状もまとめている。

　第13章では、県西部の揖斐地区で活動する県下最大のJA出資法人サポートいびの展開論理と機能について明らかにしている。第2章でみた2000年代前半の揖斐川町では担い手不在地域はそれほどなかったが、近隣の都市的地域において営農組織の担い手も含めて徐々に担い手不在地域が広がりをみせるなかJA出資農業法人の事業実績・領域は拡大をとげてきた。こうしたJA出資農業法人が展開する仕組み（2016年調査実施）についてまとめてある。

　終章では、米政策改革後の稲作収益の低下傾向、中小経営の採算割れの状況など農地貸付意向急増の経済条件を明確化したうえで、農業地域類型毎の水田担い手形成と集落営農の果たす役割についてまとめた。まずは平地農村における水田農業の担い手形成と集落営農の役割に関して基本論理を抽出し、都市的地域、中山間地域へと援用した。

注
（1）農林統計用語で農業集落は、「市町村の区域の一部において、農作業や農業用水の利用を中心に、家と家とが地縁的、血縁的に結び付いた社会生活の基礎的な地域単位のこと」と定義されている。本書の農業集落も同様の意味で用いる。また「自治及び行政の単位としても機能」することを集落機能としてとらえた。すなわちそれは「農業水利施設の維持管理や農機具等の利用、農産物の共同出荷等の農業生産面ばかりでなく、集落共同施設の利用、冠婚葬祭その他生活面にまで及ぶ密接な結び付き」のもとで形成されている習慣である。農業生産活動における最も基礎的な農家集団が実行組合である。また、集落内の人が集まり、集落の諸行事や諸活動を話し合う寄り合いは集落機能の維持に役割を果たしている。なお、日本の農業集落の共同体としての性格に関する考察としては、荒井（2007）を参照。

（2）実行組合のある集落の割合は73％（2010年）、寄り合いを開催した集落の割合は93％（同）であり、10年間でともに6ポイント減少している。平地農業地域では、実行組合のある集落割合が84％（2010年）、寄り合いを開催した集落割合が96％と高く、逆にそれは中山間地域では低い。
（3）米政策改革で集落営農が担い手としての位置づけを与えられ、また水田・畑作経営安定対策により急増したこともあり、集落営農に関する多くの研究が実施されてきている。これに関する2009年までの文献は荒井（2010a）で整理してある。その後も、楠本（2010）、田代（2016）、『農業と経済』編集委員会（2016）などで新しい特徴がまとまって整理されている。ここではこれらの諸論点をふまえて、米政策改革以降の集落営農の形成論理をあらためて再整理する。
（4）都市的地域では、実行組合のある集落割合は75％（2010年）とやや高いが、寄り合いを開催した集落割合は88％と地域類型別では最も低い。
（5）これに関する研究も多いが、最近では西中国中山間地域「地域ぐるみ型」の集落営農法人に関してまとめたものとして小林（2015）などがある。
（6）小田切（2008）、19ページ。
（7）細山（2008）、鈴村（2008）。
（8）鈴村（2008）、152ページ、「表4-9　田の借地面積における増加寄与度」参照。
（9）橋詰（2013）、3ページ。
（10）山口（2013）、34ページ。
（11）農業センサスにおける集落営農の取扱いについては、橋詰登「集落営農展開下の農業構造と担い手形成の地域性」（安藤編（2013年）に所収）に詳しい。
（12）これについては本書第7章を参照。
（13）谷口（2013）は「人・農地プラン」が「上からの構造改革」という性格を強めており、それが全中などの農業団体が「下からの地域農業再生」としての地域営農ビジョン運動に駆り立てせしめている背景ではないか、と指摘する（同書7ページ）。まさに今求められているのは、下からの地域農業再生としての営農ビジョン作りであり、そこに集落営農がどう位置づくかが、ポイントになる。
（14）橋詰登（2016）では、5ha以上規模の農業経営体による農地集積が50％を超える都府県10県のうち9県が集落営農組織の農地利用集積率が上位20位に位置していることが示されている。これからも集落営農が農地利用集積に引き続き大きく寄与していることがわかる。

Ⅰ部

米政策改革胎動期における水田農業と集落営農

第1章

兼業深化平地農村における集落営農の展開と担い手の動向
——岐阜県海津郡平田町を中心に——

第1節　東海地域の農業と担い手の特徴および本章の課題

1　東海地域の農業と担い手の特徴

　東海地域は労働市場が早くから展開し、農家の兼業化がより深化しており、相対的に労賃水準は高い。一方、水稲反収は相対的に低く、小作料は相対的に低い。その反面、都市的需要による農地転用が進み、農地価格水準は高い。そのため農地移動は、売買ではなく貸借や作業受委託が主流となっている。他方で、商業的農業が展開し、園芸、畜産への特化度が高く、いくつかの大産地も形成されている[1]。

　兼業深化に対応して貸借や作業受委託による農地流動化が相対的に進展している。東海地域の田の借地率は21.3％（全国17.7％）、また水稲主要作業の受託面積率は24.0％（全国13.5％）と、両数値とも相対的に高くなっている（表1-1）。両者を合計すれば45.3％（全国31.2％）であり、借地と主要作業の受委託による農地の流動化がかなり進展していることがわかる。

　なかでも作業受委託の展開度は大きく、それは農業サービス事業体の展開に支えられている面が大きい。すなわち、東海地域の農業サービス事業体による水稲主要作業の受託面積率は8.1％（全国4.4％）と最も高くなっている。農業サービス事業体による基幹作業の受託を通じ構造変動が進んでいることが東海地域の特徴である。これは一方で、兼業深化による恒常的な他産業へ

表1-1　東海地域の田の借入および作業受託の状況

単位：％

	田の借地率	受託面積率 （水稲作作業の実作業受託面積／水稲作面積）				借地率 ＋ 受託面積率
		販売農家	農家以外	サービス事業体	計	
全国	17.7	8.6	0.6	4.4	13.5	31.2
都府県	18.1	9.2	0.6	4.6	14.5	32.6
東海	21.3	14.7	1.2	8.1	24.0	45.3
岐阜	15.7	16.0	2.0	16.2	34.3	50.0
静岡	28.4	11.0	0.1	2.9	14.0	42.4
愛知	23.3	21.7	1.3	8.6	31.6	54.9
三重	20.8	9.3	1.1	4.0	14.4	35.3

資料：2000年農業センサスより作成
注：水稲作作業の実作業受託面積は、全作業受託面積と基幹的な部分作業面積（耕起・代かき、田植、稲刈・脱穀）受託面積の平均を合計した面積。

の従事、園芸作・畜産業への専門的従事などのため土地利用型の専業的担い手が相対的に失われつつあることの裏返しでもあり、他方で在宅兼業により家の後継者確保が容易で三世代家族構成が基本的に維持されており、管理作業を担う構成員が存在しているためでもある。農業サービス事業体の多くは集落を基礎として組織されている。その契機は、集団転作への対応や圃場整備の実施などである場合が多い[2]。

東海4県は東海農業の一般的特徴を共有しつつも、借地・作業受委託の展開は異なった様相を示しており、表1-1から3つのタイプに分類できる。すなわち、①個別担い手型（静岡、三重）：借地率が高く個別的に担い手が成長している県[3]、②集落営農型（岐阜）：借地率が低く、作業受委託率が高く、しかも農業サービス事業体等が主たる担い手となっている県、③個別担い手型＋集落営農型（愛知）：借地率、受委託率ともに高く個別の担い手と集落営農が並存して成長している県[4]、の三つである。そのなかで本章では、水稲作主要作業の受託率（34.3％）及び農業サービス事業体による同受託率（16.2％）が最も高い岐阜県を中心に分析を進める。

2 岐阜県における農作業受委託の状況

　岐阜県の水稲作主要作業の委託農家割合は28.9％である。その割合を自治体ごとにみると、50％以上7自治体、40％台7、30％台23、20％台33、10％台17、10％未満12と、大きなバラツキがある。委託農家割合は概して平地で高く、山間地で低い傾向がある(5)。

　作業委託農家割合が50％を超える委託率の高い7つの町村は2つのタイプに分類できる。すなわち、①「全作業型」（2町：海津町、平田町）：全作業請け負わせ割合が高い（45.9～49.6％）、②「部分作業型」（5町村：東白川村、蛭川村、高富町、美並村、金山町）：全作業請け負わせ割合がそれほど高くない（14.2～27.6％）の2つである（表1-2）。

　委託率の高い町村には、例外なく農業サービス事業体が展開し、作業を請け負っている。特に「全作業型」の自治体では農業サービス事業体数が多い（海津町44事業体、平田町26事業体）(6)。また、これら作業委託が進んでいる町村では総じて借地率は低い。

　このうち本章では、農業サービス事業体による作業受委託の進展という東

表1-2　水稲作主要作業の請け負わせ割合が高い自治体の状況
（2000年岐阜県・販売農家）
単位：％

郡名	町村名	水稲作主要作業委託農家割合	水稲作業の請け負わせ農家割合				農業サービス事業体数（事業体）			田の借地率
			全作業	部分作業			水稲	麦	大豆	
				耕起・代かき	田植	稲刈・脱穀				
岐阜県		28.9	9.0	12.7	16.3	30.9	463	73	26	13.9
加茂郡	東白川村	83.5	23.9	59.2	66.5	52.9	2			5.7
海津郡	海津町	70.6	45.9	19.5	19.9	34.7	22	17	5	3.2
恵那郡	蛭川村	61.0	14.6	33.4	38.4	67.5	3		2	6.5
海津郡	平田町	60.0	49.6	8.4	8.7	14.0	14	9	3	7.3
山県郡	高富町	57.6	14.2	39.9	33.1	57.3	6			13.3
郡上郡	美並村	51.9	27.6	6.0	24.9	41.9	7	5		25.5
益田郡	金山町	51.1	18.4	34.8	31.1	32.2	5		1	18.3

資料：農業センサスより作成

海農業の特徴を最も端的に体現している岐阜県海津郡平田町を中心として、地域農業の担い手の様相について考察する[7]。そうしたサービス事業体は、集落を基礎として組織される場合が多いことから、集落ごとの組織と担い手のあり方について考察する。具体的には、町にある集落営農組織の悉皆調査を通じて、それぞれの組織の形成過程・機能・課題等を整理する。またこれらの組織は、集団転作や圃場整備が契機となり形成される場合も多いことから、これらとの関わりについても考察する。

第2節　平田町農業の担い手・集落営農の特徴

1　平田町農業の特徴

（1）兼業深化と高い同居後継者確保率

　平田町は高須輪中地域の北部、海津町の北側にあり、大垣市へは約15km、名古屋市には約30kmの距離にあり、兼業条件にも恵まれた平地農村である。町は長良川、揖斐川に挟まれ、輪中堤と呼ばれる堤防に囲まれており、東西3.7km、南北7.1kmの三角州に位置する。海抜は0.5〜3.4mと平坦地であり、1970年頃までは頻繁に水害に見舞われた。町は旧海西村（北部7集落）、旧今尾村（南部8集落）の2旧村が1955年に合併してつくられた。2005年には、海津郡3町が合併し市となることが予定されている。

　2000年の総農家数は838戸、販売農家数は748戸で、うち専業農家が62戸（8.3%）、第1種兼業農家が52戸（7.0%）、第2種兼業農家が634戸（84.7%）と、Ⅱ兼化の進展が著しい。経営耕地面積は785haで、うち田が680ha・86.7%を占めている。農家一戸当たりの経営面積は94aである。農家一戸当たりの世帯員数は5.0人（都府県4.3人）と比較的多い。販売農家748戸のうち509戸（68.0%・都府県58.1%）に同居「農業後継者」（平均年齢31.4歳）がおり、また49戸（5.9%・都府県13.3%）に他出「農業後継者」（同36.2歳）がいる[8]。また、自給的農家90戸のうち58戸（64.4%・都府県52.4%）に同居あとつぎがおり、うち12戸で自営農業に従事している。

このように町の農業経営規模は相対的に小さく、また兼業が比較的深化しているが、相当数の同居「農業後継者」が確保され、三世代の家族構成が多く継承されていることが特徴である。これは、在宅兼業の条件に恵まれていることの裏返しでもある。

(2) 米-麦-大豆の2年3作型体系の確立

町の2002年度の水田転作率は42％である。転作は集落を基礎としてブロックローテーションで集団的に対応している。米-麦-大豆の2年3作型の作付方式が定着し、転作奨励金は最高額を取得している。2001年の作付面積と10a当たり収量は、水稲が445ha・481kg、小麦262ha・380kg、大豆157ha・130kgである。施設園芸農家は60戸、畜産農家は20戸（酪農11、肉用牛3、採卵鶏3、ブロイラー1、養豚1など）いる。主たる青果類の栽培面積は、いちご9ha、キュウリ7ha、トマト4ha、なす4ha、大根33ha、里芋7haなどである。認定農業者数は24名である。2001年の農業粗生産額は21.7億円であり、主な内訳は耕種部門が野菜7.0億円、米5.0億円、麦1.5億円、雑穀豆類0.5億円、畜産部門では乳用牛4.0億円、豚2.3億円、鶏2.3億円である。農工併進のまちづくりに努めており、観光、商工にも力をいれている。堤防道路沿いの道の駅に町営"クレール平田"がオープンし、町産の米・露地野菜・植木等が販売されるようになった。

(3) 作業受委託の大きな進展

平田町での農地利用集積の中心は基幹作業の受委託であり、売買や借地の進展は緩やかである。町の借入耕地率は7.1％で、また利用権設定率は5.8％と微弱である。これに対し、水稲作を請け負わせた農家割合（販売農家）は、作業ごとに育苗62％、代かき54％、田植55％、防除65％、稲刈・脱穀60％、乾燥・調製73％であり、6作業平均で61％と進んでいる。個人による請負はわずかで、主として受託組織により作業が請け負われている。作業請負の進展に対応し、農用機械の所有率は低くなっている。農家百戸当たりの所有台

第1章 兼業深化平地農村における集落営農の展開と担い手の動向　25

数は耕耘機・農用トラクター66台、防除機13台、田植機30台、コンバイン・バインダー28台、米麦用乾燥機7台であり、6機種平均で29台である。

　2001年改訂の10a当たり田の標準小作料は千円低下して1万6千円とされた。管内のJAにしみの農協が取り組んでいる農地保有合理化事業（契約期間6年以上）では、区画の大小で賃借料に差を設けている。すなわち海津区域の標準賃借料（標準圃場）は、10〜30a区画を標準小作料と同じ1万6千円とし、10a未満区画を1万3千円とやや安く、30〜50a以上区画を1万8千円、50a以上区画を2万円とやや高く設定している。農地の売買はあまりないが、最近の売買事例では10a当たり200〜300万円で取り引きされている。

2　集落営農の諸類型

（1）集落と農事改良組合

　町には行政単位として15の農業集落がある。町北部の旧海西村に属するのが北部7集落（者結、勝賀、須賀、野寺、幡長、岡、蛇池）、町南部の旧今尾村に属するのが南部8集落（土倉、脇野、西島、高田、三郷、仏師川、四ッ谷、今尾）である。この農業集落は、農事に関する基礎的地縁組織である農事改良組合とほぼ範囲を共通にする。ただし比較的大きな2集落（今尾、三郷）では、複数の農事改良組合を包摂している。今尾集落（総農家数111戸）には4つ（今尾、今尾第一、共栄、丸鳩）、三郷集落（総農家数66戸）には3つ（須脇、大尻、車戸）の農事改良組合がある。したがって町全体では20農事改良組合となる。各農事改良組合は全戸加入であり、水田転作は農事改良組合を単位として集団的に取り組まれている。米－麦－大豆の2年3作型の場合、10a当たり最高額の7万3千円の奨励金が交付され、5万円が地権者、2万3千円が改良組合等に分配されている。

（2）農業生産集団の状況と集落タイプ

　町には集落を基礎とした米麦関係の農業生産集団がある。いずれも任意組織である。機械作業の受託組織である機械化営農組合は11組合ある。高田集

落には2つの機械化営農組合があるので、全15集落のうち10集落に機械化営農組合があることになる。

　そのうち、6集落では機械化営農組合を母体として水稲作の協業組織である稲作共同経営組合が形成されている。この際、両者が組織的に統合することはなく、別組織として並存しているという特徴がある。それは転作を主宰する改良組合が全戸加入であり、機械化営農組合はそこからの麦・大豆作の機械作業の受託も行っているため、任意組織である稲作共同経営組合からの水稲作業受託との経理関係を分ける必要があるためである。とはいえ、両組織は密接に関連し、機械化営農組合が稲作経営組合の内部組織に組み入れられているところもあり、また構成員も重なる場合もある。基本的には、稲・麦・大豆作の機械作業を請け負う機械化営農組合と、組合員からの経営委託を受け経営を主宰する稲作共同経営組合とが、それぞれ独自の機能・役割を担い、組織として独立性を保ち、会計も独立採算制で運用されている。

　これに加え、個人が機械作業を受託し、稲作経営組合が経営を主宰している集落が1つあるので、稲作経営組合は合計で7組合となる。

　これらとは別に、農業生産集団のない集落の稲作作業受託や転作麦・大豆栽培などを請け負う組織として平田農業パイロット組合（以下、パイロットと略）が1990年に組織され、作業面積を拡大してきている。現在オペレーター3名（居所：脇野、蛇池、三郷）で全町をカバーする任意組織として作業を請け負っており、一部町外（輪之内町）へも出向いている。

　以上のことから、集落を基礎とした農業生産組織の有無により、町の15集落は次の4つの類型に分類できる。

　　A：組織無し、パイロット組合がカバー（4集落）西島、仏師川、四ッ谷、岡
　　B：機械化営農組合のみ（4集落）脇野、高田、三郷、蛇池
　　C：稲作共同経営組合のみ、機械作業は個別担い手（1集落）須賀
　　D：機械化営農組合と稲作共同経営組合が並存（6集落）土倉、今尾、者結、勝賀、野寺、幡長

（3）集落タイプごとの作業受委託等のフロー

　水稲作に関しては、組織が無いAタイプの4集落では、作業委託や経営委託が必要になった場合、パイロット組合がそれを受託している。Bタイプの4集落では、個人単位で機械化営農組合に作業が申し込まれる。うち機械作業受託は機械化営農組合、パイロット、個人が行っている。基本的には構成員からの申込みを受けて行う。稲作共同経営組合がある7集落では、構成員から経営委託を受けた同経営組合が、Cタイプの1集落は個人に、Dタイプの6集落は、機械化営農組合に一括して作業を申し込む。集落タイプごとの作業委託等のフロー図は**図1-1**の通りである。

　また、転作の麦・大豆作は、機械化営農組合が10集落の、パイロット組合が5集落の改良組合から一括して機械作業を受託している。

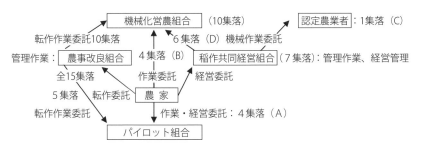

図1-1　**集落タイプごとの作業委託等のフロー**

3　タイプ別にみた集落農業の特徴

（1）農家構成の特徴

　1集落当たりの総農家数は平均で56（22〜111）戸、経営耕地面積は平均で52.4（22.2〜109.5）haである（**表1-3**）。集落規模はやや大きめであるが、集落ごとの差が大きい。生産組織のない集落の規模は平均36戸と小さく、ある集落は平均76戸と大きい。大きな集落では組織設立のための農家数を比較的確保しやすいためと思われる。

表 1-3　集落タイプ別農業の特徴（平田町）

集落のタイプ	集落名	総農家数	経営耕地面積	農家一戸当たり経営面積	経営耕地に占める水田割合	総農家数に占める自給的農家及びⅡ兼農家割合	施設園芸実農家数	畜産農家戸数
		(戸)	(ha)	(a)	(%)	(%)	(戸)	(戸)
受託組織を含む協業組織有り(D)	土倉	30	30.6	102	94	83.3	1	0
	勝賀	86	57.7	67	85	87.2	-	0
	者結	23	22.2	97	76	78.3	1	0
	今尾	111	64.9	58	94	88.3	5	0
	野寺	78	52.1	67	78	85.9	2	1
	幡長	52	41.5	80	86	86.5	6	2
協業組織のみ C	須賀	45	52.9	118	58	66.7	5	3
受託組織のみ(B)	脇野	47	60.2	128	89	80.9	6	0
	三郷	66	82.0	124	89	89.4	4	7
	高田	63	56.9	90	94	92.1	4	0
	蛇池	94	109.5	117	89	84.0	19	4
組織無し(A)	四ツ谷	22	22.2	101	90	86.4	4	0
	仏師川	26	27.9	107	90	96.2	2	1
	岡	32	27.8	87	85	90.6	1	1
	西島	63	76.9	122	93	93.7	-	1
	合計	838	785.4			86.4	60	20
	平均	56	52.4	94	87	86.0	4.0	1.3

資料：2000年農業センサス集落カード

　また一戸当たり経営耕地面積は平均94aであるが、それも集落ごとに58〜128aと開きがある。組織のない集落の一戸当たりの経営面積が108aとやや大きいのに対し、組織のある集落は91aと小さい。特に、協業組織にまで展開している集落の一戸当たりの経営面積は71aと、より小さい傾向がある。小規模農家が一定程度存在している集落においてこれらの組織ができやすい傾向がある。これは小規模であれば機械を個別に所有することが相対的に少なくなり、それが圃場の大区画化、機械の大型化により促進されたためと思われる。

　土倉、勝賀、者結、幡長では、センサスベースでの集落総農家数に対し組合参加割合が100％を超えるほど高い組織参加率となっている。これはセンサスの定義に入らない小規模な農家や一部集落外の構成員が含まれているためである。蛇池60％、脇野66％、須賀69％、三郷70％など受託組織もしくは協業組織のみにとどまる集落では6〜7割程度の組織率にとどまっている。

　耕地の貸付率は3.6％と低い。それを集落ごとにみると、土倉0.4％、幡長

1.2％、野寺1.3％、勝賀1.5％などと、受委託が進んでいるところで特に低い傾向にある。

（2）水稲作請負作業等の状況

主要農機の平均所有率は平均41％で、集落ごとに8～76％と格差がある（**表1-4**）。また全作業と主要3作業平均の請け負わせ農家率を合計し算出した主要作業の委託農家率は平均56％で、集落ごとに20～99％と格差がある。集落型の生産組織がある集落での水稲作業の請け負わせ割合は高く、逆に主要農用機械の平均所有率は低くなっている。すなわち、委託農家率は土倉99％、勝賀82％、者結74％、今尾73％などと、組合への組織率の高い集落で高くなっている。これに対して、岡22％、西島20％、蛇池29％、仏師川46％などと組織のないところ、あっても組織率が低いところでは委託率は低くなる。また、集落ごとの主要農用機械の平均所有率は、土倉8％、野寺12％、勝賀16％と水稲作委託率が高い集落で低く、それが低い集落で高く（岡76％、蛇池

表1-4 集落別生産組織参加と水稲作請け負わせ（平田町）

| 集落のタイプ | 集落名 | 主要農用機械平均所有率 | 水稲作を請け負わせた農家割合 | | | 受託組織数 | 水稲協業組織数 | 組織参加実戸数 | 組織参加率 |
			全作業	主要3作業部分平均	全作業＋主要3作業平均				
		(％)	(％)	(％)	(％)	（組織）	（組織）	（戸）	(％)
受託組織を含む協業組織有り(D)	土倉	8	93	6	99	1	1	39	130
	勝賀	16	77	5	82	1	1	88	102
	者結	52	64	11	74	1	1	24	104
	今尾	33	68	5	73	1	1	78	70
	野寺	12	60	4	65	1	1	77	99
	幡長	26	45	1	45	1	1	54	104
協業組織のみC	須賀	46	51	7	58	0	1	31	69
受託組織のみ(B)	脇野	42	43	19	62	1	0	31	66
	三郷	55	49	11	61	1	0	46	70
	高田	23	46	10	56	2	0	56	89
	蛇池	69	16	13	29	1	0	56	60
組織無し(A)	四ツ谷	63	24	30	54	0	0	0	0
	仏師川	56	27	19	46	0	0	0	0
	岡	76	6	15	22	0	0	0	0
	西島	76	11	11	20	0	0	0	0
	合計					11	7	580	
	平均	41	47	10	56				69

資料：2000年農業センサス集落カード、平田農業の概要2002年
注：1）主要農用機械は、耕耘機＋トラクター、田植機、バインダ＋コンバインの3機種
　　2）主要3作業は、耕起・代かき、田植、稲刈・脱穀

69%、西島76%）なっている。

主要農機の平均所有率と全作業＋主要3作業平均の委託率とに高い負の相関（$R^2=0.604$）がある。作業委託率の高い集落には、高性能の農業機械を装備した農業サービス事業体である受託組織（機械化営農組合）がある。そこが構成員から機械作業を受託しているため主要農機の所有率が低くなる。

次に、農業生産集団の有無により類型化した集落営農の担い手の特徴を具体的に考察する。

第3節　機械化営農組合による作業受託の状況と受託型集落営農の特徴

1　機械化営農組合による作業受託の状況

（1）機械化営農組合の設立経過と特徴

町では第1次土地改良事業の実施を契機にいくつかの集落で組・集落を単位として機械作業の受託組織である機械化営農組合が組織された。それは1972年のライスセンター建設により促進され、1981年から始まった圃場の再整備、新ライスセンター建設等により再編強化されてきた。圃場区画の拡大にともない機械が大型化し、それへの対応としていくつかの機械化営農組合が再編統合されたのである。この時、条件のあるところでは機械化営農組合を基礎として稲作共同経営組合が結成された。これらの農業生産集団は集落・改良組合を基礎として構成・運営され、活動も集落内に限定され、原則として集落外へ出ることはない。設立年次ごとの営農組合数は、1960年代2（勝賀、共栄なかよし）、1970年代4（土倉、大尻、者結、高田第2）、1980年代3（脇野、幡長、蛇池）、1990年代2（高田グリーンファーム、野寺）である（表1-5）。

地元では機械化営農組合を「農作業の実働部隊」と呼んでおり、同町で実施した21世紀型水田農業モデル圃場整備促進事業の担い手としても位置づけられている。機械化営農組合は改良組合・集落を基礎として組織されており、

第1章　兼業深化平地農村における集落営農の展開と担い手の動向

表1-5　平田町の集落型受託組織

集落名	受託組織名	結成年	構成員数	主要作物面積(ha)				構成員一人当たり面積(a)	オペレーター人数	オペ1人当たり面積(ha)
				水稲	小麦	大豆	計			
土倉	土倉機械化営農組合	1970	26	15.5	9.3	0.0	24.8	95	13	1.9
勝賀	勝賀機械化営農組合	1969	86	28.6	19.5	18.9	67.0	78	12	5.6
者結	者結機械化営農組合	1972	22	7.8	8.0	0.0	15.8	72	5	3.2
今尾	共栄なかよし機械化営農組合	1969	13	17.9	13.3	0.0	31.2	240	8	3.9
野寺	野寺機械化営農組合	1990	77	26.3	13.7	0.0	40.0	52	6	6.7
幡長	幡長機械化営農組合	1989	54	24.5	0.0	0.0	24.5	45	16	1.5
脇野	脇野機械化営農組合	1988	31	25.0	18.0	0.0	43.0	139	23	1.9
三郷	大尻機械化営農組合	1976	46	15.2	13.5	0.0	28.7	62	9	3.2
高田	高田第2機械化営農組合	1978	14	7.2	0.0	0.0	7.2	51	1	7.2
高田	高田グリーンファーム営農組合	1990	42	19.7	17.6	0.0	37.3	89	3	12.4
蛇池	蛇池機械化営農組合	1985	56	46.0	33.0	63.9	142.9	255	6	23.8
	合計		467	233.7	145.9	82.8	462.4		102	
	平均	1980	42	21.2	13.3	7.5	42.0	107	9	6.5

資料：『平田町の農業概要』2002年3月、2002年11月聞き取りより作成

基本的に活動範囲もそのエリアに限定される。水稲作のほか、転作麦・大豆の機械作業も請け負っている。

　稲作共同経営組合まで展開している集落での水稲作の受託は、同組合からの一括した作業委託になるため比較的面的にまとまった作業が可能になるが、それがない集落では個人からの委託になるため作業地が分散する傾向にある。また麦作は採算性を考慮して脇野、幡長ではパイロット組合に委託している。大豆作については機械装備の必要性等の理由により集落で取り組まれているのは蛇池、勝賀の2集落に限定される。麦・大豆作は改良組合と営農組合が連携し一体的に作業を進めている。そのため麦・大豆作についてはブロックローテーションによる面的利用集積が進んでいる。

（2）受託規模

　集落型の機械化営農組合の主要作物面積（水稲＋麦＋大豆）は、平均で42ha（7.2～142.9）である。また作物別面積は、該当平均で水稲21（7～46）ha、小麦16（8～33）ha、大豆41（19～64）haである。1組織40ha（水稲28ha、小麦5ha、大豆5ha）をモデルとして収支計画が作成されており、平均的にはほぼその面積に達している。また同組合の構成員人数の平均は42

表 1-6　機械化営農組合による水稲作業の受託実績（2001 年）

単位：ha

営農組合名	耕起	代かき	田植	稲刈	平均	(参考)経営受託
土倉機械化	14.0	14.0	14.0	14.0	14.0	(14.0)
勝賀機械化	28.8	28.8	28.8	28.8	28.8	(28.8)
者結機械化	6.9	6.9	6.9	6.9	6.9	(6.9)
共栄なかよし機械化	6.2	18.7	18.7	18.7	15.6	(15.6)
野寺機械化	21.0	21.0	21.0	21.0	21.0	(21.0)
幡長機械化	24.0	24.0	24.0	24.0	24.0	(24.0)
脇野機械化	8.1	8.1	12.2	18.8	11.8	
大尻機械化	11.3	11.3	12.1	14.0	12.2	7.4
高田第 2 機械化	8.7	8.7	0.0	8.7	6.5	
高田グリーンファーム	15.8	15.8	15.0	16.6	15.8	
蛇池機械化	17.0	17.0	6.0	19.2	14.8	9.8
合計	161.8	174.3	158.7	190.7	171.4	127.5
平均	14.7	15.8	14.4	17.3	15.6	11.6

資料：2002 年 11 月聞き取り等により作成
注：1）大尻機械化営農組合は 2002 年実績。
　　2）（　）内数値は、稲作共同経営組合による受託

（13〜86）名で、構成員一人当たりの面積は107（51〜255）aである。

一組合当たりの水稲作作業受託面積は、耕起14.7ha、代かき15.8ha、田植14.4ha、稲刈17.3haで、4作業平均では15.6haである（表1-6）。稲作共同経営組合のある集落では、そこからの一括受託となるため受託面積は全ての作業においてほぼ等しい。営農組合のみの集落では、個人から作業ごとに申込まれるため、受託面積にばらつきがある。

（3）農機所有状況

組合は規模・受託内容に応じた農用機械を保有しており、ほぼ一貫体系を配備している。一組合当たりの機種別平均保有台数は、トラクターは3.2（1〜7）台、田植機は2.1（0〜6）台、コンバインは2.1（1〜3）台である（表1-7）。田植機は6〜10条植え、トラクターは25〜85ps、コンバインは4〜6条刈と、いずれもほとんどが大型で高性能の機械である。そのため、機械操作に専門的知識・技能が必要とされており、オペレーターが次第に限定さ

表1-7　機械化営農組合の農用機械保有状況

営農組合名	田植機		トラクター		コンバイン	
	台数	性能	台数	ウチ30ps以上	台数	性能
土倉機械化	3	6条	3	3	2	6条
勝賀機械化	2	10条	5	3	3	5条、6条、汎用
者結機械化	1	6条	2	1	1	5条
共栄なかよし機械化	1	6条	2	3	1	5条
野寺機械化	6	6条	3	3	2	5条
幡長機械化	3	6条	3	2	3	4条*2、6条
脇野機械化	2	6条	3	1	3	5条
大尻機械化	2	6条	3	5	2	5条
高田第2機械化	0		1	2	1	4条
高田グリーンファーム	2	6条	3	3	2	5条
蛇池機械化	1	6条	7	6	3	4条、5条、6条
平均	2.1		3.2	2.9	2.1	

資料：高須輪中土地改良区等から作成

れていく傾向がある。

(4) オペレーターの状況

　一組合当たりのオペレーターの平均人数は9.3名であり、平均的には営農組合構成員のうち22%がオペとして従事している（**表1-8**）。またオペ一人当たりの平均処理面積は4.5haである。オペ従事者数は組合ごとに1～23名とまちまちであり、オペ一人当たりの処理面積は1.5～23.4haと幅がある。構成員にオペ従事を原則として義務づけているところ、オペレーターが少数に限定されているところなど、様々な形式で運用されている。オペ従事を義務付けているところでは、日替わりで機械操作をすることになるため機械の損耗が速く、またそれに従事できない者が脱退を余儀なくされるなどの問題点を孕んでいる。機械大型化、高性能化にともない、次第にオペが限定される傾向がある。また、オペの中でも、中心的に従事するオペと、それを補助するオペなどに分化しているところもある。

　オペ従事者は全て男性で、年齢は概ね40～60歳代が中心である。職業的に

34　I部　米政策改革胎動期における水田農業と集落営農

表1-8　機械化営農組合等のオペレーターの状況

単位：人、ha

機械化営農組合名	オペ人数	オペ一人当たり面積注	職業等	年齢	備考
土倉	13	1.9	主として会社員、年金生活者	49〜65歳	
勝賀	12	5.6	専属オペ1名、補助オペ11名、全て勤め人	40〜60歳	
者結	5	3.2	専業農家1名、他は勤め人	51〜78	
今尾	8	3.9	全て勤め人、うち3名が中心	50〜70代	
野寺	6	6.7	自営業4、勤め人2名	46〜63	
幡長	16	1.5	勤め人中心	50歳代	
(須賀)	(1)	(13)	農業が主	55歳	
脇野	23	1.9	兼業が主	平均約50歳	農地30a以上所有農家にオペ従事義務
三郷	9	3.2	会社員3、自営業6	36〜65歳	9名が大空営農組合を組織し稲作経営
高田第2	1	7.2	専業農家	49歳	
高田グリーンファーム	3	12.4	会社員・役場職員	30〜40歳代	
蛇池	6	23.4	酪農1、兼業等5	57〜72歳	全面受託による借入も実施
平均	9.3	4.5			

資料：2002年11月聞き取り調査結果より作成
注：稲・麦・大豆の合計面積

は、恒常的勤務従事者や自営業者が圧倒的に多いが、園芸、畜産を専業的に営む農家も加わっている。オペレーターが少数に限定されているところや、中心的オペを配置しているところでは、専業的農家などがその役割を担う傾向がある。これはこうした層が平日の作業従事も可能であるためである。これに対し、構成員にオペ従事を義務づけているところや補助的オペを配置しているところでは、ほぼ例外なく恒常的勤務に従事する兼業農家が主としてオペ作業にあたっている。従来は、こうした兼業農家が年次有給休暇を取得して平日にもオペ作業にも従事してきたが、不況のなかで次第にこれが取りづらくなり、休日のみの従事を余儀なくされているところが多くなってきている。そのためもあり、中心的オペを配置せざるを得なくなっており、また中心的オペを配置できないところでは、相当数のオペを配置しなければなら

(5) 作業料金の特徴

西美濃農協海津地域で定めている10a農作業請負料金は、耕転（荒起・中耕・代掻き）セット1万2,000円（30a以上）、田植7,000円（10a以上）、稲刈1万3,000円（20a以上）、籾運搬2,000円であり、やや低めに設定されている。これはこの地域において、受託組織が広範に展開し、比較的大規模に請負作業を行っているためと考えられる。町の機械化営農組合で取り決めている請負料金は、さらにこれらよりも低く、耕転8,000～1万1,500円、田植5,000～6,600円、稲刈1万1,000～1万7,000円に定めている。これは機械化営農組合が集落の互助的組織であり、利益を出すことに目的はなく、収支均衡を旨として料金が設定されているためである。また、1時間当たりのオペレーター賃金は1,500～2,000円、一般作業賃金は1,180～1,800円の間で定められている。

2 受託型集落営農の諸特徴

脇野、高田、三郷、蛇池の4集落には機械化営農組合のみがあり、受託型の集落営農が営まれている。三郷の組合は、3つある改良組合の1つである大尻改良組合を基礎とした大尻機械化営農組合である。また高田集落では、5組のうち第2組を基礎として構成された旧来型の営農組合である第2機械化営農組合と、他の複数班を基礎として再編成されたグリーンファーム組合とが並存している。

それぞれの集落の営農組合員数/総農家数（組合員数割合）は、脇野31/47（66％）、高田56/63（89％）、三郷46/66（70％）、蛇池56/94（60％）である。各営農組合で作業受託している作目は、高田第2は水稲のみ、脇野、大尻、高田グリーンの3組合は水稲・麦、蛇池は水稲・麦・大豆である。高田第2は規模が小さく田植機がなく、同組合の構成員の田植作業はパイロット組合、もしくは個人に委託している。蛇池は規模が大きく、汎用コンバインを保有しており、他集落も含め大豆作63.9haを請負っている。

営農組合は水稲作を構成員から、麦・大豆作を改良組合から作業を請負っ

ている。そのため、麦・大豆作は面的集積が図られているが、水稲作は作業圃場が点在する傾向があり、かつ作業ごとの申込みとなるため事務処理も煩雑になりがちである。草刈、水管理は構成員が行うことが基本であり、またオペ出役を義務付けている組合（脇野）もある。そのため、これらに対応できない層（高齢・兼業）があらわれ、組合脱退を余儀なくされ、パイロット組合や個人に委託するケースがでてきている。

　そうした受託型組織の弱点ともいうべきところを補い、組織を補強する意味合いも込めて経営受託まで引き受けるところがあらわれている。蛇池では営農組合が直接に、大尻ではオペ9名が別組織を作り、相対で農地を借り入れ全面的な経営受託をはじめている。経営委託する農家は、オペ出役義務はもとより、草刈、水管理等の管理作業を免除される。これは農地の貸借と内容的には同じものである。

　こうした新しい動きも含めて受託型集落営農の典型として、三郷集落の大尻機械化営農組合の事例を取り上げる。

3　受託型集落営農の事例的考察─三郷集落の事例─

（1）営農組合と改良組合の組織統合

　三郷集落はセンサスベースで農家数が66戸、経営耕地面積が82.0haである。同集落には3つの農事改良組合がある。その一つの大尻改良組合（46戸）に大尻機械化営農組合が設立されている。同営農組合は、前身の組織を含め約40年の歴史があり、1976年に現組織として再結成された。そして1985年頃に集団転作に取り組む必要性もあり、営農組合に全戸が加入することになり、事実上改良組合と一体的に運用されることになる。両組合は総会も同時に行っている。

（2）営農組合の受託実績

　同営農組合では構成員から水稲機械作業を部分的に請け負うとともに、改良組合と一体となり麦の播種から収穫までの全ての作業を主宰している。受

託組織であるため管理作業は全て個人が担当している。改良組合が主宰して、5月と7月に全戸出役で「江ざらい」作業をする。草刈ができない農家が3～4戸おり、1m当たり30円で営農組合がそれを請け負っている。

　2002年度の水稲作の作業受託面積・人数は、トラクター11.3ha（17名）、田植12.1ha（18名）、稲刈14ha（22名）である。同営農組合が集落の全てをカバーしているわけではなく、パイロットや個人に委託する構成員もいる。それは、オペ等組織の担い手が限定されているためでもある。麦作の作業受託面積は14.2haである。また麦反収は4.3～5.1俵で、改良組合名で農協に出荷される。

（3）オペレーターの従事状況

　同組合では、圃場再整備後、大区画圃場に対応して機械を大型化した。それにともない、以前は7割程度の構成員がオペを務めていたが、これを9名に絞り込んだ。その職業構成は、恒常的勤務者3名（会社員2、農協職員1）、自営兼業従事者4名、酪農家2名である（**表1-9**）。会社員が土日に、自営業者が平日にオペ作業に従事している。オペ従事者の年齢は36～65歳（平均48歳）、その年間従事日数は5.5～23.3日（平均14.7日）である。酪農家の従事日数はそれほど多くなく（O-5・15日、O-9・6日）、オペの中心は恒常的勤務従事者・自営兼業者である。O-9農家は乳牛160頭、O-5農家は同35頭を飼養しており、自己経営を最優先して仕事に従事せざるをえず、オペ従事が限定されている。オペの平均手取額は約20万円である。

　オペ9名は別に大空営農組合を組織し、改良組合を経由して相対口頭契約により農地を借入れて稲作経営を行っている。管理作業に従事できない者からの農地の借入れである。改良組合を仲介して貸借を行うのは、貸付者の「部落に預ければ安心」という意向を汲んだものである。2002年度は12名から農地を7.4ha借入れ、うち4.0haに稲を作付けしている。地権者には農用地利用調整土地代と称した地代（合理化事業と同じ水準）を支払っている。圃場ごとに水稲品種が決定され、販売用としてアキタコマチ、飯米用としてハツシ

表1-9 オペレーターの従事状況（三郷集落大尻）

番号	年齢	普段の仕事	オペ従事日数（日）	備考
O-1	65	会社員	23.3	
O-2	55	自営業	20.9	班長
O-3	43	会社員	16.4	会計
O-4	46	自営業（左官）	14.8	
O-5	53	酪農家	14.6	認定農業者
O-6	47	自営業（鉄工）	13.1	
O-7	39	自営業（縫製）	13.0	
O-8	48	農協職員	10.6	
O-9	36	酪農家	5.5	認定農業者
平均	48		14.7	

資料：2002年11月実施聞き取り結果より作成
注：従事日数は、労働時間8時間を1日として算出。

モを作付けしている。水稲反収は平年で7俵、大空営農組合名で農協に出荷される。

第4節　稲作共同経営組合による協業型集落営農の展開

1　稲作共同経営組合の成り立ちと協業経営の仕組み

　町には協業組織である稲作共同経営組合が7組合あり、集落を基礎として組織されている。圃場の再整備完了を契機として1985～91年の間に作られている（表1-10）。7つの経営組合のうち6組合が機械化営農組合を並存させている。両組織の代表者が同じ集落は2集落（勝賀、今尾）で、4集落ではそれが異なっている。また、うち4組合（土倉、勝賀、者結、今尾）は、先行して展開していた営農組合を母体として組織された。営農組合での平均で17年間の活動経験を踏まえ、前述のような組織のもつ不十分な点を補う意味で、共同経営にまで踏み込んだのである。ここでの各経営組合の構成員数は、営農組合のそれよりも若干名多い。これは営農組合に加わらなかった層（経営委託者等）が、経営組合に組織されたためと思われる。こうした4組合の経験をふまえ、後発の2組合（野寺、幡長）では同時に両組合が組織された。

第1章 兼業深化平地農村における集落営農の展開と担い手の動向

表1-10 平田町の水稲作協業組織

稲作共同経営組合名	結成年	構成員数	水稲面積(ha)	構成員一人当たり面積（a）
土倉	1985	39	15.5	40
勝賀	1989	90	28.6	32
者結	1987	24	7.8	33
今尾	1985	78	17.9	23
野寺	1990	77	26.3	34
幡長	1989	54	24.5	45
須賀	1991	31	11.9	38
計		393	132.5	
平均	1988	56	18.9	35

資料：『平田町の農業概要』2002年3月等より作成

　この2組合の両組織の構成員は同数であり、全く重なる。また須賀には営農組合がなく、以前からこの集落で作業を受けていた農家が経営組合から機械作業を請け負っている。

　一経営組合当たり水稲作の経営面積は平均19（8〜29）haである。また一組織当たりの構成員数は、平均で56（24〜90）名と営農組合のそれよりも多い。これら集落での組合への参加率は相対的に高い。構成員一人当たりの委託面積は35aである。協業型集落営農が行われている集落での各組合の構成員の関連図は、図1-2の通りである。

　稲作共同経営組合は、稲作の共同経営を行う協業組織であるが、任意組織であるため組合と構成員の間で利用権設定等の権利設定はしていない。各構成員が組合に経営を委託する旨の意思表示をし、組合がそれをうけ育苗から収穫・乾燥調製、販売までの作業計画を立てる。機械作業は機械化営農組合や個人に委託している。草刈、追肥、水管理等の管理作業の担当方法は組合ごとにまちまちである。水管理は数名の担当者が行っている組合が多く、草刈は構成員に義務づけている組合が多い（表1-11）。これら管理作業を個人で担当する場合、構成員の兼業の深化や老齢化などのため個人差が大きくなってきている。それが稲作収量に影響し、また組合の売上・収益にも関わってくることもあり、徐々にではあるが、組合が直接的に管理するケースが増

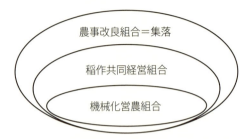

図1-2 協業型集落における各組合構成員関連図

表1-11 稲作共同経営組合の経営内容

稲作共同経営組合名	水稲平年反収（俵）	主な管理作業の方法		10a当たり配当金（円）	備考	法人化の意向
		水管理	草刈			
土倉	8	全員	人夫賃支払	30,000	01年に組織統合、準組合員制あり	予定無し
勝賀	8	3名で担当	全員	35,000	経理のみ分離	検討中
者結	7.5〜8	全員	全員	30,000	他組織との統合模索	予定無し
今尾	8.4	4名で担当	全員	45,000	運営基金10a5千円徴収	予定無し
野寺	7.5〜8	4班に委託	4班に委託	2,625	トラクター購入のため低配当	検討中
幡長	7.5〜8	全員	全員	45,000	一集落一農場目標	検討中
須賀	7.4	6名で担当	全員	42,000	01年度	予定無し

資料：2002年11月聞き取り調査結果より作成

えてきているようである。そして、農作業にはいっさい従事せず、台帳上の権利のみ保有するような構成員も現れている。

　米の販売は組合が行い、出荷先は全て農協である。米売上代金から機械作業委託料、農薬、肥料代、人夫賃等の必要経費を差し引いて出た残余部分を配当金等の名目で各構成員に分配している。概ね10a当たり3〜4万円程度の配当金が分配されている。管理作業に出役できない者や入作者を準組合員とし、分配率を減じて支給しているところもある。分配金と小作料（標準で1万8千円）を比較すると、分配金の手取りがやや多くなる。組織への加入率も高く、組合の運営は概ね良好で、構成員農家からの出資金額も比較的少なく済んでいるようである。

　集落の規模により受託作目、法人化意向など集落営農の内容が規定されてくる。そこで、ここでは協業型集落営農の典型的事例として、①小規模協業

型集落営農―者結集落―、②中規模協業型集落営農―須賀集落―、③大規模協業型集落営農―勝賀集落―をとりあげ、その特徴を考察する[9]。

2 小規模協業型集落営農の事例―者結集落（農家数23戸）―

　者結集落では機械化営農組合が1969年に組織された。そしてその18年の活動経験をふまえ、圃場再整備終了後の1987年に共同稲作経営組合が設立された。者結集落の農家戸数は、センサスベースで23戸であるが、改良組合には26戸が登録されており、うち22戸が両組合に加入している。両組合の代表者は異なっており、それぞれ独立して運用されている。

　構成員は、水稲作は経営組合に、麦作は改良組合に経営を委託している。そして営農組合が、水稲作は経営組合から、麦作は改良組合から一括して機械作業を受託している。2000年度の作業受託面積は、水稲作が7.4ha、麦作が7.7haである。オペは5名で、年齢は51～78歳、1名のみ専業農家で他は勤め人である。

　集落にある水田20.4haのうち組合分が18haで、個人分が2.4haである。江ざらい（5月に1回）、追肥、草刈（稲4回、小麦3回、大豆2回）、防除は構成員全員で作業にあたる。平年反収は、米が7.5～8俵、麦が4.5～5俵で、販売先は農協である。配当金は10a当たり3万円程度である。

　集落規模が小さく、受託・経営規模も小さく法人化の見通しはない。理想規模を40～50haとし、規模拡大を課題としているが、集落のほとんどの農家が既に加入しているので、今のままの組織ではこれ以上の拡大は容易に望めない。他集落組織との発展的統合の可能性も示唆している。

3 中規模協業型集落営農の事例―須賀集落（農家数45戸）―

　須賀集落には機械化営農組合はなく、稲作共同経営組合のみ91年に組織されている。須賀集落の農家数はセンサスベースでは45戸であるが、改良組合には49戸が登録されている。うち経営組合の構成員は38戸である。

　構成員は、水稲作は経営組合に、麦作は改良組合に経営を委託している。

そして認定農業者のY（55歳・自営兼業）が、水稲作は経営組合から、麦作は改良組合から一括して機械作業を受託している。Yは従来から個人で農用機械を保有し、10戸程度の農家から水稲作業を受託してきた。そのため須賀集落では、営農組合を組織することはしないで、Y個人に作業委託することを選択した。経営組合から作業を委託されることによりY所有の機械は、トラクター28ps 2台→63、70ps、田植機5条→8条、コンバイン2条→5条へと大型化した。Yは、経営組合の他隣接する岡、西島集落からの作業も請け負っている。

2002年度の経営組合の水稲経営面積は13haである。水管理は6名で担当している。年3回共同での畦草刈を行っており、構成員は出役が義務づけられている。これに対応できない1名が脱退し、完全な農地貸付けに変わっている。Yへの作業委託は、トラクター・田植・稲刈の基幹作業のセットで行い、10a当たり委託料金は4万5千円である。10a当たり経費は7万5千円程度となる。水稲反収は7.4俵であり、10a当たり配当金は2001年度で4万2千円程度である。

4　大規模協業型集落営農の事例―勝賀集落（農家数86戸）―

勝賀集落の農家数はセンサスベースで86戸であるが、改良組合には91戸が登録されている。うち88戸が機械化営農組合と共同稲作経営組合に加入している。両組合の構成員、役員、総会は全く同じに運用されており、経理のみ分離しているだけで組織は一体的に運用されている。

機械化営農組合の設立は1969年と古い。集落が比較的高地に位置し、人が集まりやすい地形のため経営面積が小さく（平均67a）、そのため早くから共同化が進んだようである。農業委員を務めていた前組合長（81歳）がリーダーとなり組合を組織し集団化を促進した。規模が大きいことから組合では大豆用機械も保有し、米・麦・大豆の機械作業を受託している。作業面積も、水稲22.8ha、麦22ha、大豆22haと大きい。

2000年から専属オペレーターとしてM（60歳・建設業兼務）を配置し作業

を行っている。またオペ育成の観点から、40～50歳代の補助オペを11名（会社員・公務員）つけている。勤め先の有給休暇が取りにくく、補助オペによる作業は土日を利用して行っている。平日の有給休暇取得による作業が困難になってきたことが、専属オペを配置した理由である。

機械化営農組合の20年間の活動経験を踏まえ、圃場再整備後の1989年に共同稲作経営組合が組織された。ここでは3名（いずれも70歳代）の管理者により水管理を実施している。以前は、輪番制で水番をしていたが、個人によりおろそかになることもあり、管理者を張り付けることになった。草刈は個人が行うことになっている。高齢者がいる世帯はそれを4回程度行っているが、若者世帯では回数が減り、なかにはやらない者もいるようである。これが出来ない場合、罰金を徴収する制度があるが、実際に徴収したことはない。

反収は米8俵、麦3.5俵、大豆2俵で、米は経営組合名、麦、大豆は営農組合名で農協に販売している。2001年度の10a配当金は3万5千円である。人材確保・育成を通じて5年程度のうちに法人化することを検討中である。

第5節　未組織4集落の農業の特徴と平田農業パイロット組合

1　未組織4集落の農業の特徴

西島、仏師川、四ッ谷、岡の4集落では機械化営農組合などの集落型組織がない[10]。これら集落は町中心部に比較的近く、自給的農家及びⅡ兼農家率が比較的高い。また水田率は比較的高く、施設園芸農家、畜産農家は少ない。米＋恒常的な兼業勤務の就業構造が一般的であり、農用機械の所有率も比較的高い。

これら4集落には生産組織はないが、作業委託農家率は22～46％と比較的高い。他方、これら集落で水稲作を請け負った農家実戸数と全作業＋主要3作業平均の請負面積は、1～4戸、24～128aとわずかである。組織のない集落では、個別に作業を請け負う農家もほとんどいないことがわかる。にもかかわらず、これら集落で作業受委託が一定程度進んでいるのは、全町をカバ

一する農業生産集団である平田農業パイロット組合が作業を請け負っているためである。

2 平田農業パイロット組合──全町をカバーする受託体制──

　町では旧平田農協時代からブロックローテーションにより集団的な麦・大豆作に取り組んできた。そして1988年からは農協に4名の専任オペレーターを配置し、受託方式により作業を行うようになる。機械化営農組合がない、あるいはあっても労力等の限界から転作作業を行えない集落・改良組合からの受託である。そして1990年に農協が合併しJA海津となったことを機会として、3名のオペレーター（1995年に3名とも認定農業者登録）からなる任意の平田農業パイロット組合が設立される。この時、農協所有の機械は同組合に払い下げられた。麦・大豆作は各改良組合から経営受託で行っており、現在、パイロットが転作作業を受託している改良組合数は、小麦11改良組合、大豆9改良組合になる。構成員3名に加え、男2名（臨時）、女5名（ほぼ通年）を雇い入れている。

　これに加え水稲作では、農協が行っている農地保有合理化事業により水田40.7haを借り入れ、また相続税納税猶予にかかる分として水田12.4haを全作業受託で請け負うほか、部分作業受委託等も行っている。麦・大豆作は、改良組合単位で作業をするため面的集積が図られているが、水稲作は個別契約の寄せ集めであり飛び地となっている。組合としては部分作業受託ではなく、収量アップ等に責任を持ってできる経営受託もしくは借地での拡大を希望している。「できれば一人300ha程度の作業面積が欲しい」と言う。

　現在の経営面積は、水稲37.6ha、麦118.7ha、大豆125haである。10a当たり収量は、稲450kg、麦360kg、大豆190～195kgである。生産物の出荷先は全量農協で、2000年からは道の駅直売店の町営クレール平田にも米を年300俵程度直売している。剰余部分は、分配金として3名に平等に分配されている。構成員3名のうち2名の後継者が就農を予定していることもあり、法人化して会社組織とすることが検討されている。

第6節　まとめ─集落営農の展開論理と地域農業の主体形成─

　平田町では兼業化・機械化の進展に対応し、古くから組・集落を基礎とした受託組織が形成された。そして大区画圃場整備にともない機械は大型化し、受託組織も再編強化された。同時に、兼業化・高齢化の進展は管理作業にも従事できない層を生み出すことになった。これを個別に受ける担い手は、組織のある集落では充分に成長することはなく、受託組織の内部で請け負わざるを得なくなった。こうしたことを契機として受託型集落営農から協業型集落営農の展開が1980代後半から1990年代前半にいくつかの集落で進んだ。集落営農形成の成否は、集落の農業構造、むらの結束力、リーダーの有無などにあった。

　受託型集落営農にとどまった集落でも、経営委託を余儀なくされる層があらわれ、組織内部にこれを請け負う機能を設けるところがでてきた。こうした経営を請け負う機能のない集落及び受託組織すらない集落の経営受託、作業受託の担い手として、全町的に活動するパイロット組合が結成され、その受託実績を伸ばしてきている。これは兼業深化による恒常的な他産業への従事、園芸作・畜産業への専門的従事などのため土地利用型の専業的担い手が相対的に失われてきたことの裏返しでもある。

　平田町における集落営農の展開論理は**図1-3**のように整理できる。まず、兼業進展、機械化などを契機として受託組織が形成され、受託型集落営農がはじまった。そして圃場再整備、機械大型化、集団転作、兼業深化への対応として一部で協業型の集落営農へと展開した。この場合当初は構成員に管理作業を義務付けていたが、高齢化等によりそれに従事できない層があらわれ、管理作業まで請け負うところもあらわれた。これは構成員の高齢化・兼業深化に対応したものであり、平田町のなかでは新しいタイプの協業型集落営農といえる。これらは組織では集落農場型の農業生産法人化も検討している。これに対し、組織のない集落及び受託型集落営農にとどまるところでは、集

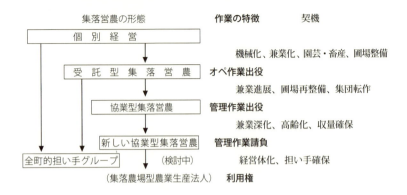

図1-3 平田町における集落営農の展開論理

落内に担い手が不足しており、集落を超えた全町的担い手グループに依存せざるを得ない状況が広がっている。

集落営農組織の形成により、米麦作の省力化・低コスト化が図られ、兼業化にも対応しやすくなるとともに、園芸・畜産の専業的担い手が成長を促した。米麦作の省力化によって生じた労働力は農業内的には野菜作等に向けられた。折しも、町内に直売店が開設され、地場産品を供給できる体制が整えられた。これにより地産地消も推進されている。その中心は女性・高齢者であり、売れ行きが好調なため当初70名程度の出荷者が現在では140名程度まで拡大している。これまで自給的に生産した物が売れて所得にもなり、かつからだを使うので健康にも良いとあって、生産者の生き甲斐にもなっている。特に町北部地区において露地野菜の生産が拡大している。

いずれにしても、平田町において多様な形態で展開している集落営農組織は、基本的には個別経営を補完する目的で形成されてきたといえる[11]。それは同町における総農家数の変化に端的に示されている。すなわち、それは1970年999戸から2000年838戸へとわずか、16.1%（都府県41.1%減）の減少にとどまっている。

平田町では、集落ごとの特性に応じて重層的な集落営農の構造が継続されると考えられる。そのなかで最近の特徴として、集落営農を中心的に担うオ

ぺが徐々に限定される傾向があり、また緩やかながら経営体化の傾向も確認できる⁽¹²⁾。

注
（1）このような東海農業の特徴は、山本ら（1983）などで指摘されており、それは今日に至るまで基本的に継承されている。
（2）農業サービス事業体と集落営農、個別経営との関係については、荒井（1999）などを参照。
（3）三重県における個別担い手の成長事例については、荒井聡「農地流動化促進効果―三重県松阪市機殿地区―」『平成13年度事業効果フォローアップ検討調査報告書』全国農地保有合理化協会、2002年、で考察している。
（4）構造変動が進んでいる愛知県は全国を先取りするような政策も展開しており、多くの実証的研究がある。なかでも、安城市、十四山村などでのドラスチックな地域農場システムに関する研究が重点的に進められている。これらは竹谷裕之「東海地域に見る地域農業再編過程と農業支援システム」（永田ら（1995）所収）、矢口（2001）などにまとめられている。また、荒井聡「農作業受託組織の支援方策―愛知県岡崎市の事例―」（『稲作の作業受委託と農業協同組合』農政調査会、2001年）では個別農家の展開事例を考察している。
（5）岐阜県山間地農業の担い手の状況については、荒井（2003）を参照。
（6）海津町の集落営農の実態については、今井健『東海地域における土地利用型経営の展開方向―岐阜県海津郡海津町―』東海農政局、2001年、に詳しい。
（7）平田町の兼業農業の構造については、御薗（1986）などで詳細な研究結果が著されており、同書で平田町は「東海地域のなかでは、むしろ平均的・代表的な平坦水田兼業地域と目される」（13ページ）とされている。同書所収の有本信昭「稲作営農組合の類型と性格」では、集落を基礎とした農業生産組織の状況についての分析があり、ここではその後の新しい特徴を中心にみていく。
（8）ここでの「農業後継者」は2000年農業センサスの数値であり、「次の代で親の農業経営を継承することが確認されている者（予定を含む）」と定義されている。
（9）これら以外の集落の特徴は、荒井聡「大区画化に伴う受託組織等の再編強化による基幹作業の全町受委託体制の構築―岐阜県海津郡平田町高須輪中2期地区」『平成14年度事業効果フォローアップ検討調査報告書』全国農地保有合理化協会、2003年に詳しい。
（10）これら集落でも、かつて10戸前後の農家から成る任意の生産組織が補助事業により1970～76年に設立されたが、集落型経営組織にまで展開することはなかった。詳しくは、前掲・有本論文、410ページ参照。

(11) 犬塚昭治は同町の集落型営農組織を分析し、「営農組合がⅡ兼稲作を維持する機能をもっている」(御園前掲書、406ページ) と指摘している。
(12) ただし、米政策改革大綱などに位置づけられた「主たる従事者が他産業並の所得水準を目指し得る」ような集落営農（集落型経営体・仮称）は平田町には形成されていない。なお、経営体の視点から集落営農をとらえたものとして、近藤ら（2003）があり参考になる。

第2章

「米政策改革」下における
地域参加型集落営農法人組織の展開論理
―岐阜県揖斐郡揖斐川町K営農組合を中心に―

第1節　課題と方法

　2002年に公表された「米政策改革」では、担い手への政策支援の重点化が示され、集落営農組織として支援対象となるには、中心的担い手がいて経理の一元化などの経営実体があり、かつ5年以内に法人化が計画されていることなどの要件がつけられている。集落を基礎とした営農組織は、全国で約1万組織あるとされているが、こうした経営実体をもつ組織は少なく、任意の受託組織（農業サービス事業体）が一般的であり、法人化までには至っていない[1]。受託型の集落営農組織は、兼業化・高齢化など労働力不足やコスト低減を契機として、家族経営を補完する目的で形成されている[2]。組織は機械の共同利用から受託型へと漸次展開しており、実行組合や集落を基礎として組織されてきている。個別担い手が不足する集落に組織される場合が多い。

　受託組織は作業受託が主たる業務であるが、構成員の高齢化等により管理作業まで委託されるケースや、経営全般の委託（事実上の借地）へと深化するケースもみられてきている[3]。また、転作を集団的に請け負って、麦・大豆作を経営するケースが増えてきている。このような構成員の賃貸ニーズへの高まりや集団転作地経営などにより任意組織が徐々に経営体化する傾向がみられる。そして、米政策改革で支援対象を限定してきたことで、これに

拍車がかかり、受託組織から法人組織への転化が徐々に進んできている。また、機械の大型化・圃場の大区画化に対応して営農組織の規模は漸次拡大し、また支援対象となる集落営農の規模が20ha以上とされたこともあり、集落を超えて旧村単位での農業生産法人化の動きも始まっている。特に集落規模の小さい地域では旧村単位での組織化が進められている。

　地域の特性により集落営農組織のタイプは多様であるが、小規模・兼業農家が中心のいわゆる「集落ぐるみ型」の場合は、中心的担い手がいない例がほとんどで、いわば地域農地保全を目的とした生活共同体的な組織原理で運営されている[4]。これら経営体は、政策が描く経営実体をもった主体となりにくい面を有しており、今後の政策的位置付けでも検討課題として残されている[5]。特に、兼業が深化している東海地域は小規模・兼業農家が中心の集落営農の割合が高い傾向にある。

　そこで本章では、「米政策改革」に先行して法人化された「集落ぐるみ型」（＝地域参加型）集落営農組織の法人経営実体を分析することにより、これら経営体の政策的位置付け上の留意事項等を考察していく。集落営農組織に関する調査研究は数多いが、このような視点で任意の受託型集落営農から法人経営への展開論理等を解明した研究は少ない。

　ここでは東海地域の典型的な水田地帯である岐阜県揖斐郡揖斐川町を対象に水田農業の担い手の多様な存在形態を確認しつつ、集落ぐるみで組織されてきたK営農組合を主たる対象として、受託組織から農業生産法人への展開論理を整理し、かつ法人化後の各構成員の参画形態を明らかにするなかで、「米政策改革」下において旧村を基礎とする地域参加型農業生産法人化の役割や展開条件などを考察していく。

第2節　揖斐川町水田農業の担い手の存在形態

1　自己完結的小規模兼業稲作経営（2000年）

　岐阜県揖斐郡揖斐川町は、岐阜県西南部の岐阜市の西約20km、大垣市か

ら北へ約15kmに位置し、通勤兼業が可能な立地条件にある。1955年4月に揖斐町、大和村、北方村、清水村、小島村の5町村が合併して揖斐川町が設置され、翌1956年9月に旧養基村大字脛永が編入された[6]。町土の約48％が森林であり、越美山系を源流とする揖斐川、粕川が肥沃な扇状地を形成している。気候は表日本式気候で、温暖な土地柄である。良質米地帯であり、「味のいび米」と称されている。山麓地帯は排水が良く茶栽培が盛んで、県内有数の茶産地になっている。

町の2000年の総農家戸数は1,242戸、経営耕地面積は889haで、一戸当たり経営面積は72a（揖斐59〜大和96）と零細である。ほとんど（1,027戸・82.7％）が1ha以下（0.5ha以下・551戸、0.5〜1.0ha476戸）の経営である。「米政策改革」での目標経営面積である4ha以上経営は14戸（1.1％）に限られる。また、田のある農家の一戸当たり田の面積は64aである。販売農家944戸の専兼別内訳は専業が70戸（7.4％）、Ⅰ兼が31戸（3.3％）、Ⅱ兼が843戸（89.3％）と兼業化が著しい。農業就業人口は1,245人で、うち65歳以上が787人（63.2％）と高齢化が進んでいる。

100戸当たり農用機械の保有台数は、動力耕耘機・農用トラクターが100.7台、動力田植機が69.2台、自脱型コンバイン69.9台と多い。他方で、基幹3作業（耕起・代かき、田植、稲刈・脱穀）を請け負わせた農家割合は22％と低く、典型的な米＋兼業による自己完結的な小規模兼業稲作の経営構造である。

2　水田農業ビジョン策定と組織経営体の展開─小規模兼業稲作から大規模組織型稲作へ─

（1）担い手の育成・明確化

揖斐川町では、目標年度を2010年として水田農業ビジョンが2003年に策定されている。ここにおいて、①地域水田農業改革の基本方向、②担い手の育成・明確化、③売れる米づくり、④地域振興作物の作付け及び販売目標、⑤産地作り交付金の使途が示されている。

これによれば、農業生産法人のある地区では同法人を担い手として位置付

け、作業受託を含め地区内農地の65～85％を担うこと、他地区では作業受託組織が生産調整の70％を受託するとともに、営農組合間の合併、強固な営農組織、集落の合意形成などを通じ、担い手農家と組織があわせて地区内農地の65％を担うことを目標としている。

水田農業の担い手は地区別にリストアップされている。これによると、個人36人、農業法人3法人（+1法人）、作業受託組織6組織が対象となっている[7]。生産者数に対する担い手数は4.9％であり、20人に1名の割合で担い手が選定されている。一集落当たりの担い手数は0.8人である。ビジョン策定にあたり、担い手リスト作成が「最も苦慮」したようで、「4haまで伸びそうな個人」をリストにのせている。そのリストは内部資料として、貸付農地等が発生した際に優先的に斡旋するために農協の支店ごとに活用されている。

組織が担い手として位置付けられている地域のいくつかの集落では、町単の農業コミュニティー事業を活用し、望ましい農業構造確立のため集落での話し合いが進められている。

（2）集落・旧村ごとにみた担い手の状況

町には旧村が6、農業集落が53ある。旧村（地区）毎の平均集落数は8.8集落で、3～14集落と地区毎にまちまちである。水稲生産者数は平均154（85～274）人、水稲生産面積は平均80.8（52.2～130.9）ha、一人当たり面積は42～69aである（表2-1）。

また、一集落当たりの平均農家戸数は23.4戸、経営耕地面積は16.8ha（うち田14.5ha）と比較的小さい。平均の水稲生産面積は9.1ha、生産者数は17.5人である。集落数の少ない地区では、一集落当たりの面積がやや大きい傾向がある。

6地区は担い手のタイプにより3つに分類できる。

すなわち、①個人+組織－組織中心－タイプ3地区（北方、清水、脛永）、②個人+組織－個人中心－タイプ2地区（揖斐、小島）、③個人のみタイプ

表2-1　地区別水稲生産（揖斐川町 2003年）

地区名	農業集落数	生産者数	面積	一集落当たり生産者数	一集落当たり面積	一人当たり面積
	集落	人	ha	人	ha	a
北方	7	152	79	21.7	11.3	52
大和	13	159	89.9	12.2	6.9	56.5
揖斐	12	163	68.4	13.6	5.7	42
清水	4	93	64.4	23.3	16.1	69.2
脛永	3	85	52.2	28.3	17.4	61.4
小島	14	274	130.9	19.6	9.4	47.8
平均	53	8.8	80.8	17.5	9.1	52.4

資料：揖斐川町水田農業ビジョン、センサスより作成

表2-2　地区別水田農業の担い手（揖斐川町・2003年）

単位：人、組織、ha、％

地区名	担い手数				一集落当たりの担い手数	担い手の経営面積				経営耕地面積に対する担い手経営面積割合
	個人	農業法人	作業受託組織	小計		個人	個人一人当たり面積	農業法人	小計	
北方	5	1		6	0.9	12.3	2.5	23	35.3	27.6
大和	11			11	0.8	77.9	7.1		77.9	37.6
揖斐	7	(1)	2	9	0.8	13.4	1.9	(20.5)	13.4	10.6
清水	1	1		2	0.5	2.4	2.4	38.1	40.5	48.2
脛永	1	1		2	0.7	3.9	3.9	21.7	25.6	33.7
小島	11		4	15	1.1	48.7	4.4		48.7	18.3
計	36	3	6	45	0.8	158.6	4.4	82.8	241.4	27.2

資料：揖斐川町水田農業ビジョン及び聞き取りにより作成
注：揖斐地区農業法人は町外のみの実績

1地区（大和）である（表2-2）。

　担い手のタイプ別に経営の若干の特徴をみていき、担い手としての法人経営の特徴を明らかにしていく。

3　担い手タイプ別経営の特徴

（1）個人担い手

　個人担い手36人の平均経営面積は、4.4haである。うち比較的規模の大きい農家11戸の自作地平均は139a（田が89a、畑49a）で、借入地は644a（田

625a、畑20a)である[8]。自作田はほとんど（81％）が集落内にあり、3.9カ所に分布している。また田の借地割合が高く、借入田は過半数（51.5％・面積判明6戸分）が集落外にあり、平均21ケ所に分布している。規模拡大にともない、集落外・旧村外への出作を行っており、圃場の分散が避けられない状況である。個人担い手は大和地区に多い。同地区は、茶を基幹部門とする茶＋米・麦・大豆型の個別複合経営体が多数存在し、水田経営にも規模拡大意欲を示しており、他地区への出作も積極的に行われている。逆に、他地区は水田農業の担い手が不足し、大和地区からの入作を余儀なくされてきている。

（2）作業受託組織

揖斐、小島地区では、若干の個別担い手に加え集落を基礎として1～数集落を単位として受託組織が活動している。基幹三作業の平均受託面積は4～10haで、なかにはオペ個人が組合の機械を借り入れて受託する体制のところもある。両地区は、一集落当たりの規模は小さいが、集落数が多く、地区としてのまとまりがむずかしい構造になっている。

組織は組合員の生産コストを抑え、経営を補完する機能を有しているが、組合員経営が優先されるため、作業地が分散する傾向がある。また管理ができずに貸付けを志向する組合員への対応（米の販売名義を含む）や消費者ニーズに応じた特色ある栽培が展開しにくい、償却資産の積立金処理問題などの課題を抱えており、より経営実体をもつ組織形態への発展が課題となっている。

（3）農業生産法人

既述した作業受託組織がもつ課題を克服するため、それをベースとして法人組織が3組織設立された。個人担い手が少なく、また農業集落数も少ない旧村（脛永3集落、清水4集落、北方7集落）から順に任意の集落営農組織が農業生産法人に展開（脛永1990年、清水2001年、北方2004年）してきている。

経営面積は21〜36haで米・麦・大豆を生産しており、基幹三作業受託も0.5〜9.8haある。ほとんどが地区内での借入れであり、農地は面的に集積されている。脛永営農では隣接する地区外からも借入れ、作業受託を行っている。また、ぎふクリーン農業への取組を進めるなど、安全、環境に配慮した農業生産にも取り組んでいる。脛永、北方地区はオペ中心の法人化で組合員数は9、10名と少ないが、清水地区は集落ぐるみ型で組合員数も79名と多い。そこで、最近法人化した集落ぐるみ型集落営農の事例として、清水地区で活動するK営農組合を対象とし、その経営実体を分析していくことにする。

第3節　農事組合法人・K営農組合の存立構造

1　K営農組合の成立経過

清水地区は揖斐町東部に位置し、610世帯のうち農家は107戸（農家率17.5％）と混住化が進んでいる。地区農地は84haで、1981年に圃場整備が完了している。水田転作（小麦）を集団的に取り組む必要性もあり、また機械費補助などのメリットもあることから任意組合・K営農組合が翌1982年に集落営農組織として発足した。発足当初構成員は86戸で、第2種兼業農家が主体であり、受託面積は5ha程度であった。基幹オペレーター3名を中心に省力化・低コスト化を目的に運営されてきた。

その後、地域の農業者の高齢化が進むなか、組合員の一部は作業委託から貸付へとニーズが移行し、これに十分に対応できずに耕作放棄や入作の可能性が生じてくる。そこで地域の和を保ち、地域の農地を地域で守る目的で2000年頃から法人化の検討が始まった。任意組合では、相対小作や米販売者名義人などの問題を常に孕んでいたためでもある。現役員が中心となり各地域での説明会で同意を得て、2001年5月に農事組合法人（1・2号タイプ農業生産法人）となった。任意組合の参加者が多かったことが合意形成に成功した一因である。

組合員は、地区内に住所を有する農民などに限られる。地域のエリアは、

旧清水村の4集落（8農事改良組合）である。地区内の農家107戸のうち79戸・人（74％）が加入している。一人当たりの出資金額は当初1万円であったが、その後機械整備等のため各1万円が増資され、資本金は158万円になっている。各実行組合からは理事もしくは幹事が選出されている。

2　経営概要

組合の経営地34.5haは、全て田の借入れからなる。借入地には利用権が設定され、貸し手への信用の配慮からJA農地保有合理化事業を活用している。3年契約で、10a当たり小作料は組合員が1万2,000円、組合員以外が8,000円（標準小作料）と差を設けている。

利用権設定面積は徐々に増加（2001年29.3ha、02年＋4.9ha、03年＋2.0ha、04年＋2.0ha）しており、2003年は104人（一人平均33a）から借入れがある。筆数は203筆になるが全て地区内にある。地域内利用権設定率は36.7％にのぼる。老齢化、後継者不足による地域の不耕作田の受け皿として、また転作田の集団化のために利用権設定が推進されている。法人化によりドラスチックに利用権設定面積が増加している。

経営は米・麦・大豆作であり、2年3作（米－麦－大豆）のローテーションで作付けている。順次栽培面積は拡大し、2003年は稲26ha、小麦27ha、大豆27haを作付けた（**表2-3**）。麦・大豆は地域の転作を全作業受託している。反収は米429kg、小麦231kg、大豆106kgとやや低い。

米、大豆は、「環境に優しく安全・安心」をモットーに農薬・化学肥料の使用量を3割削減したぎふクリーン農業に取り組んでいる。収穫された米はCEに搬入され、差別化を図るためサイロ一棟を借り切り、地元外食産業などへの直接販売で有利販売に務めている。品種もハツシモからひとめぼれへと転換し、「健康で美味しく売れる」米作りに取り組んでいる。米は自家消費用としても60kg当たり1万6,500円で販売している。

また大豆は密植栽培を全作付面積で実施している。これにより倒伏しても収穫ロスが少なく収量が多くなり、人件費節減にもなっている。排水対策と

表2-3　農事組合法人K営農組合の事業実績

単位：戸、ha

		2001年	2002年	2003年
利用権設定	戸数	78	95	104
	面積	29.9	32	34.5
	一戸当たり面積	0.38	0.34	0.33
作付面積	水稲	19.9	26.6	26
	小麦	28.8	27	27
	大豆	28.8	27	27
主な水稲品種	ミルキークイン	9.7	13	0
	ひとめぼれ	4.9	7	11
	（内クリーン農業）	—	—	10
	ハツシモ（早）	4.6	7	8.3
	ハツシモ（普）		6	6.6
部分作業受託	戸数	50	33	35
	面積小計	15	13	22
	耕耘・代かき	5	5	7
	田植			7
	刈取	10	8	8
	一戸当たり面積	0.30	0.39	0.63
関係農家数		128	128	139

資料：K営農組合総会資料各年版より作成

初期除草に最も気を使っている。240cm幅で明渠を入れている。ただし、小麦は連作障害で収量は落ちてきている。

　機械・施設としては、農機具格納庫、トラクター2台、田植機2台、コンバイン（稲・麦用2台、大豆用1台）、ディスクロータリー・ディスクハロー2台、リフト1台などを一部リースも含め整備している。

　部分作業受託面積は22ha（耕耘・代かき7ha、田植7ha、稲刈8ha、育苗1万箱）ある。作業受託料金は、比較的低料金に設定（耕耘・代かき1万2,000円、田植7,000円、水稲刈取1万5,000円）されている。非組合員は割り増し（耕起・代掻+1,000円、田植+500円、稲刈+1,000円）となる。苗は、カントリーから1箱630円で購入し、ハウスで保管し75円で運搬を請け負う。

3　農作業従事の特徴

業務執行役員は5名（組合長80歳）で、年間農作業従事日数は各60日である。作業の段取りは副組合長が行っている。

オペレーターは専属が3名、臨時雇用が2名である。オペの普段の仕事・年齢は、畳店（63）、酒屋（65）、イチゴ農家（60）（70）、ブロイラー経営（56）であり、中高年自営業者である。農繁期には月15日程度出役している。このほか補助員として常時1人、臨時3人を雇用している。2003年度は、各作業とも2名を配置し、延べ耕起・代かき14日・人、田植20日・人、稲刈28日・人を雇用した。時給は、機械作業が2,000円、肥料散布などの軽作業が1,600円である。

また田植以降の水管理のために15名程度を配置し、一人当たり10a～10haを管理している。管理料金（草刈を除く）は、5～30a区画とも一律一区画当たり5,000円である。

管理作業は原則として地権者が担当することになっている。地権者ができない場合に組織が請け負う。人手不足もあり管理労働力の確保も容易でなく、営農組合としては地権者による水管理を希望している。地権者が請け負う場合、10a当たり管理料は水管理2,000円、草刈3,000円である。

4　構成農家の参画の状況等

組合員の稲作経営面積は、100a以上5名（8％）、50～99a11名（19％）、1～49a11名（19％）、0 a32名（54％）であり、過半数が田の所有地全てを組合に貸し付けている（表2-4）[9]。平均同居家族員数は4.3人、農業従事者数は0.6人である。経営面積が大きいほど農業従事者数は多くなっている。

一戸当たり平均貸付面積は26aであり、比較的所有面積の小さな組合員が農地を貸し付けている。組合員の約80％はK組合を借り手として利用権設定をしている。

組合での機械整備にともない、組合員の農用機械保有率は大幅に低下して

第2章 「米政策改革」下における地域参加型集落営農法人組織の展開論理　59

表2-4　構成員農家の経営耕地の特徴（揖斐川町K営農組合）

単位：人、a

稲作経営面積	有効回答戸数	同居家族員数	ウチ農業従事者数	経営耕地面積				田の貸付地
				田		畑自作	計	
				自作	借入			
100a以上	5	5.2	2.2	110.3	5.0	0.6	115.9	1.5
50〜99a	11	5.3	1.4	68.3	1.4	1.0	70.7	6.2
49a以下	11	4	1.0	19.8	2.3	0.3	22.4	13.4
0	32	4	0.0	0.0	0.0	1.0	1.0	40.1
平均	(59)	4.3	0.6	26.2	1.1	0.8	28.2	25.5

資料：2004年8月実施アンケート調査結果より作成

表2-5　構成員農家の農用機械保有と作業委託の特徴（揖斐川町K営農組合）

稲作経営面積	1戸当たり農業機械保有台数（台）				部分作業委託のある農家割合（%）						3作業平均
	トラクター	田植機	コンバイン	乾燥機	育苗	耕起・代かき	田植	防除	稲刈	乾燥・調製	
100a以上	1.20	0.80	0.80	0.20	40	0	0	20	0	20	0
50〜99a	0.64	0.55	0.45	0.18	73	27	18	64	55	55	33
49a以下	0.36	0.36	0.36	0.09	45	18	18	36	27	45	21
0	0.13	0.03	0.03	0.03							
平均	0.36	0.25	0.08	0.08	25	8	7	20	15	20	10

資料：2004年8月実施アンケート調査結果より作成
注：3作業は、耕起・代かき、田植、稲刈の平均

表2-6　自己所有地の管理作業担当者の状況（揖斐川町K営農組合）

稲作経営面積	水管理の担当者（%）			草刈の担当者（%）		
	自家	組合	無回答	自家	組合	無回答
100a以上	100	0	0	100	0	0
50〜99a	91	0	9	91	0	9
49a以下	64	9	18	64	0	36
0	0	50	50	9	50	41
平均	37	29	32	42	27	31

資料：2004年8月実施アンケート調査結果より作成

いる。一戸当たり保有台数は、トラクター0.36台、田植機0.25台、コンバイン0.08台と少なく、1ha以上層ではほぼ農用機械を一貫して保有しているものの、階層が下がるにつれ順次低下している（**表2-5**）。これに対応し、1ha未満層で部分作業委託が若干行われている。

　自作地がある経営は、ほとんどが自家で水管理、草刈などの管理作業を担

当している（**表2-6**）。法人経営の中心的担い手として高齢者層が多い場合、管理作業の担い手が不足し、地権者が管理作業に一定程度の役割を果たしていることが指摘されている[10]。しかし、ここでは組合に完全に農地を貸し付けている場合、自家で管理作業を担当する例は少なく、組合が管理している場合が多い。

5　経営収支

2003年の組合の売上高は5,016万円（米2,593万円、大豆834万円など）である（**表2-7**）。規模としては2005年3月に新しい「基本計画」「農業構造の展望」とともに示された「農業経営の展望」で描かれている法人経営（4,550～5,000万円）や集落営農組織（5,250万円）と同程度である。売上原価は4,677万円で、うち労務費は798万円である。また販売費・一般管理費は367万円で、うち役員報酬は275万円である。労務費と役員報酬を含めた所得は1,073万円となる。

表2-7　K営農組合の営業損益の推移

単位：千円

		2001年	2002年	2003年
売上高	米	19,257	25,915	25,930
	小麦	10,475	9,187	7,599
	大豆	0	9,123	8,343
	作業受託料	2,337	5,514	5,005
	水稲苗受託料	2,432	2,324	2,342
	防除受託料	1,620	830	933
	計	36,123	52,897	50,155
売上原価	材料費	11,676	13,617	14,563
	労務費	5,267	8,917	7,977
	製造経費	16,925	27,858	24,233
	計	33,868	50,394	46,774
売上総利益		2,254	2,503	3,380
販売費・一般管理費		2,357	3,859	3,673
うち役員報酬		1,531	2,760	2,754
営業利益		-102	-1,335	-293

資料：K営農組合各年度総会資料より作成

一人当たりの所得では、最高が副組合長の150万円であり、「農業経営の展望」での主たる従事者一人当たり600万円には遠く届かない。集落ぐるみ的に多数が組合の農作業に従事し、かつ時給単価は1,600〜2,000円でも、「展望」に示された目標所得を得ることは困難である。

また、営業利益はマイナス29万円となる。営業利益は三年連続のマイナス決算である。奨励金・補助金等の営業外収益により経常利益、当期利益は若干の黒字となる。大規模化しても奨励金等の助成措置があって経営が成り立つことがわかる。

剰余金が配当されたのは2002年のみで、1戸1株として配当され、1戸当たりに1万2,500円が配当され、うち1万円が増資にあてられた。「農業経営の展望」では10a当たり4万円の剰余金配当が想定されているが、低米価のなかで現実的にはそのような高配当は期待できないといえる。

第4節　まとめ

　米政策改革に端を発した水田農業ビジョンにより揖斐川町では担い手の絞り込みが進み、特に農業生産法人が設立された地域ではドラスチックな変化が起きている。従来の受託型集落営農は家族経営の補完的位置付けであったが、その家族経営は老齢化にともない部分的な空洞化が進展し、作業委託から利用権への移行が漸次進んできた。

　K営農組合は受託組織の限界を克服すべく法人経営へと展開し、特色ある栽培に取り組み、利用権設定面積も急増してくる。同時に、集落ぐるみ型組織のため、法人化後も個別経営は並存し、管理作業などを引き続き担当している。

　中心的担い手には欠けるものの経営は大規模でありかつ農地は面的に集積され、政策が描く経営像と規模的にはほぼ一致する。しかし、労働評価を低く抑えても営業利益はマイナスであり、経営安定のためには政策支援の継続が不可欠である。また、集落ぐるみ的に地域一体となって参加・従事してお

り、基幹的な従事者は配置されつつも、他産業並の所得を得るほどの中心的な担い手の確保は容易でない。他産業並の所得を得るには、イチゴなどの施設園芸や茶など水田作以外の部門を経営することがより容易である。しかるに、生活共同体的に地域の農地保全を目的とするような集落ぐるみ型の経営では、他産業並の所得を得る人材の確保・育成を早急に自己目的とするような政策課題の設定は避けるべきであろう。基幹的従事者を数名確保しつつ、補助的管理作業を地域参加で担っていく姿が最も永続性がある組織形態であると思われる。

注

（1）農林水産省「農業構造動態調査　地域就業等調査結果—集落営農について—（2001年6月）」によれば、全国の集落営農数9,961のうち法人は5.4％である。
（2）これに関しては、荒井聡「農業サービス事業体が地域農業再編に果たす役割」『平成10～平成11年度科学研究費補助金基盤研究（C）（2）研究成果報告書（研究代表者　荒井聡）』2000年、に詳しい。
（3）例えば、本書第1章などを参照のこと。
（4）高橋（2003）では、こうしたタイプの集落営農の実証研究がいくつか例示されている。
（5）安藤編（2004）でも同様の指摘がある。
（6）2005年1月に6町村が合併し、新揖斐川町が誕生したが、ここでは旧揖斐川町をそのまま揖斐川町として用いている。
（7）法人のうち1法人は、農協出資農業生産法人である。担い手の不足する他地域（大野町・池田町）で稲・麦・大豆作の作業受託、農地借り入れを請け負っている。担い手農家・組織との競合を避けつつ、最終的には一集落一農場方式を目指して活動している。揖斐川町は担い手が一定程度いるため、同法人の町内での借入れ・受託実績はない。
（8）詳しくは、荒井聡「『米政策改革』の推進と水田農業における担い手の経営展開—岐阜県揖斐郡揖斐川町—」『平成16年度・構造改善基礎調査報告書』東海農政局、2005年、を参照のこと。
（9）アンケートへの有効回答のあった59戸の組合員の数値である。
（10）例えば、矢口（2001）、細山（2004）などを参照のこと。

第3章

新基本計画と中部地域における
水田農業担い手形成の課題
―東海地区を対象として―

第1節 本章の課題

　2005年3月に新しい食料・農業・農村基本計画が策定された。これは食料・農業・農村基本法（1999年制定）を受けた食料・農業・農村基本計画（2000年策定）が、食料・農業・農村をめぐる情勢の変化並びに施策の効果に関する評価を踏まえ、概ね5年ごとに見直され、所用の変更を行うことにともなうものである。新計画の「改革にあたっての基本視点」では、効果的・効率的、消費者の視点、農業者や地域の主体性と創意工夫、環境保全、「攻めの農政」などのキーワードが提示されている。同計画は、食料・農業・農村に関する各種施策の基本となるものであり、今後10年程度を見通して定めている。計画の中心をなすのは食料自給率目標である。旧計画では2010年までに供給熱量ベース（カロリーベース）の総合自給率の目標を45％と設定したが、それは2003年まで40％で推移し、目標年度までの達成は困難な状況となっている。これを新計画では、食料消費、農業生産の両面から検証し、前計画が描いたシナリオが実現していない要因として、消費者や実需者のニーズが農業者に的確に伝わっていない、農地利用の中心的な受け皿となる担い手の育成・確保が進んでいない、ことなど種々の要因をあげている。

　そして、「基本的には、食料として国民に供給される熱量の5割以上を国内生産で賄うことを目指すことが適当である」とし、2015年の総合自給率目

標を45％として、各品目別の消費と生産の努力目標値が示された。目標は堅持されたが、「先送り」された格好になっている。このために講ずべき施策の柱の一つとして農業の持続的な発展があり、そのなかには「担い手の明確化と支援の集中化・重点化」、「集落を基礎とした営農組織の育成・法人化の推進」、「品目横断的政策への転換」、「品目別政策の見直し」などが新たな施策として盛り込まれている。

そこで本章は、新基本計画の「目玉」とも言える担い手への重点支援、品目横断的政策への移行などに注目・限定して、その実効性と課題について、主として東海地域水田農業の実態から考察することを課題とする[1]。

そのためここでは、関連する施策もあわせて、新計画において担い手への重点的支援がどのような脈絡で提起されているかをまず整理する。次に、東海地域水田農業の特徴をあらためて確認し、新基本計画で描く担い手形成にあたり、実行上の留意事項を整理する。また典型的な担い手経営と集落営農に関して若干の現状と問題点を整理する。以上の諸点をふまえ、新基本計画下の東海地域における水田農業担い手形成の課題について考察する。

第2節　新食料・農業・農村基本計画のシナリオ
　　　　―期待と問題点―

1　望ましい農業構造の確立に向けた担い手の育成・確保

新基本計画では、前計画と同様に効率的かつ安定的な農業経営（主たる従事者の年間労働時間が他産業従事者と同等であり、主たる従事者の一人当たりの生涯所得が他産業従事者と遜色ない水準を確保し得る生産性の高い営農を行う経営：年間所得530万円）が農業生産の相当部分を担う農業構造の確立を謳い、新たな経営安定対策の2007年産からの導入に向け、担い手の明確化の取組を重点的に実施するとし、「幅広い農業者を一律的に対象とする施策体系を見直し、地域の話し合いと合意形成を促しつつ地域における担い手を明確化したうえで、これらの者を対象として、農業経営に関する各種施策

を集中的・重点的に実施する」ことが明記されている。担い手の明確化を図るための仕組みとしては認定農業者制度の活用・促進である。担い手の基準として、担い手経営安定対策では既に個別経営4ha以上（都府県）、組織経営（集落営農）20ha以上と経営規模数値が示されている[2]。

そして土地利用型農業では、「個別経営のみならず、集落を基礎とした営農組織のうち、一元的に経営を行い法人化する計画を有するなど、経営主体としての実体を有し、将来効率的かつ安定的な農業経営に発展すると見込まれるものを担い手として位置付ける」と、既に米政策改革で示されていた集落営農組織の担い手としての位置付けを継承している。換言すれば、「小規模な農家や兼業農家も、担い手となる営農組織を構成する一員となることができるよう」その法人化を推進し、小規模・兼業農家も担い手となる余地を残しているのである。また農作業の受託組織等の農業サービス事業体についても、「農地利用集積の取組の促進と併せて、地域の担い手として発揮することが可能となるよう、必要な施策を講ずる」と、法人化に至らなくてもその役割の重要性から支援対象とする含みを持たせている。

2　経営安定対策の確立

新基本計画では、「WTOにおける国際規律の強化にも対応し得るよう、現在、品目別に講じられている経営安定対策を見直し、施策の対象となる担い手を明確にした上で、その経営の安定を図る対策に転換する」と明記している。水田作・畑作は、複数作物の組み合わせの営農体系をとることから、担い手の経営全体に着目し、市場で顕在化している諸外国との生産条件の格差を是正するため直接支払（いわゆる「ゲタ」）を導入するとし、品目としては麦、大豆、てん菜、でん粉用馬鈴薯等を想定している。これに米を加えて、収入の変動による影響の緩和対策（いわゆる「ナラシ」）の必要性を検討することとしている。過去の作付面積、各年の生産量・品質などに留意することになっている。

この政策転換は、既述のようにWTOにおける国際規律の強化を意識した

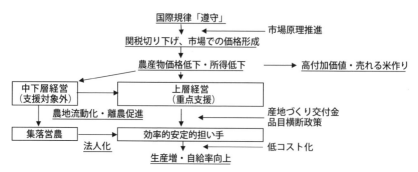

図3-1 新基本計画の構図（土地利用型農業）

資料：新基本計画より筆者作成

ものである。すなわち、価格支持政策、生産補助金は削減対象である黄の政策であるが、生産制限計画による直接支払・経営安定政策は削減対象外である青の政策（ただし、上限設定の方向で議論）に該当する。その意味で、経営安定対策は、「国際規律の厳格化にも対応しうるよう地域農業の担い手に対し、その経営の安定を図る政策を講じ、国内農業の維持・発展を図るもの」との位置付けを与えている。

つまり新基本計画は、日本農業へのWTO・国際規律による市場原理のいっそうの浸透、市場での価格形成を前提として、農産物価格低下・所得低下に対応するため、一方では限られた財源の一部担い手農家への重点支援、他方では対象外とされた中小経営の農地の流動化、集落営農への誘導を図るという特徴をもっている（**図3-1**）。その方策の中心は、品目横断的な経営安定対策である。市場経済・競争原理のいっそうの浸透を前提とし、そのセーフティーネットとしての機能を一部明確化された担い手だけに適用しようとするものである。そのための担い手への重点支援策である。

3　農業構造及び農業経営の展望

新基本計画と同時に、『農業構造の展望』により「望ましい農業構造の姿」が新しく示された。それによれば、2004年主業農家43万戸を基礎として、支

第3章　新基本計画と中部地域における水田農業担い手形成の課題　67

表3-1　農業構造の展望

単位：万経営

	農家数		農業構造の展望		備考
	1999年	2004年	旧計画 2010年	新計画 2015年	
総農家	324	293	230〜270	210〜250	
主業農家	48	43	33〜37　　3〜4	33〜37　　1　　2〜4	家族農業経営　効率的かつ安法人経営　　定的な農業経集落営農経営　営
その他の販売農家	200	173	140〜150	130〜140	
自給的農家	76	77	50〜80	40〜70	
土地持ち非農家	105	116	140〜170	150〜180	

資料：農林水産省『農業構造の展望（2000年、2005年）』より作成
注：1）法人経営は、一戸一法人や集落営農の法人化によるものを除く
　　2）2010年の展望値は、法人・生産組織の合計値

援施策の集中化・重点化により、2015年の効率的・安定的な農業経営は、家族農業経営33〜37万戸、法人経営1万組織、集落営農組織2〜4万組織を見込んでいる（表3-1）。これは旧計画の2010年の目標値とほぼ同じであり、法人・生産組織経営体数3〜4万組織（旧計画）を、法人経営1万組織、集落営農組織2〜4組織と分類し、集落営農組織を明確に位置付けたところが特徴である。これら経営体の経営耕地面積割合を7〜9割と展望（旧計画6割）している。また、全体での基幹農業従事者数は145万人（2004年219万人）と見通している。

なお、全国の農業生産法人数は7,383組織（2004年）、集落営農は1万0,063組織（2005年）である。

4　新基本計画への期待と疑問

新基本計画は、WTOでの国際規律強化への対応を前提とし、品目別価格政策から品目横断的政策へと政策転換し、経営を単位として明確にされた担い手への重点支援を行うことにより効率的・安定的な経営体を育成することを目標としている。その2007年産からの導入を目指して2005年秋にも具体的な方策が提示される日程である。

こうした新基本計画については、大きく二つの評価に分かれるといっていいであろう。一つは、新計画にある市場原理の精神をより徹底し、競争の中で勝ち残った者を「担い手」として位置付け、重点支援の対象にすべきという見解である[3]。これは規制緩和により株式会社の新規参入をさらに促すべきとの主張にも繋がる。もう一つは、国際規律への対応が前提のため関税引き下げによる国内価格下落が予想され、セーフティーネットも不十分で安定した経営体は成長しにくく、また自給率向上のための資源管理的な多様な担い手をも失いかねないという見解である[4]。後者に関連し、価格低下への対応措置は十分か、経営安定対策で十分か、経営単位で助成金を交付することで品目別生産目標の実現は可能か、例えば不足払い制度のような品目別対策が必要ではないか、助成金が「地代化」し担い手経営の所得が十分に保障されないのではないか、などの疑問が提出されている[5]。

　また、担い手としての集落営農の位置付けをめぐって、その要件の一つである他産業並の所得を目指す中心的担い手が確保できるか、あるいは法人化の実態を有する組織がどの程度存在するかなどの疑問も呈されている。これに関連し、中小経営を支援対象外とすることは生産維持・拡大、自給率向上に貢献する多様な生産の担い手を選別・除外することになり、結果として生産減、自給率減に繋がるのではないか。その意味で、意欲がある者は皆担い手として位置付け、自給率向上に結びつけてはどうか、といった意見も提出されている[6]。さらに、株式会社への農地市場の「開放」は長期的に見て農業の持続的発展にとり疑問との指摘があることは周知の通りである。

　こうした論点を全てにわたり検討することはできないが、これら新基本計画に対しての期待と疑問を念頭に置きながら、品目横断的経営安定対策で効率的・安定的な経営体が育つか、構造再編が進むか、生産増、自給率向上となるかにポイントをあてて、かつ他の関連する施策も踏まえながら、以下、東海地域での実態をふまえて水田農業における担い手形成の現状と課題について考察していく。

第3節　東海地域水田農業と地域水田農業ビジョンの特徴

1　東海地域水田農業の特徴

　東海地域は、労働市場が展開し、兼業化が進み、貸借による構造変動が比較的進んではいる。田の借地率（2000年）は、東海21.3％（都府県18.1％）と比較的高い（特に静岡28.4％、愛知23.3％、ただし、岐阜は15.7％と低い）。高い農地価格ゆえに農地の権利移動は主として基盤強化法による利用権設定として進んでいる。しかし、水田農業の経営規模は小さく、一部の地域を除けば、零細兼業稲作経営が大宗を占めている。歴史的に形成されてきた小経営を基本的には維持している。すなわち、一戸当たり販売目的の稲の平均作付面積（2000年）は、都府県78aに対し、東海は53aと小さく、なかでも岐阜は43aと最も小さい（表3-2）。稲作付面積50a未満の農家割合は、東海65.4％（都府県47.7％）と過半数を占め、なかでも岐阜は72.7％と高い。また、水稲の規模別作付面積割合（2002年産東海3県）でも、50a未満層が42％（都府県23％）、50a～1ha層が28％（都府県24％）と、1ha以下層が生産の大宗（70％：都府県47％）を占めている（表3-3）。5ha以上を作付する経営の生産割合は都府県平均並の10％（都府県10％）に限定される。

表3-2　販売目的の稲の作付面積・農家数割合（2000年販売農家）

単位：％

	一戸当たり作付面積(a)	作付面積別戸数割合				
		50a未満	50a～1.0ha	1.0～2.0ha	2.0～5.0ha	5.0ha以上
全国	84	47.1	29.4	15.9	6.3	1.4
都府県	78	47.7	29.7	15.9	5.9	0.8
東海	53	65.4	25.4	7.3	1.4	0.5
岐阜	43	72.7	22.1	4.3	0.7	0.2
静岡	50	74.3	18.8	4.7	1.4	0.8
愛知	51	69.3	23.4	5.6	1.0	0.7
三重	67	48.8	34.6	13.6	2.4	0.5

資料：農業センサスより作成

表 3-3　水稲の規模別作付面積割合

単位：％

	全国	都府県	東海	累積割合 全国	累積割合 都府県	累積割合 東海
10ha 以上	6	4	6	6	4	6
5〜10ha	8	6	4	14	10	10
2〜5ha	19	19	6	33	29	16
1〜2ha	23	24	14	56	53	30
0.5〜1ha	22	24	28	78	77	58
0.5ha 未満	22	23	42	100	100	100

資料：東海農政局資料より作成

　借地と平行して受委託も相対的に進展はしている。水稲作付面積に対する基幹３作業（耕起・代かき、田植、稲刈）の受託面積の比率は、都府県14.5％に対して東海24.0％であり、特に岐阜は34.3％と高い。零細経営が多く、機械費用削減のために受委託割合が高くなっていると思われる。なかでも農業サービス事業体の同比率が8.1％（都府県4.6％）と高く、特に岐阜は16.2％と高い。

　このように東海地域は、貸借を通じた上層経営の一定の成長（一部ではドラスチックな展開）が見られるものの、小規模兼業稲作農家が広く滞留しており、そうした農家を支えるべく農業サービス事業体の活動が活発である。しかし、経営規模が小さく新基本計画で描くような経営体への集積率は低く、支援対象となる経営体の割合は小さい。

　また、水稲単収は低く、販売単価もやや低め（伊賀コシヒカリを除く）であることから稲作粗収益は低く、他方生産費を構成する地域の労賃水準はやや高く、経営規模の小ささとあいまって生産費は高い。そのため、東海地域は総じて稲作経営の展開条件としては不利な要素を抱えているといえる。また、都市化圧力による農地の農外需要による農地面積の減少も進んでいる。このことから、流動化は進展しつつも、立地・生産条件からして東海地域は全体として土地利用型農業での効率的・安定的担い手形成はより困難性をともなうといえる。

そこで次に、新計画に先立ち策定されている地域水田農業ビジョンにおいて、いかなる経営体像が担い手として明確化されているか、その特徴をみていくことにする。

2　東海地域における地域水田農業ビジョン策定の特徴

新基本計画では、農業者や地域の主体性が重視されているが、これに先立って進められている「米政策改革」でも農業者・農業団体の主体的取組が重視されている。地域水田農業ビジョンは自治体で組織されている水田農業推進協議会が策定している。そこでは、①地域水田農業の改革の方向、②作物作付けや販売、担い手への土地利用集積などの具体的な目標、③水田農業構造改革交付金の活用方法、④担い手の明確化などが重要な内容として策定されている。

東海地域でもほとんどの自治体で同協議会が組織され、「主体性を発揮」してビジョンが策定されている。最重点推進事項としては、転作作物による作地づくりの推進27％（全国39％）、売れる米作りの推進25％（全国21％）、担い手の育成15％（全国13％）である（以下、農地の流動化9％、作業受委託9％など）。転作作物による産地づくりが最も重視されており、98％の協議会が転作作物作付けのために産地づくり交付金を使用している。

同ビジョンに位置付けられた担い手数は、東海3県で個人が3,989経営（うち認定農業者2,294経営）、組織が661組織（うち集落型経営体284、法人経営72、任意組織305）で、合計で4,650経営体である（表3-4）。担い手に占める組織の割合は14.2％と、全国（6.7％）と比較して高い。また、田のある農家数（2000年）に対する同ビジョンに位置付けられた担い手数（個人）の割合は、全国で9.5％、東海では1.8％である。担い手の明確化作業については、取組が不十分な部分もあるようだが、同ビジョンにより担い手の明確化・絞り込みがドラスチックに進行していることがわかる。なかでも東海地域は際立っている。

明確化された担い手が経営安定対策で経営が安定するかどうか、これら担

表3-4 地域水田農ビジョンに位置付けられた担い手（2004年）

単位：経営、%

		実数		割合	
		全国	東海3県	全国	東海3県
個人	認定農業者	117,896	2,294	43.2	49.3
	認定農業者以外	136,926	1,695	50.1	36.5
	小計①	254,822	3,989	93.3	85.8
組織	集落型経営体	5,200	284	1.9	6.1
	法人経営	1,628	72	0.6	1.5
	任意組織	11,418	305	4.2	6.6
	小計	18,246	661	6.7	14.2
合計		273,068	4,650	100.0	100.0
田のある農家数に対する①の割合		9.5	1.8		

資料：東海農政局より提供、及び農業センサスより作成

い手へ農地諸権利の移転、基幹作業の委託が進展するかどうか、さらに小規模・兼業農家を包み込んだ集落営農が展開するかどうかがポイントとなる。そこで、これらに関して以下若干の事例を考察する。

第4節　東海地域における典型的担い手経営の若干の事例考察

1　個別・上層経営の経営見通し

愛知県安城市は、早くから集落単位で担い手（営農組合）を明確化し、担い手への農地利用集積に顕著な実績がある地域である。1981年から集落ごとに順次農用地利用改善組合が結成され、農協による農用地保有合理化事業を活用し、農用地の効率的・高度利用を地域ぐるみで進めてきている。利用権設定率は25.5％（2002年）にまで達しており、個人、法人による大規模経営も成長している。7.5ha以上の経営も53戸にのぼり、その戸数割合は1.8％であるが、経営面積シェアは25.0％にのぼる[7]。

典型的な担い手経営は、複数の農業専従者を要し、ほとんどが借地により米、麦、大豆の2年3作の輪作体系を構築している。また、米の有利販売のため、直販割合を高めていることも特徴である。玄米1袋（30kg）8,000～

第3章 新基本計画と中部地域における水田農業担い手形成の課題

8,500円での販売（2002年産）となっており、やや有利販売が実現している[8]。これら担い手農家の経営的な特徴としては、米価低落傾向のもとで稲作所得への依存度を大きく低下させてきていることであり、麦・大豆作の「本作化」により増額された助成金収入に大きく依存していることである。すなわち、30ha（栽培等面積：水稲12ha、小麦15ha、大豆12ha、作業受託3ha）を経営する大規模水田作経営の場合、2003年産では年間2,883時間の労働で988万円の農業所得を得ていたが、そのうち麦・大豆の助成金（水田農業経営確立加算、高度利用等加算の担い手配分）が502万円をしめている（表3-5）。助成金を除く農業所得は485万円で、うち水稲は357万円にとどまる。たとえ水稲作12haと大規模に経営しても、それだけで十分に年間所得が確保しえなくなってきていることがわかる。

また、2004年産は、助成金が「産地づくり推進交付金」に変更になるとと

表3-5 大規模水田作経営（30ha）の経営試算

			水稲	小麦	大豆	作業	合計
栽培等面積		(ha)	12	15	12	3	42
労働時間		(hr/10a)	11.1	5	5.1	6.3	—
		(hr)	1332	750	612	189	2883
収量		(kg/10a)	510	380	150	—	
経営費		（千円）	11,732	7,813	3,511	1,365	
粗収益		（千円）	15,300	8,550	3,600	1,826	29,276
2003年産	助成金を除く農業所得	（千円）	3,568	737	89	461	4,855
	助成金	（千円）	0	4,275	750	0	5,025
	農業所得	（千円）	3,568	5,012	839	461	9,880
2004年産	助成金	（千円）	0	3,675	0	0	
	農業所得	（千円）	3,568	4,412	89	461	8,530
60kg単価		（千円）	16	9	12		

資料：西三河農林水産事務所資料より作成
注：1）支払地代は17千円/10a、麦大豆での利用権設定比率25%
　　2）2003年産は水田農業経営確立加算
　　　担い手配分17千円、地権者配分46千円
　　　高度利用等加算　担い手配分5千円、地権者配分5千円
　　3）2004年産は産地づくり推進交付金
　　　担い手配分10千円、地権者配分32千円
　　　麦大豆品質向上加算13千円　品質要件クリア率50%

もに、その担い手配分が10a当たり2万2千円から1万円へと減額され、総額で367万円へと135万円減額されている。その結果、助成金も含めた農業所得は853万円へと減少している。

この経営規模は、新基本計画と同時に公表された『農業経営の展望』に示されている水田作家族経営の規模（15～25ha）を凌いでいる。そうした生産性の高い効率的な担い手といえども経営の安定化のためには、稲作所得の安定化とともに転作収益（助成金）が大きな役割を果たしていることが特徴である[9]。

さらに、国際規律を重視する農政の基調をふまえ、関税率（政府試算値490％）引き下げにより現行米価水準（1万6千円程度）が、順次1万円まで下落すると想定した経営シミュレーション算定も余儀なくされている。それによれば、助成金は2004年産を基準として、米価が1万3千円まで低下したとすれば、稲作所得は201万円まで、また農業所得は333万円まで低下し、

表3-6 米価下落による大規模水田農業の農業所得見通し

単位：千円

		家族経営			協業1戸当たり
		30ha	35ha	40ha	30ha
作付面積(ha)	水稲	12	15	15	12
	小麦	15	15	20	15
	大豆	12	12	16	12
作業受託(ha)		3	5	5	3
労働時間(hr)		2,883	3,342	3,796	2,951
助成金無し	13千円	3,330	5,670	63,370	7,473
	12千円	2,010	4,600	5,320	6,610
	11千円	1,150	3,530	4,260	5,747
	10千円	290	2,460	3,210	4,883
助成金有り	13千円	7,000	9,830	11,910	11,147
	12千円	5,690	8,760	10,860	10,283
	11千円	4,830	7,680	9,800	9,420
	10千円	3,960	6,610	8,750	8,560

資料：表3-5と同じ
注：1）助成金は2004年産と同等とし、支払地代は米60kg相当とする。
　　2）協業経営は3戸協業の一戸当たり面積

助成金を含めてもそれは700万円にとどまることになる（**表3-6**）。当面は、経営安定対策として担い手には下落幅の90％相当の補てん金が支払われるものの、長期的下落傾向が続けば、そうした下落相場での補てん金支給となる。つまり、よく指摘されるように、経営安定対策には価格下落の歯止め措置がないのである。米価が1万円まで下落・「安定化」すれば29万円のみ所得となり、助成金も含めた所得も396万円にとどまる。

　規模拡大した場合、農業所得の減少はある程度緩和されるものの、労働時間は大幅に増加（40ha3,796時間）してくる。現在の機械化体系では米・麦・大豆で40haが家族経営での限界であるとされている。水稲直播（不耕起乾直）を導入すれば、10a労働時間は8.9時間まで20％程度減少する。ただし、それを50％導入しても40ha経営の農業所得の増加は12万円程度にとどまる[10]。

　価格低下のもとで、経営単位で助成金を交付されることになった場合、何をどれだけ作付けするかが各経営の判断事項となる。各作付作物の前年実績が助成金算出の根拠になると思われるが、品目別に生産目標値を設定するならば、品目別に生産を保障するような仕組みが必要と思われる。

　また、現在の助成金体系のもとでも地権者への配分（10a当たり46千円）が相当部分を占め、標準小作料（同17千円）の2倍程度になっている。いわば、助成金の地代化現象である。こうした現象は、東海地域でも広くみられるところであるが、生産者の所得保障、担い手の成長という点からするならば、決して好ましいことではない。品目横断的に助成金が面積単位で交付される場合、地権者には現状程度の配分割合の物が帰属することが予想される。地権者への配分割合は、地域で「自主的に」定められるべきものであろうが、何らかの歯止め措置が必要に思われる。

　さらに、「売れる米作り」が他地区以上に重視されているのが東海地域の特徴である。担い手農家は、堆肥を使用した土作りで味をより重視したこだわりのある水稲栽培に取り組んでいるところが多い。また、ほとんどが東海地域内で消費されることもあり、自家精米して地域の個人、小売店、外食への直接販売などで高値販売を実現しているところも多い。今後ともそうした

「創意工夫」は経営者として必要になってくると思われるが、価格下落のもとではそれにもある程度の限界があるだろう。

以上のことから、政策が育成しようとする担い手農家経営は、米価・助成金水準により大きく影響を受けることが予想されること、品目横断的政策では品目毎の価格下落の歯止め措置がないこと、品目別生産目標の達成には品目別の最低限の対策が引き続き必要であること、農業所得の確保には最低限現行の助成金水準は維持されるべきであること、品目横断的に経営を単位として助成金が交付される場合それが必要以上に地代化しないような措置が必要であること、などが留意事項として導き出せる。

要するに、大規模専業経営ほど価格下落、助成金単価引き下げの影響を大きく受けることが特徴である。生産性に優れ効率的である大規模経営が安定的な担い手として経営を持続的に展開していくには引き続き上記のような支援策が必要とされているといえる。

こうした大経営が成長しうる地域は、既述のように東海地域では比較的限定されている。中小稲作経営が厚く存在し、部分的には作業委託によるものの、基本的には機械化一貫体系を装備し自己完結的な稲作を経営している。問題は、これら中小経営が、明確化された担い手への重点支援により、農地・作業を担い手にどの程度委託するかどうかである。

2 担い手の明確化と農業集落及び集落営農

既述のように、東海地域では個別担い手が展開する地域はある意味で限定されている。また、個別経営が展開する過程でも、農地の分散を避け、面的な利用集積を進める上でも集落は重要な調整機能・役割を果たす。その集落によって担い手として位置付けられることが必要になる。担い手農家の多くは集落を基礎として規模拡大を図ってきている。また集落の耕地規模により大規模経営の展開条件が制約を受けているという指摘もある[11]。個別経営視点から集落視点で問題設定がなされてきている。

東海地域には1万2千程度の農業集落がある。一農業集落当たりの農家数

表3-7　農業集落の特性（2000年）

単位：集落、戸、ha、％

	総農業集落数	一農業集落当たり			田のある農業集落	耕地の傾斜の程度			経営を行ってる集落営農がある農業集落	集団転作に取り組んだ農業集落
		農家数	耕地面積（属地）			平坦地	緩傾斜地	急傾斜地		
			計	うち田						
全国	135,163	22.8	34.2	18.8	89.3	61.7	27.9	10.4	1.4	11.9
都府県	128,526	23.4	27.5	18.0	91.1	61.1	28.2	10.7	1.4	11.1
東海	12,007	27.4	24.0	14.1	89.0	69.8	22.5	7.7	2.5	15.6
岐阜	3,011	27.9	20.2	15.1	96.1	47.1	35.2	17.7	6.2	22.1
静岡	3,491	23.7	22.7	8.0	75.6	82.9	16.0	1.2	0.0	4.8
愛知	3,459	27.9	24.6	14.0	90.9	79.5	17.6	2.9	2.2	16.7
三重	2,046	32.2	31.1	23.5	98.0	70.2	20.7	9.1	0.7	22.4

資料：農業センサスより作成

　は27.4戸（都府県23.4戸）と比較的多い（特に三重32.2戸）が、一戸当たりの面積が小さいため、一集落当たりの耕地面積（属地）は24.0ha（都府県27.5ha）と比較的小さい（**表3-7**）。うち田の面積も14.1ha（都府県18.0ha）と、三重県（23.5ha）を除いて集落の水田規模は小さい。東海地域では集落規模が小さく、単一集落のみを基礎として担い手が形成される条件が少ないともいえる。また逆に、集落の枠を超えて担い手が形成される可能性が高いともいえる。ただし、集落の立地条件としては、東海は平坦地が69.8％（都府県61.1％）と約7割を占め、岐阜県以外は相対的に耕作条件には恵まれている。また、集団転作に取り組んだ農業集落の割合も15.6％（都府県11.1％）と比較的高い。

　自己完結的な中小兼業稲作の割合が高く、集落規模も小さい東海地域では個別担い手が育ちうる条件は他地域に比較して微弱で、いわゆる高齢・兼業農家も広く包摂した集落営農がいかに展開するかが担い手形成上のポイントとなる。

　東海3県では、748の集落営農が確認（2003年5月1日現在）されており、農業集落数に対しての割合は8.8％とほぼ全国並である。県別には、岐阜369（12.2％）、三重308（15.1％）が多く、愛知71（2.1％）が少ない（**表3-8**）。

表 3-8　東海 3 県における集落を単位とした営農の現状（2003 年 5 月 1 日現在）

単位：集落営農、%

	集落営農数	集落営農のある農業集落割合	活動内容の種類別集落営農数割合（複数回答）					
			作付地の団地化など、集落内の土地利用調整	農業機械を共同所有		認定農業者、農業生産法人等に農地の集積を進め、集落単位で土地利用営農を実施	集落内の営農を一括管理・運営	農家の出役により、共同で農作業（機械利用以外）を実施
				参加する農家で共同利用	オペレーター組織が利用			
東海3県計	748	8.8	75.3	11.8	46.8	26.6	7.2	1.1
岐阜県	369	12.2	59.6	16.5	67.8	11.4	10.8	1.1
愛知県	71	2.1	78.9	4.2	11.3	84.5	7.0	5.6
三重県	308	15.1	93.2	7.8	29.9	31.5	2.9	0.0

資料：東海農政局農林水産統計 2003 年 8 月 6 日発表資料より作成

　ここでの集落営農とは、「『集落』を単位として、農業生産過程における一部又は全部についての共同化・統一化に関する合意の下に実施される営農」のことを意味する。主たる作物は、水稲、麦、豆類が中心である。その取組内容は、「作付地の団地化など、集落内の土地利用調整」563（75.3％）、「農業機械を共同所有」438（58.6％）〈うち「参加する農家で共同利用」88、「オペレーター組織が利用」350〉、「認定農業者、農業生産法人等に農地の集積を進め、集落単位で土地利用営農を実施」199（26.6％）、「集落内の営農を一括管理・運営」54（7.2％）、「農家の出役により、共同で農作業（機械利用以外）を実施」8（1.1％）である。それは構成員の生産コスト減、作業負担の軽減、生産調整の円滑化などを目的として組織されている。ほとんどの集落営農は、作付地の団地化や機械の共同利用などを行う任意組織止まりであり、法人化の実体をもつものは少ない[12]。

　ここで検討されるべき事項は、まだ点的といっていいほどしか展開していない集落営農の取組が目標通りに広がる可能性、任意組織で取り組まれている集落営農組織が法人化する可能性・条件、法人化した集落営農組織が展望に示されるような実体を持ちうるか、などである。紙幅の都合上、これらに関する要点のみ記載すると下記の通りである。

　農林水産省では農業団体と連携し「担い手育成・確保のための全国運動（行政・農業団体一体）」を展開する中で、集落営農の形成を促進する取組を進

めている。各自治体でも独自の取組を進めており、岐阜県では2005年度県単事業として「集落営農組織化マネージャー養成講座」などを実施している。新基本計画では品目横断的な経営を単位とした重点支援策が計画されており、担い手以外が支援対象外となることから、支援継続のために集落営農への誘導を図ろうとしているのである。中小経営でもさらなる高齢化が進展し、特に個別担い手不在地域において、集落を単位とした営農の取組が増加するものと予想されるが、担い手以外を支援対象外とすることでそれがどの程度促進されるかは未知である。というのも、これらの階層は価格下落に対し、影響を受けることは比較的少なく、経営目的が、先祖から継承した農地の維持、地域でのコミュニケーション、飯米確保などにあり、必ずしも所得確保を第一義的な目的として生産を継続しているわけではない[13]。いわば市場経済がストレートに貫徹しない「生活農業」的な農業を営んでいる場合が多い。こうした各経営の水稲作へのこだわりや営農目的に配慮した集落営農への誘導策が必要である。その意味で、集落営農に参加する各構成員が、なんらかのかたちで農作業が継続できる形態が望ましいのではないか。

　法人化にいたらない場合でも、集落を単位として効率的な作業受委託を行っている場合が多く、また基幹3作業の受委託は農地流動化の実績としてもカウントされてきており、たとえ任意組織であっても経営の効率化に大きく寄与しているといえる。集落規模が小さく、集落営農が任意組織すなわち農業サービス事業体にとどまる傾向がある東海地域では、それが支援の対象となるか否で組織形成に大きく影響してくることになる。2002年12月調査の東海3県の集落営農に関する法人化意向などの結果では、法人化を「考えている」が22.8%、「考えていない」が77.2%と、近い将来に法人化を考えているものは少ない。法人の形態としては、農事組合法人が一般的であり、協同組合的な法人化が検討されている。法人格はないが契約による共同事業体（LLP）、法人格を有する新たな法人形態（LLC）なども最近提起されており、検討が必要である。

　構成員の高齢化にともない農地貸付ニーズが高まり、集落営農組織も共同

利用組織や受託組織から協業組織へと経営体化も漸次進んできている。また集落の範囲を超え、旧村単位での集落営農の再編成・法人化の動きもあり、そうした面からも法人化の可能性を探る必要もある。ただし、これらの集落営農型（あるいは旧村営農型）法人組織も米麦作経営の不透明感から中心的担い手は不在の場合が多く、いわば地域参加型で地域資源保全目的を主として運営されている場合が多い。その意味で、中心的な担い手確保などを支援要件として義務づけることは実態に合わないといえよう[14]。

第5節　むすび―新基本計画と担い手形成の課題―

　新基本計画は、日本農業へのWTO国際規律による市場原理のいっそうの浸透・市場での価格形成を前提として、農産物価格低下・所得低下に対応するため、一方では限られた財源の一部担い手農家への重点支援、他方で対象外とされた中小経営の農地の流動化、集落営農への誘導を図るという特徴をもっている。その方策の中心は、品目横断的な経営安定対策である。東海地域は歴史的に厚く形成された小規模兼業農業のため、政策支援の対象として扱われる大規模稲作経営は少ない。一部の地域を除きその集積割合は低いが、ドラスチックな大規模稲作経営の育成が進められようとしている。

　セーフティーネットとして構築されている品目横断的経営安定対策は、価格下落に歯止めが無いという特徴をもち、生産現場での価格下落に対する不安感は強い。品目別生産目標達成と担い手経営の安定のためには何らかの価格の下支え措置（いわゆる「岩盤」）が必要である[15]。また麦・大豆作の本作としての位置付けを継承するために、また水田農業担い手経営の安定を図るためには少なくとも現行水準での助成金確保が必要であり、またその地代化を防ぐため標準小作料制度との一体的運用なども検討される必要がある。

　東海地域の集落規模は小さく、農業経営の展望に示された集落営農のためには一集落を超えて、あるいは旧村を単位とした実行が求められている。組織が法人化した場合でも農業専従者の確保は容易でない。また兼業農家は価

格下落下でも「生活農業」的に耕作を継続する可能性も高く、そうした集落営農の再編成にはより多くの努力が求められる。現実的には集落営農は任意組織のままで小規模兼業稲作を補完するかたちでの展開が多いのではないか。このような中、出荷・販売の一元化を図るなど政策支援の対象となる新たな経営形態の模索も必要である。

注
(1) 新基本計画に関連する文献は多いが、食料・農業・農村政策審議会長として同計画案をとりまとめた八木氏の著作（八木（2005）、同「21世紀日本の農政改革と農業経営政策」『平成17年度日本農業経営学会研究大会報告要旨Ⅰ』、2005年所収など）が最もその特徴を端的に整理していると思われる。また田代氏が田代（2004）・（2005）などで体系的・批判的にその問題点を整理しており、参考になる。
(2) ただし、知事特認として物理的制約から概ね8割の範囲内、中山間地域の集落営農は5割まで緩和が可能である。また、新たな経営安定対策での水田作の担い手要件は、他産業並年間所得530万円を実現するために、2013年までに都府県の個別経営の場合14haまで引き上げる方向が示されている。
(3) 例えば、「市場競争で生き残った者がすなわち担い手である」（本間正義「農業ビックバン必要 集中的な改革実施」日本経済新聞2005年6月17日付け）、などに象徴的に示されている。
(4) 例えば、田代、前掲書などを参照のこと。
(5) これらの諸点は、梶井（2004）、北出（2005）でも詳しく展開されている。
(6) 「『担い手』経営のみを対象とした経営安定対策は、農業全体の増産効果、自給率の向上をもたらすとはいえない」（田代（2005）、81ページ）。
(7) 安城市農業の最新動向は、谷口（2005）に詳しい。
(8) 詳しくは、荒井聡「利用調整を通じ担い手農家への農地利用集積を実現—愛知県安城市鹿乗地区—」『平成15年度事業効果フォローアップ検討調査（農地流動化促進効果調査）報告書』全国農地保有合理化協会、2004年3月を参照のこと。
(9) こうした助成金体系により麦・大豆作の生産が飛躍的に伸び、それが自給率の維持に貢献していることは周知のところである。この間麦・大豆生産の伸びが顕著な岐阜県の推定食料自給率は、1998年度23％から2003年度27％へと4％伸びている。詳しくは、荒井（2004b）を参照のこと。
(10)「直播により雑草は繁茂し、除草回数は増え、除草材費が余計（10a当たり8,000円程度）にかかることになり、生産費用は田植機の場合と同程度になる」

(前掲拙稿2004年3月、142ページ）という報告もあり、省力化効果はともかく生産費低減効果には課題が残る。ともあれ、V溝直播栽培は近年急速に普及し、1994年3haから2005年には約1,000haまで増加している。詳しくは、山田勝「担い手経営確立と支援方策―愛知県における水田農業改革をめぐって―」（『平成17年度日本農業経営学会研究大会報告要旨Ⅰ』、2005年所収）を参照のこと。
(11) 谷口（2001）、（2005）などを参照のこと。
(12) 最近発表された2005年5月1日現在の集落営農数は、岐阜302、静岡10、愛知258、三重183である（農林水産省『農林水産統計』2005年6月21日公表）。調査主体が異なることもあり、若干の数値の変動があるが、活動内容についてはほぼ同様である。
(13) 例えば、荒井（2003）を参照。
(14) 詳しくは、本書第2章を参照。
(15) 鈴木宣弘氏は、岩盤を「12,000円との差額補てん」として興味深い数種のシミュレーションを行っており参考になる（鈴木（2005））。

Ⅱ部

水田経営所得安定対策による集落営農再編と水田農業の担い手

第4章

水田・畑作経営所得安定対策による集落営農の再編

第1節　本章の課題

　水田・畑作経営所得安定対策による集落営農再編の特徴を整理することが本章の課題である。水田・畑作経営所得安定対策の加入対象に集落営農が位置づけられたことにより、2005年から2010年にかけてその組織数は大きく伸びた。また経理一元化などの加入要件を満たすべく、活動内容も大きく変化した[1]。集落営農は担い手の一つとして政策的に位置づけられ、2005年以降は『集落営農実態調査』によって毎年その実態把握が行われてきた。

　そこで第2節では、まず水田・畑作経営所得安定対策の内容を整理する。次いで岐阜県を対象として同対策に加入した110集落営農の経営の特徴を明らかにする。さらに第3節では、前節の110組織のうちから選定した35組織の集落営農への聞き取り調査結果から、その経営の特徴を整理した。そして第4節で岐阜県において水田経営所得安定対策により集落営農がいかに再編されたか、その特徴を小括した。

第2節　水田・畑作経営所得安定対策の内容と岐阜県での加入状況（2009年）

1　水田・畑作経営所得安定政策の内容

　水田・畑作経営所得安定対策は、農業構造改革の加速化を目的として策定された。従来の全経営を対象とした一律の価格政策を廃止し、価格形成は市

第4章　水田・畑作経営所得安定対策による集落営農の再編　85

場で行い、その変動影響の緩和を目的として、「担い手」に限定して経営安定対策を実施することがその主たる内容である。

(1) 加入対象者

　水田・畑作経営所得安定対策の加入対象者は、以下の全ての要件を満たす者である。第1に、「認定農業者、特定農業団体又は特定農業団体と同様の要件をみたす組織」であること、である。特定農業団体と同様の要件とは、特定農業団体が満たすこととされている以下の要件（いわゆる5要件）とされている。①地域の農用地の2/3以上の利用の集積を目標とすること（経過措置として、当分の間、地域の生産調整面積の過半を受託する組織に限り、1/2とする）、②組織の規約を作成すること、③組織の経理を一括して行うこと、④中心となる者の農業所得の目標を定めること、⑤農業生産法人の計画を有すること、の5要件である。

　第2には、一定規模以上の水田又は畑作経営を行っているものであること、である。ここでの「一定規模」とは、認定農業者にあっては、北海道で10ha、都府県で4ha、特定農業団体又は特定農業団体と同様の要件を満たす組織にあっては20haである。

　第3には、対象農地を農地として利用し、かつ、国が定める環境規範を遵守するものであること、である。

(2) 対象品目と対策の内容

　生産条件不利補正対策の対象品目は、麦、大豆、てん菜、でん粉用原料用ばれいしょで、具体的内容は、市場で顕在化している諸外国との生産条件の格差から生ずる不利を補正することにあり、担い手の生産コストと販売収入の差額に着目して、各経営体の過去の生産実績（2004年産〜2006年産における支援対象数量を面積に換算）に基づく支払い（面積支払い：緑ゲタ、後に固定支払い）と各年の生産量・品質に基づく支払い（品質支払い：黄ゲタ、後に成績支払い）を行うこととした。

これによれば、小麦は面積単価で10a当たり2万4,740円、数量単価で60kg当たり2,110円（Aランク・1等）、大豆は面積単価で10a当たり2万230円、数量単価で60kg当たり2,736円（2等）、などとされた。

収入減少影響緩和対策の対象品目には、これらに米が加わる。収入減少影響緩和対策の内容としては、対象品目ごとの当該年の収入と、基準期間（過去5年中の最高年と最低年を除いた3年）の平均収入との差額を経営体ごとに合算・相殺し、その減収額の9割について、積立金の範囲内で補てんする（農業災害補償制度による補償との重複を排除する）とされ、積立金は、政府3：生産者1の割合で拠出される。

（3）品目横断的経営安定対策の見直し

同対策は、生産現場から多くの問題点が指摘され、実施初年度で早くも見直しが行われた。2007年12月に「品目横断的経営安定対策の見直し」が発表され、①面積要件の見直し（市町村特認制度の創設）、②認定農業者の年齢制限の廃止・弾力化、③集落営農組織に対する法人化等の指導の弾力化、④先進的な小麦等産地の振興、⑤収入減少影響緩和対策の充実、⑥集落営農への支援、⑦農家への交付金の支払いの一本化、申請手続の簡素化等、の変更が行われることとなった。

2　経営安定対策加入組織の経営概要―岐阜県・2009年度110組織―

岐阜県では2009年度に任意の集落営農組織のうち110組織が水田経営所得安定対策に加入した。その平均経営面積は32.7haであり、うち作業受託が2.8ha（8.6％）である。また、借入地は0.9ha（3.0％）である。そのほとんどが経営受託である。

作付作物の平均面積は、米17.1ha、小麦11.1ha、六条大麦0.3ha、大豆7.8ha、その他2.9haで、計39.2haになる（**表4-1**）。土地利用率は平均120％と高い。水田転作率は平均47.7％である。作物別作付組織数は、米99組織、小麦82組織、六条大麦5組織、大豆52組織、その他50組織である。

第4章 水田・畑作経営所得安定対策による集落営農の再編

表4-1 経営安定対策に加入した任意集落営農組織の作付作物（2009年度）

単位：ha、組織

	米	小麦（秋）	六条大麦	大豆	その他	計
面積計	1,880	1,217	32	855	324	4,307
平均面積	17.1	11.1	0.3	7.8	2.9	39.2
該当数	99	82	5	52	50	110
該当平均	19.0	14.8	6.3	16.4	6.5	39.2

資料：岐阜県担い手育成総合支援協議会資料より作成

営農類型としては、「米＋麦・大豆」が85組織（77.2％）、「米＋その他」が14組織（12.7％）、「麦・大豆」が11組織（10％）である。

経営安定対策への申請組織数は、「過去の生産実績に基づく交付金」が78組織（70.9％）である。うち過去実績は有るが、麦・大豆作付けが無い組織が3組織ある。また、「過去実績無し」の組織は15組織である。「毎年の生産量・品質に基づく交付金」は95組織（86.4％）が申請した。「収入減少影響緩和交付金」については110組織全てが申請している。

経営面積規模別組織数は、5ha未満1組織、5～10ha13組織、10～20ha28組織、20～30ha20組織、30～50ha31組織、50～100ha13組織、100ha以上4組織である。規模要件の特例・特認希望組織が42組織（38.2％）にのぼる。その内訳は、「物理的特例」8組織、「生産調整特例」23組織、「市町村特認」11組織である。

岐阜県で経営安定対策に加入した任意の集落営農の割合は、36.4％（110/302）である（**表4-2**）。これを集積面積規模別にみると、30～50ha層が54％（31/57）と高い。下層は、加入要件を満たさせない組織割合が高く、また上層では法人の割合が高くなるため、その数値は相対的に低い。

県内地域別の任意の集落営農組織数は、西の平坦部から西濃79（海津市27、大垣市15、輪之内町14など）、揖斐7、中濃2、岐阜7、可茂7、恵那9であり、西濃地域にそれは集中している。西濃以外の地域では、加入要件を満たすことができる集落営農組織は少ない[2]。

このうち、5ha未満層を除く各階層から1～10組織選定し、合計35組織

表 4-2 現況集積面積規模別の経営安定対策加入の集落営農数（岐阜県　2009年度）

単位：組織、％、ha

		計	5 ha未満	5～10	10～20	20～30	30～50	50～100	100ha以上	平均経営面積
集落営農組織数	A	302	20	44	89	51	57	27	14	30.9
経営安定対策加入集落営農（非法人）	B	110	1	13	28	20	31	13	4	32.7
	B/A	36.4	5.0	29.5	31.5	39.2	54.4	48.1	28.6	
同上・2009年度調査組織	C	35	0	5	7	7	10	5	1	32.6
	C/B	31.8	0.0	38.5	25.0	35.0	32.3	38.5	25.0	

資料：Aは農林水産省『集落営農実態調査結果2009.2.1』、Bは岐阜県担い手育成総合支援協議会資料より作成

注：1）集積面積＝経営耕地＋農作業受託面積。
　　2）Bの経営安定対策加入・非法人は、2009年度の数値。

について詳しく経営状況・法人化意向等についてヒアリングを行い、データを分析した。その概要は、次の通りである[3]。

第3節　水田経営所得安定対策加入集落営農の経営の特徴
―35組織調査結果概要―

1　集落営農組織の設立経緯と立地条件

（1）設立時期・前身組織の有無

現集落営農組織の設立時期別組織数は、2000年以前が11組織（31.4％）、2001～05年が4組織（11.4％）、2006年以降が20組織（57.1％）である（表4-3）。過半数は最近5年以内に設立されており、平均活動年数は約8年である。うち前身組織がある組織が20組織、前身が無い組織が15組織である。最近設立された組織でも前身組織を再編したものが多く、実際

表 4-3　設立年・前身組織の有無別組織数

単位：集落営農

設立年	前身組織の有無		小計
	有り	無し	
2000年以前	6	5	11
2001～2005年	1	3	4
2006年以降	13	7	20
小計	20	15	35

資料：2009年度岐阜県集落営農組織調査結果より作成

の活動年数は長い。前身組織が無く2006年以降に新規に設立された組織は7組織（羽島1、大垣2、海津1など）にとどまる。

（2）設立目的

集落営農組織の設立目的は、複数回答で「農地の維持・保全」22組織、「補助金・交付金の受給」18組織、「農業担い手の育成・確保」14組織、「生産性向上等による所得の増加」11組織、「地域の活性化」10組織である。農地の維持・保全や補助金・交付金の受給を目的とした組織が多い。

（3）水田の基盤整備等の状況

地域の水田の基盤整備はほとんどが完了している。当該地域での直近時点における基盤整備の完了年は、1970年代以前が12組織、1980年代6組織、1990年代3組織、2000年以降2組織、不明12組織と比較的古いものが多い。30a以上区画の面積割合は、平均52％（回答31組織）、1ha以上区画の面積割合は平均20％（回答26組織）である。

農地・水・環境保全向上対策には28組織（80％）で取り組まれている。取組予定の無い組織は7組織（20％；大垣4、海津1、揖斐川2）にとどまる。

中山間地域直接支払いの「対象農用地がない」組織は24組織（68.6％）と過半を占める。平場地帯の組織が多い。その対象農用地がある組織は11組織（31.4％；山県1、垂井4、揖斐川2、白川1、中津川1、恵那2）である。

2　集落営農組織の構成

（1）構成農業集落数

集落営農を構成している農業集落数は平均2.1集落（34組織）である。1集落を基礎とする組織が24（68.6％）と過半を占める。同様に複数集落で構成される組織数は、2集落が4組織（11.4％）、3集落が1組織（2.9％）、4集落が1組織（2.9％）、5集落以上が5（うち集落のない出作地帯で活動1：海津市）組織（14.2％）である。

（2）参加世帯数

集落営農への参加世帯数は、平均72.6戸である。世帯数内訳は、10戸以下が1組織（2.9％）、11～30戸が7組織（20％）、31～50戸が8組織（22.9％）、51～100戸が11組織（31.4％）、101～150戸が5組織（14.2％）、150戸以上が3組織（8.6％）である。

（3）経営面積

集落営農組織の経営耕地面積は平均32.6haである。経営耕地面積規模別組織数は、10ha未満が6組織（17.1％）、10～20haが6組織（17.1％）、20～50haが18組織（51.4％）、50～100haが4組織（11.4％）、100ha以上が1組織（2.9％）である。

（4）借地の状況

うち借地の有る組織は14組織（40％）、無い組織は21組織（60％）である。借地がある組織では役員などの名義で利用権を設定している組織が多い。うち借地面積が判明している13組織の平均借地面積は14.9haで、経営面積に占める借地の割合は単純平均で31.0％である。また借地面積規模別組織数は、5ha未満が7組織、5～10haが1組織、10～20haが2組織、20～30haが1組織、30～50haが1組織、50ha以上が1組織である。

（5）地域内の個別担い手農家等の状況

地域内に個別担い手農家等がいる組織は20組織、いない組織は13組織、無回答2である。過半数の組織で地域内に個別担い手農家等がいる。地域内の個別担い手農家等との農地利用調整状況は、「個別担い手農家等と調整を行っていない」が12組織、「個別担い手農家等との調整を行っている」が8組織である。

3 集落営農組織の農業生産

(1) 作付作物

　2008年度の米・麦・大豆の平均作付面積は、米15.9ha、麦11.2ha、大豆9.8haである。作物別作付けのある組織数は、米31組織（89％）、麦26組織（74％）、大豆22組織（63％）であり、作付けのある組織の平均作付面積は、米17.9ha、麦15.1ha、大豆15.6haである。その平均反収は、米444kg（25組織平均）、麦294kg（22組織平均）、大豆152kg（17組織平均）であり、概して低い。

(2) 転作

　地域の転作率は、平均43.8％（回答32組織）である。転作作物を団地化して栽培している組織は34組織（うち大豆の一部1）であり、ほとんどが団地で対応している。「当初から団地化していない」のは、恵那市の1組織のみである。

　米・麦・大豆以外に作付けのある組織は13組織（37％）である。作物別作付組織数は、レンゲ5（平均9.3ha）、飼料用米2（平均4.3ha）、ニンニク2（平均14a）、ひまわり2（3.9ha）、ブロッコリー2、里芋2、黒豆1（2.5ha）、牧草1（10.3ha）、加工トマト1、タマネギ1、ナバナ1、ピーマン1、カボチャ1である。複数作物（平均2.4品目）を作付けしているところが多い。

　また新規に露地野菜を作付けする予定がある組織は2組織（垂井、美濃加茂）である。さらに自らは経営しないものの、養老町のK法人に農地を貸付けし大根（10.77ha）を作付けしている組織が1組織（海津）ある。

(3) 農作業受委託

　農作業受託を「実施している」が24組織、「実施していない」が11組織である。うち水稲作の受託作業のある組織数は、耕起・整地16組織（平均4.3ha）、田植10組織（平均5.9ha）、稲刈・脱穀13組織（平均7.4ha）、3作業すべて10組織（平均4.2ha）である。作業受託の比率は低く、経営受託が経

営の中心である。

(4) 農用機械の保有状況

組織が保有する農業機械の機種別平均台数は、トラクター3.2台、田植機2.0台、コンバイン2.6台、米麦用乾燥機0.4台、麦は種機1.1台である。

設立以後における個別農家が所有する機械への対応としては、「特に対応はしていない」が19組織(54.3％)と約半分である。具体的な対応としては「今後は農家で機械の更新をしない」8組織(22.9％)、「農家の機械を借り上げた（借り上げる）」5組織(14.3％)、「農家の機械を処分した（する）」3組織(8.6％)、「農家の機械を買い上げた（買い上げる）」1組織(2.9％)、「その他」1組織(2.9％)である。

4　集落営農における農作業従事状況

(1) オペレーター等の状況

組織のオペレーター総数は、平均8.7名である。オペレーター総数別組織数は、3名以下が6組織(17.1％)、4～5名が7組織(20％)、6～10名が11組織(31.4％)、11～15名が7組織(20％)、16～20名が3組織(8.6％)、21名以上が1組織(2.9％)である。また1組織当たりのオペレーターの年齢構成は、20代0.1名、30代0.2名、40代0.8名、50代2.1名、60代3.7名、70代以上1.4名であり、60代が最も多い。

オペレーター作業の賃金は、平均で時給1,669円である。その水準は1,000円以下が4組織、1,001～1,500円が9組織、1,501～2,000円が19組織、2,001～2,500円が2組織、無回答が1組織である。

また一般作業の平均は、時給1,298円である。その水準は1,000円以下が11組織、1,001～1,500円が16組織、1,501～2,000円が7組織、無回答が1組織である。

オペレーターの労働報酬の年間受取額が最も多い人のオペレーター作業年間労働報酬の平均額は116万円（2008年度・29組織平均）である。その平均

年齢は63歳（26組織平均）で、年間オペ従事日数は74日（26組織平均）である。

（2）水田管理作業の状況

　水田管理作業の実施者ごとにみた組織数は、水管理では「オペレーターが実施」が7組織、「地権者が実施」が7組織、「所有地にかかわらず構成員が実施」が14組織である。また畔草刈では、「オペレーターが実施」が5組織、「地権者が実施」が15組織、「所有地にかかわらず構成員が実施」が12組織である。オペレーターに管理作業が限定されているところは少なく、構成員が管理作業に従事する組織が大半である。

　また、構成員による作業への支払単価は、水管理が10a当たり2,096円（17組織平均）、畦畔管理が10a当たり5,379円（14組織平均）である。

5　集落営農の経営収支の状況

　ほとんどの組織で経理は一元化されている。ただし、費用の一部のみにとどまるのが1組織（揖斐川）、販売の一部をプールするのが1組織（垂井町）ある。いずれも米を共同経営していない転作組織である。

　2008年度の事業実績のない恵那市の1組織を除く34組織の2008年度の収入合計の平均額は3,892万円である。うち、農畜産物販売収入が2,023万円（52.0％）、補助金1,532万円（39.4％）である。補助金が収入の約4割を占めている。うち産地作り交付金の配分方法別組織数は、基本額が「集落営農組織のみ」24組織、「組織と地権者」5組織、「地権者のみ」2組織である。また加算額のそれは「集落営農組織のみ」22組織、「組織と地権者」5組織、「地権者のみ」2組織である。

　支出合計の平均額は2,824万円（34組織平均）である。うち給料・賃金は491万円にとどまる。うち、オペレーター賃金は261万円（金額が判明している21組織平均）、役員報酬は21万円（同25組織平均）である。

　収支決算の平均額は1,063万円（34組織平均）であり、黒字が29組織、赤

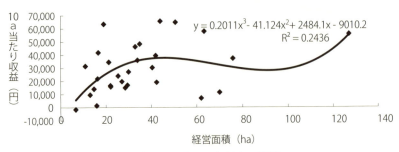

図4-1 集落営農の経営面積と10a当たり収益との関係

資料：表4-3と同じ

字が5組織（揖斐川2、垂井2、池田1）である。赤字5組織のうち4組織は米を栽培していない。

決算所得の分配方法は、「戸数割」が2組織、「面積割」が26組織、「出役割」が7組織であり、大垣で面積割と出役割を併用している。

経営面積10a当たり決算額の平均は、2万3,108円である。うち黒字29組織の10a当たり決算額は、1万円未満3組織、1万円台9組織、2万円台3組織、3万円台6組織、4万円台3組織、5万円台2組織、6万円台3組織に分散している。

米を栽培している30組織の経営面積と10a当たり収益との関係をみたものが図4-1である。経営面積と10a当たり収益には緩やかな相関が認められる。

6　法人化の意向

(1) 目標とする形態と意向

全ての組織が5年以内での法人化計画を策定している。2006〜07年に計画を策定した組織が多く、目標年を5年後の2011、2012年とする組織が多い。目標とする組織形態は、「農事組合法人」28組織、「株式会社」が0組織と、全て農事組合法人である。法人化の意向（主として役員層の）は、「法人化に積極的」が12組織（34％）、「法人化には消極的」が23組織（66％）である。法人化に積極的な組織の特徴として、オペレーター型組織やオペレー

が少数の組織など組織運営を少数の特定者で行っている場合や、組織の継続性・発展性を重視する場合などがある。

また法人化のメリットとして8項目、デメリットとして14項目をあらかじめ示し、うちそれぞれ重要と思われる項目を3つまで選択してもらった結果は下記の通りである。

(2) 法人化メリットの認識

まず法人化のメリットとしては「内務留保を活用しやすい」が15件と最も多い（表4-4）。次いで、「借地・資産保有のために必要」「資金の借入れがしやすい」が11件である。ほとんどの組織で利益は、構成員に配当として分配しており、組織が内部留保することはあまりない。「預かり金」などとして、出資金とは別に、運転資金用として徴収している組織もある。また、機械購入にも利益を分配しないで対応したり、それでも不足する分を徴収したり、するなどして対応しているところも多い。法人化することにより内部留保も制度として可能になり、また信用力が増し資金の借入れも容易になるなど、資金運用の面で余裕が出るとみている。

多くの組織が役員名義などで農地の借入れを行っているが、法人化することにより組織での借入れが可能となり、貸借関係が明確化する。

表4-4 法人化のメリットの認識

単位：組織

メリットの項目	回答数
内務留保を活用しやすい	15
借地・資産保有のために必要	11
資金の借入れがしやすい	11
組織を恒常的なものとするために必要	9
人材確保を期待できる	7
独自な経営活動が可能	7
法人の方が農地の出し手に安心感がある	4
個人は事故・病気があるが法人は担い手が確保できる	4

資料：2009年度岐阜県集落営農調査結果より作成
注：1）重要な3項目までの複数選択、回答は35組織。
　　2）農林水産研究所資料を参考とした。

また「組織を恒常的なものとするために必要」9件、「人材確保を期待できる」7件、「個人は事故・病気があるが法人は担い手が確保できる」4件と、人を確保し組織を継続する面からも法人化が必要とされ、また担い手としても期待されている。

さらに「独自な経営活動が可能」7件と、役員層を中心としたプラスアルファ部門や高付加価値生産のために法人化はプラスになる面があるとみている。そして「法人の方が農地の出し手に安心感がある」4件とみるむきもある。

（3）法人化デメリットの認識

これに対し、法人化のデメリット・課題として経営者や常時従事者の確保、組織として収益の確保などが指摘されている。

経営者や常時従事者の確保では「責任ある経営者の確保」10件、「兼業農家が多い中で常時従事者の確保」7件、「経理担当者とその報酬の確保」4件、「役員の常時従事要件の確保」3件などの選択がある（**表4-5**）。

表4-5　法人化のデメリットの認識

単位：組織

メリットの項目	回答数
オペレーターの労働に見合う収入の確保	10
責任ある経営者の確保	10
兼業農家が多い中で常時従事者の確保	7
赤字にならない経営でないと法人化は難しい	7
集落営農は地域農業を守る活動なので、法人化（企業化）はマイナス	5
組合員への配当を圧縮することが課題	5
組織での機械整備の充実が必要	4
前身組織の機械を法人へ委譲する際に問題がある	4
経理担当者とその報酬の確保	4
消費税、法人税の財源確保	4
実態の営農は個別作業なので法人化は難しい	3
役員の常時従事要件の確保	3
役員報酬のための財源をどう確保するのか課題	3
稲作では法人化に対して構成員の反対が強い	2

資料：表4-4と同じ。

また組織として収益の確保では、「オペレーターの労働に見合う収入の確保」10件、「赤字にならない経営でないと法人化は難しい」7件、「消費税、法人税の財源確保」4件、「役員報酬のための財源をどう確保するのか課題」3件の選択がある。そのため「組合員への配当を圧縮することが課題」5件とする組織もある。

「集落営農は地域農業を守る活動なので、法人化（企業化）はマイナス」5件とみる組織もある。また「組織での機械整備の充実が必要」4件、「前身組織の機械を法人へ委譲する際に問題がある」4件と、資産の保有を課題としている組織もある。

さらに稲作を個別に経営している組織では、「実態の営農は個別作業なので法人化は難しい」3件、「稲作では法人化に対して構成員の反対が強い」2件、と感じている。

第4節　小括

水田経営安定対策の実施を契機として集落営農組織数は大きく増加しているが、岐阜県では頭打ちにある。岐阜県では単一集落を基礎とする集落営農は65％とやや少なめで、複数にまたがる組織も一定割合を占めている。構成農家一戸当たりの面積は0.45haと零細であるが、集落営農の平均集積面積は都府県平均並みである。

岐阜県内でも地域により明確に集落営農の展開に差がある。西濃地域を中心とした平地農村地域で集落営農が展開し、それ以外の都市地域、中山間地域ではその展開は微弱である。都市地域、中山間地域の集落営農は経理一元化までに至っていないものが多く、また経営規模も相対的に小さく、主たる従事者の確保や収益力でも課題を残すところがある。オール兼業での組織運営が一般的でもある。

これに対し、平地農村地域の集落営農は、経営規模も相対的に大きく、主たる従事者が確保され、また構成員にも十分に配当をできているところもあ

る。兼業農家が組織運営上重要な役割を果たしているという共通性はあるものの、定年帰農者世代を中心に中心的な担い手によって組織が運営されているところもある。

注

（1）田代（2006）、藤澤（2007）などにより『集落営農実態調査』（2005年結果）をもとにした、2005年時点での集落営農の特徴が整理されている。2005〜2010年の集落営農の急増・再編の特徴については、荒井ら（2011）・第1章で整理してある。
（2）岐阜県内の集落営農の経営安定対策の加入状況については、荒井（2010a）で詳述してある。基盤整備が済んだ平坦地域においてその加入率が高く、都市部・中山間地域で低い特徴が明確である。
　　なお、2010年度から実施されている戸別所得補償制度については、加入要件が緩和されたこともあり、159組織が加入申請をしている。前年度の経営安定対策への加入申請数114組織から45組織も増加している。この過程で、中山間地域を中心に新たな集落営農組織が岐阜県では13組織が設立されている。
（3）35事例の詳細については、荒井編（2010）を参照のこと。

第5章

集落営農の再編強化による兼業農業の包摂
―海津市旧平田町の事例を中心に―

第1節 本章の課題

　1980年代前半に岐阜県旧海津郡平田町（現海津市平田町）で実施された集団研究の成果から、同町で広範に展開が見られた営農組織は、個別経営を補完し、Ⅱ兼零細稲作を維持するものとして位置づけられた⁽¹⁾。当時の営農組織の形態は、機械作業の受託組織であった。兼業が深化したとはいえ、当時の兼業段階はまだ不安定要素をかかえていた。かつ水田転作割合は小さく、それには個別に対応してきた。受託組織に補完されて、兼業稲作が維持されてきた。
　その後、1980年代に大区画圃場整備事業がこの地域において実施され、また米の相対的過剰問題が顕在化し水田転作割合が高まった。そこで集団による水田転作の実施と、いわゆる担い手経営への農地の利用集積が図られた。また、兼業はより深化し、恒常的な勤務の割合が増し、農業への依存度は低下してくる。そして、集落内にあった班単位の機械利用組合は、集落単位への作業受託組織へと再編され、また農事改良組合を単位として転作組合が組織された。これにより暗渠排水施設も整備が進み、米・麦・大豆の2年3作の営農体系が形作られ、集落によっては、稲作部門での共同経営組合の組織化まで至ったところもある。ここまでくると、営農組織は個別経営を補完する機能から包摂する関係へと転化することなる。
　そして2007年度から実施された水田経営所得安定対策により、営農組織に

経理一元化、法人化計画策定などの要件が課せられ、営農組織自らが経営を主宰することとなり、兼業農業の組織への包摂傾向を加速することになった[2]。

そこで本章ではまず、主として岐阜県海津市平田町を対象として、大区画圃場整備事業の実施、集団転作の実施、兼業の深化との関連において、集落営農組織が受託組織から協業組織へと展開する過程を明確化し、営農組織と兼業農業との関わりの変化、営農組織の機能の変化について考察する。

次いで、水田経営安定対策において経理一元化が進められた集落営農組織の経営実態を再整理し、かつ構成員の農作業の従事状況を明らかにすることによって、組織と兼業農業の現段階的な特徴を明確化していく。

そのため、ここでは2節において1980年代前半から今日に至るまでの平田町の農業構造を再整理し、3節において大区画圃場整備事業による営農組織の再編、4節において営農組織の再編にともなう兼業農業の変化、5節において水田経営安定対策による営農組織と兼業農業の再々編について整理し課題に迫る。

第2節　旧平田町農業構造と営農組織の特徴

1　農業の特徴

旧平田町は高須輪中地域の北部、旧海津町の北側にあり、大垣市へは約15km、名古屋市には約30kmの距離にある都市近郊型の農村である[3]。長良川、揖斐川に挟まれ、輪中堤と呼ばれる堤防に囲まれており、東西3.7km、南北7.1kmの三角州に位置する。海抜は0.5～3.4mと平坦地であり、1970年頃までは頻繁に水害に見舞われた。町は旧海西村（北部7集落）、旧今尾村（南部8集落）の2旧村からなり、1955年に合併して作られた。2005年には、海津郡3町が合併し海津市となった。

合併前最終年である2004年の町の農業粗生産額は21.2億円であり、作目ごとには米4.9億円、麦類0.5億円、雑穀・豆類1.1億円、野菜5.9億円、畜産7.6円

などである。野菜の主品目はトマト・キュウリでありハウスで専業的に栽培されている。畜産は肉用牛・酪農などである。生産農業所得率は37.7％で、農家1戸当たり生産農業所得は95万円である。生産農業所得統計によると、耕地面積は860ha、農家戸数は840戸である。

町では既に、第1次土地改良終了時において、いくつかの集落で集落の下部組織である組を単位とした機械化組合が設立されていた。そして第2次農業構造改善事業により1972年にライスセンターが建設されることによりそれは再編されてくる。

2　1980年前半の営農組織と兼業農業の特徴

1980年の町の兼業農家数・率は892戸・91.2％まで達している（表5-1）。しかし農業への依存度が比較的高いと思われるⅠ兼農家154戸（15.7％）、Ⅱ兼農家で世帯主農業主88戸（9.0％）、世帯主兼業主で日雇・臨時・出稼ぎ156戸（16.0％）の3つの農家群をあわせると、398戸（40.7％）である。他方、Ⅱ兼農家の世帯主兼業主で恒常的勤務は、307戸（31.4％）にとどまる。この時点では、平田町は「安城農業とは対照的な諸条件をもつ低所得不安定兼業地帯」[4]の段階にあったといってもよい。

また営農組織としては、1983年段階で10の農作業受託組合がカウントされ、それは9集落に対応していた。うち八つの組合では集落の8～9割以上の農家が参加しており、かつ集落内の稲作を対象とした作業受託を行う「集落型営農組合」[5]となっていた。それ以外の集落では、「10戸前後の農家から成る任意の生産組織・グループ」[6]による活動が行われていた。

犬塚は、当時の農家の就業構造と農地移動の状況を分析し、経営受委託や農地貸借が進む見通しは少なく「作業受委託集団としての営農組合のもとで、あいかわらずⅡ兼零細稲作が維持される」[7]とみていた。兼業稲作と営農組合との関係については「営農組合がⅡ兼稲作を維持する機能を持っていることは確かである」[8]、とし、「集団組織化を個別経営の補完と位置づける梶井氏の見解を支持したい」[9]と結論づけた。

表 5-1　専兼別農家戸数の推移－海津郡平田町－　　　単位：戸

年	総農家、販売農家の別	計	専業農家		第1種兼業農家		第2種兼業農家					
			小計	うち男子生産年齢人口がいる	小計	うち世帯主農業主	小計	世帯主農業主	世帯主兼業主		自営兼業	その他
									恒常的勤務	日雇・臨時雇、出稼ぎ		
1960	総農家	1,043	554		288		201					
1970	総農家	999	162		505		332					
1980	総農家	978	86	68	154	112	738	88	307	156	151	36
1990	総農家	931	63	35	70	54	798	29	407	117	153	92
1990	販売農家	841	60	35	70	54	711	29	368	109	126	79
2000	販売農家	748	62	27	52	37	634	73	268	29	88	176
2005	販売農家	336	29	19	41	32	266	50	124	16	29	47

資料：農業センサスより作成

　このように、平田町での1980年代前半の営農組織は、集落を基礎とした機械作業の受託組織であり、かつての研究では、それが個別経営を補完し、Ⅱ兼零細稲作を維持するものとして位置づけられている。このとらえ方は、基本的に首肯できる。それは、その後2000年までの農家戸数の減少率の小ささにも端的に示されていた。すなわち、「平田町において多様な形態で展開している集落営農組織は、基本的には個別経営を補完する目的で形成されてきたといえる。それは同町における総農家数の変化に端的に示されている。すなわち、それは1970年999戸から2000年838戸へとわずか、16.1％（都府県41.1％減）の減少に留まっている」[10]、とかつて指摘したとおりである。営農組織に補完されて兼業稲作が維持されてきたことがわかる。

　ところが実際には、集落を基礎とした営農組織が、徐々に個別経営を補完する関係から包摂する関係へと進化を遂げてきていた。その背景には兼業形態の深化があり、それとあいまって大区画圃場整備事業の実施、集団転作への対応として営農組織が大きく再編強化されたことがある。

第5章　集落営農の再編強化による兼業農業の包摂　103

第3節　大区画圃場整備事業と集落営農と兼業農業の再編

1　高須輪中総合整備事業と圃場整備の概要

(1) 高須輪中総合整備事業の概要

　高須輪中は、岐阜県最南端に位置する宝暦治水が行われた長良川、揖斐川に挟まれた海津市旧海津町、旧平田町にまたがる面積61.08㎢の地域である。河川の堆積により形成された海抜−0.7mから1.7mの平坦な低湿地帯であり、南北20kmの高低差はわずか3.5mである。高須輪中管内には約3,000ha（田2,636ha、畑342ha）の耕地が広っており、農業地帯を形成している。うち約1,800haの耕地が海抜0m以下に位置している。

　このような立地条件から水害常習地帯でもあり、古くから灌漑排水施設の整備が進んだ。1950年頃から国営長良川農業水利事業をはじめとして県営灌漑排水事業等により全域に渡り農業基盤の整備が進み、これに連動して団体営・圃場整備事業も実施された。地区内では1957〜58年にかけて6つの土地改良区（羽島、大江、福江、油塚、帆引、中江）が設けられた。圃場整備はクリークを埋め立てるなどして早くから取り組まれたが、圃場区画は小さく、水路は用排水兼用で、農道は狭小であった。そのため大型機械導入による大規模営農、水田の汎用化などに対応できないことから、再整備の要望が高まり、1980年以降高須輪中地域の農地2,978haを対象として大区画による再圃場整備事業に取り組んだ。これは水資源開発公団が行う長良川河口堰建設事業に連動して実施されたものであり、県営灌漑排水事業、湛水防除事業などとともに、この地域の用排水条件、道路条件、生活環境を整備する高須輪中総合整備事業（総事業費950億円）の一環として取り組まれた。

(2) 圃場整備事業の概要

　高須輪中地区の圃場整備事業は、県営により3期にわけて実施された。1期地区は旧海津町札野地区中心の1,116haで事業年度は1980〜98年、2期地

区は旧平田町中心の909haで1980〜2001年、3期地区は旧海津町中江地区を中心とした912haで1982〜99年にかけて実施されてきた。各工区では集落ごとの分工区を設けて工事を行った。事業内容は、圃場区画の大型化、用排水路分離、パイプライン末端灌漑、農道の拡幅である。圃場の標準区画は2haで、長辺278m、短辺72m又は54mと大区画である。農道幅は、広域農道が7.5m、農免農道・一般農道が7mに整備された。

　1期地区は標高も低く湿田が多いことから、暗渠施設も並行して整備された。残りの地区では、当初は麦・大豆の栽培予定がなく暗渠施設の整備計画もなかった。しかし米の転作面積が拡大（20％台→40％台）し、かつ麦・大豆が奨励されたこともあり、その生産を計画することになった。暗渠施設の有無により麦・大豆の反収差が大きい（麦60kg、大豆30kgの格差との試験値）ことから、残りの地区でも順次その整備に取り組んできた。

　町でも第一次農業構造改善事業により旧区画により圃場、農道等が整備された。しかし用排水は兼用で、圃場区画は10a、農道幅は2.5mと狭小であった。平田町が位置する高須2期地区は1981〜91年にかけて区画整理（面）工事が実施され、907haの大区画圃場が整備された。町全戸の農家が事業に参加し、ほぼ全ての圃場が1ha以上区画に整備された。一戸当たりの関係面積は80a程度である。

　2002年に実施した調査農家33戸（田の平均面積104a）の一戸当たりの田の団地数は、従前地9.8団地から4.3団地まで減少はしている[11]。換地は一農家1〜2ケ所への集団化を理想として取り組まれたが、平均して4ケ所程度に散らばった。換地処分は2000年に完了している。また21世紀型水田農業モデル圃場整備促進事業の担い手として位置づけられたのは、農作業の「実働部隊」である機械化営農組合等の受託組織である。大区画圃場整備事業を通じて営農組織が再編された。

2　圃場整備と営農組織の再編

　1981年から始まった圃場の再整備、新ライスセンター建設、集団転作への

対応等により営農組織は再編されてくる。受託組織である機械化営農組合が11組合再編された。これに加え、集団転作対応の麦作組合・大豆組合が農事改良組合を単位として組織された。平田町の農業協組組織は、地権者集団である農事改良組合が集団転作地を割り振り、麦作・大豆作を共同で経営することからスタートしている。面的に集積された条件の良い圃場で麦・大豆作を効率的に行い、集団加算など有利な助成金を得ることにより高い収益を実現してきた。基本は共同利益の享受にある。またこれと並行して協業組織である稲作共同経営組合も7組合が設立された。集落内に目的ごとに営農組織が重畳的に併存しているところが特徴である。

これらの組織とは別に、組織のない集落の稲作作業受託や転作麦・大豆栽培などを請け負うなど全町をカバーする任意組織として平田農業パイロット組合（以下パイロットと略）が、1990年に農協受託部会を改組し設立された。ここではオペレーター3名が作業を請け負っており、一部町外（輪之内町）へも出向いている。なお同組合は2007年には有限会社として法人化した。

これらの営農組織が作業受託している作目と組合数は、2002年実績で水稲12組合、小麦10組合、大豆3組合で、受託総面積は水稲260ha（うちパイロット27ha・10％）、小麦259ha（同113ha・44％）、大豆145ha（同62ha・43％）であった。パイロットを除く集落型の機械化営農組合の平均受託面積は、水稲21（7〜46）ha、小麦16（8〜33）ha、大豆41（19〜64）haで、3品目合計で42（7〜143）haである。また同組合の構成員人数の平均は42（13〜86）名で、構成員一人当たりの受託面積は99（51〜255）aである。

組合の受託作業と規模に応じた農用機械が保有されている。トラクターは1〜7（平均3.5）台、田植機は0〜6（平均2.1）台、コンバインは1〜5（平均2.3）台保有されている。いずれもほとんどが大型で高性能の機械である。

大区画圃場整備事業が終了してから、転作麦・大豆に加え、稲作の共同化を行う稲作共同経営組合が、1985〜90年の間に相次いで7組織形成される。これにより、集落営農組織は、個別経営を補完する関係から包摂する関係へと徐々に転化することになる。組合により運用のあり方はまちまちである。

資材の一括購入、共同防除の実施程度にとどまるものもあれば、水田管理や販売の一元化まで踏み込んでいるところもある。組合の設立後、徐々に経営体としての内実を高め、協業組織として構成員である兼業農家の経営を包摂する関係が開始される。

3 集落営農の再編と兼業農業の変化

1980年代に兼業はより深化し、臨時・不安定兼業が減少し、恒常的・安定兼業が増加してくる。1990年には、農業への依存度が比較的高いと思われるⅠ兼農家70戸（7.5％）、Ⅱ兼農家で世帯主農業主29戸（3.1％）、世帯主兼業主で日雇・臨時・出稼ぎ117戸（12.6％）の3つの農家群をあわせると、216戸（23.2％）へと、いずれも大きく減少している。他方、Ⅱ兼農家の世帯主兼業主で恒常的勤務は407戸（43.7％）へと大きく増加し、世帯主の雇用形態が臨時的なものから恒常的なものへと大きく転換している。1980年代に兼業構造が大きく変化し、不安定兼業から安定兼業への転換が行われたといえる。

1990年から2000年にかけては、販売農家の専兼別構成には大きな変化はない。Ⅱ兼農家の世帯主兼業主で日雇・臨時・出稼ぎが29戸（3.9％）へとさらに大きく減少し、臨時的・不安定雇用がいっそう少なくなっている。

集落営農の協業組織への展開による兼業農業の包摂の度合いは、2005年センサスでの農家戸数の激減に端的に示される。すなわち、2000年まで緩やかだった農家戸数の減少率は、2005年には一転し、総農家戸数で－39.3％、販売農家戸数では－55.0％の激減となる（表5-2）。かわって自給的農家は、90戸から172戸へと＋91.1％と倍増し、また土地持ち非農家も414戸と販売農家戸数を上回る戸数となる。販売農家の半分以上が、この5年間で自給的農家や土地持ち非農家に転化したことになる。集落営農に参加していた農家が、土地持ち非農家化したものと想定できる。

その結果、2000年から2005年にかけても販売農家の専兼別構成には大きな変化はないが、Ⅱ兼農家の減少割合が高く、その構成割合を79.2％まで低下

表5-2　農家数等の推移−海津郡平田町−

単位：戸、事業体、経営体

	年次	総農家数	販売農家数	自給的農家数	土地持ち非農家	農家以外の農業事業体数	農業サービス事業体数
実数	1990	931	841	90	—	—	—
	1995	841	804	37	—	3	16
	2000	838	748	90	—	3	14
	2005	508	336	172	414	24	
対前期	1995	−90	−37	−53	—	—	—
	2000	−3	−56	53	—	0	−2
	2005	−330	−412	82	—	—	

資料：農業センサスより作成
注：2005年の「農家以外の農業事業体」「農業サービス事業体」の合計値24経営体は、農業経営体数のうち法人2と非法人で個人経営体数以外のもの24を加えた数である。

させている。

　もっともセンサスでのこうした顕著な農家戸数の変化は、2005年センサスで、調査単位が世帯から経営へと変更されことにも一因があると思われる。同センサスは経営体調査となり、集落営農も任意の組織でも「外形基準」を満たせば経営体として扱われることになった。集落営農組織が経営体となったことで、それに経営面積がカウントされ、その構成員は農家としての外形基準に満たないものが多くでてくることになる。もって土地持ち非農家とみなされることになる。しかし、稲作共同経営組合の運用実態をみれば、既に1990年代に経理の一元化を進め、資材の一括購入、共同防除に加えて、水田管理や販売の一元化まで踏み込んでいるものもある。したがって実際には、1990年代において稲作共同経営組合への兼業稲作の包摂がかなりの程度進んでいたものと考えられる。

　2005年センサスでの販売農家戸数の減少率は、集落にある営農組織のタイプにより顕著な差が見られる。稲作共同経営組合という協業組織を有する6集落では、その減少率は−75.3％と極めて高い（**表5-3**）。次いで、稲作共同経営組合と機械化営農組合が異なる領域（小集落）で活動している1集落のそれは−51.4％である。そして、機械化営農組合という受託組織のみの3集

表 5-3 集落にある米作の営農組織のタイプ別に見た販売農家数の変化
　　　　－海津郡平田町－　　　　　　　　　　　　　　　　　　単位：戸、％

米作の組織タイプ	該当集落数	2000年	2005年	増減数	増減率
協業型	6集落	336	83	-253	-75.3
協業型＋受託型	1集落	74	36	-38	-51.4
受託型	3集落	204	115	-89	-43.6
組織無し	4集落	134	102	-32	-23.9
合計	14集落	748	336	-412	-55.1

資料：2005年農業センサス集落カード
注：2005年センサスでは協業型の土倉（2000年30戸）は対象外となったので、隣接する受託型の脇野と合算して集計している。

落のそれは－43.6％、組織がない4集落のそれは－23.9％と続く。機械化営農組合のみの集落でも、内部のオペ集団などが、実質的に経営受託組織化しているところもあり、一部協業組織の機能を兼ね備えてきていた[12]。そのためこれらの組織のある集落でも、それがない集落に比べて販売農家戸数の減少率が大きなものになっていると推測できる。

4　集落営農による専業経営育成と地産地消の推進

　集落営農組織の形成により、米麦作の省力化・低コスト化が図られ、兼業化にも対応しやすくなるとともに、園芸・畜産の専業的担い手の成長を促した[13]。

　また、米麦作の省力化によって生じた労働力の一部は、農業内的には野菜作等に向けられた。折しも、町内に直売店が開設され、地場産品を供給できる体制が整えられた。これにより地産地消も推進されている。その中心は女性・高齢者であり、売れ行きが好調なため当初70名程度の出荷者が現在では140名程度まで拡大している。これまで自給的のみに生産した物が売れて所得にもなり、かつからだを使うので健康にも良いとあって、生産者の生き甲斐にもなっている。特に町北部地区において露地野菜の生産が拡大している。

5 農家の階層変動の特徴

　既述のような集落営農組織と兼業農家の動向は、農家の階層変動にも反映されている。2000年までは微弱ながらも、上向展開を図る層がみられたが、それ以降は、その動きはなくなり、農家以外の農業事業体に経営が集中化することになる。経営耕地面積別農家数の動向から上層農家の動きをみると、1960年から1970年には最上層である２～３ha層が26戸から33戸へと増加している。1980年には３～５ha層が最上層となり、1970年から1980年にかけてそれは０戸から２戸へと増加した（**表5-4**）。ところが1980年から1990年にかけては、３～５ha層は２戸のままと停滞し、１～３ha層は減少し、１ha未満層のみが増加している。その後、2000年には５ha以上層が２戸あらわれ、また２ha以上の各層ともわずかに農家戸数が増加するなど、一部に上向展開を図る農家もあらわれた。圃場整備の効果や安定兼業の移行が、1990年代に規模拡大を図る個別農家の若干の輩出につながったと考えられる。

　ところが、2000年以降はこうした個別に規模拡大を図る経営の展開はみられなくなる。2000年から2005年にかけては、0.3ha以上の全ての層で同じような割合で戸数の減少がみられる。この前後で、農家以外の農業経営体への

表5-4　経営耕地面積規模別農家数の推移－海津郡平田町－

単位：戸、％

年	総計	0.3ha未満	0.3～0.5	0.5～1.0	1.0～1.5	1.5～2.0	2.0～3.0	3.0～5.0	5.0ha以上
1960	1,043	104	102	257	399	155	26		
1970	1,023	95	94	273	387	141	33		
1980	978	104	105	307	307	121	32	2	
1990	931	91	122	331	259	100	26	2	0
2000	838	93	113	305	220	75	27	3	2
2005	508	183	63	151	75	23	11	1	1
2005-2000	-330	90	-50	-154	-145	-52	-16	-2	-1
2005/2000	-39	97	-44	-50	-66	-69	-59	-67	-50

資料：農業センサスより作成
注：0.3ha未満には自給的農家、例外規定を含む。

参画のあり方に大きな変化があらわれたものと推測できる。営農組織が稲作経営までも行うことにより、センサス調査にて農家としての外形基準に満たないと判断された構成員が多くなったと考えられる。それは集落営農組織が水田経営所得安定対策に加入することによって、よりいっそう顕著となった。

第4節　水田経営安定対策による経営体化と農業就業の実態

1　集落営農組織の経理一元化の特徴

　2008年度に海津市で実施した集落営農組織調査結果によると、「水田経営所得安定対策により、海津市の集落営農組織は受託組織から協業組織へとドラスチックに転化し、事業内容が作業委託から経営委託へと進化した。任意組織でも一部では、役員名義で利用権の設定が進んだ。再編された営農組合は、経営をほぼ完全に主宰することとなり、農作業の合理的計画的実施が可能となり生産力が向上した。仮畦畔が除去され連坦作業が可能となり、農協を仲介に集落間の入作・出作が解消され交換耕作により労働生産性が向上した。これに加え、特定の熟練した管理者による適期作業の実施・周密管理、高単収品種の作付け増加による単収増として土地生産性の向上にもつながっている。さらに、集落農地の計画的な利用により一部にあった耕作放棄地は解消され、また麦・大豆の新規作付けに取り組むなど生産量の増加にも寄与することになる」[14]と、水田経営所得安定対策による集落営農組織再編強化の特徴を指摘した。2009年度に実施した別の集落営農組織調査結果からも同様な傾向がみてとれる[15]。

　経営安定対策により、経理の一元化、法人化計画の策定などが求められ、旧平田町の集落営農組織も受託型、協業型を問わず、組織の大幅な再編が行われた。それを新たな知見をもとに再整理すれば、図5-1のようになる。すなわち、受託型、協業型を問わず営農組織としては基本的に営農組合に再編統合され、かつての稲作共同経営組合、オペ請負組織などは解散した。受託型である機械化営農組合だけの集落では、組織再編による変化は大きい。対

第5章　集落営農の再編強化による兼業農業の包摂　111

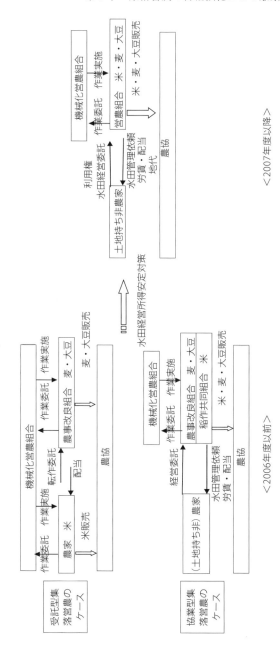

図5-1　典型的な営農組合における水田経営所得安定対策実施前後の組織変化

資料：旧平田町における各年度の各組合等からの聞き取りに基づき筆者作成

策前は、転作麦・大豆は農事改良組合、稲作は個人での経営が基本であったが、対策後は、いずれも営農組合が経営を主宰することになった。とはいえ、それは法人化しておらず、出作・入作の解消などのために進められた利用権設定は、個人名義で行われており、ほとんどは特定農作業受委託により営農組合に農地が集積された。これにより、営農組織の構成農家は、定義上は、組織からの依頼を受けて管理作業に従事する土地持ち非農家、もしくは自給的農家に転化することになった。

　また、機械化営農組合で保有する農用機械・施設の精算は直ちに行われず、それは当面維持されることとなった。そこに機械作業を委託する体制は維持されている。農用機械の更新の過程で、徐々に営農組合が機械を保有してきている。法人への移行などの時期を見計らって、残存する機械・施設等の精算を済ませ、機械化営農組合も解散する予定である。

　決算書が入手できた8営農組合（平均経営面積37.5ha）の2007年末平均資産合計は2,581万円であるが、そのほとんど（88.6％）が流動資産からなり、固定資産は11.1％（286万円）にとどまっている。営農組合での固定資産の整備は今後の課題である。また資本は平均688万円で、この多くを前身組織からの引き継ぎで対応している。

　また営農組合が経営体としての内実を有していることは、その決算書からも読みとれる。同上の8営農組合平均の収入は3,415万円である。事業収入として作業受託はなく、過半が農産物の売上げである。しかし銘柄米への転換などを進めているものの、不作の年であったこともあり、水稲単収は7俵程度と低く、収入に占める米代金の割合は51.1％にとどまり、各種補助金の合計額が38.8％も占めている。交付金は全て営農組合にはいる。

　費用面では、機械化営農組合やCEなどへの作業委託料・賃借料が平均758万円（22.2％）と多く、逆に減価償却費は少なくなっている。労務・役員手当は同481万円（14.8％）と限定される。また地代支払いは同66万円と小さく、農地借入はわずかにとどまっていることがわかる。そして剰余配当は732万円と21.4％を占め、労賃支払い水準を大きく上回っている。

第5章　集落営農の再編強化による兼業農業の包摂　113

表5-5　集落営農組織の概要（海津市旧平田町）

		単位	A	B	C	D	E	F	G	H	平均
	調査年	年	2009	2009	2009	2009	2008	2008	2008	2008	
	設立年	年	2006	2006	2007	2006	2006	2006	2006	2006	
前身組織	機械化営農	年	1985	1969	1990	1970	1969	1973	—	1972	1975.4
設立年	稲作共同経営	年	—	1985	1990	1985	1989	—	1991	1987	1987.8
関係集落数		集落	1	1	1	1	1	1	1	1	1.0
同上農家数		戸	130	157	81	32	91	43	46	26	75.8
組合員数		名	100	13	81	28	91	43	42	26	53.0
経営耕地面積		ha	75.8	42.5	42	25.3	51.2	35.2	25.5	20.9	39.8
	うち借地	ha	3.1	42.5	1.5	2.4	0.3	15.5	1	2.4	8.6
作付面積	水稲	ha	47.8	21.9	23.9	11.4	30.3	20.7	15.1	12.1	22.9
	小麦	ha	31.7	18.2	17.7	10.8	20.9	14.2	10.5	8.8	16.6
	大豆	ha	41	22.7	17.7	0	20.9	14.5	10.5	0	15.9
反収	水稲	kg/10a	478	493	481	408	420	406	384	450	440.0
	小麦	kg/10a	300	369	302	336	257	228	263	300	294.4
	大豆	kg/10a	192	194	127	—	109	210	—	—	166.4
オペレーターの状況等	オペ人数	名	6	9	4	15	19	8	6	5	9.0
	うち兼業	名	0	7	3	15	17	8	0	4	6.8
	中心的オペ	名	3	3	4	1	2	4	1	2	2.5
	オペ労賃最高額	万円	268	350	120	26.1	200	50	104	50	146.0
	同上属性		定年帰農	自営	自営	定年帰農	定年帰農	自営	専業農家	自営	
管理作業の担当者等	水管理	担当者	組の特定者	2名	8名	15名	オペ	役員	オペ	役員	
	草刈	担当人数	70	9	41	15	86	13	42	25	37.6
		委託人数	30	4	40	13	5	30	0	1	15.4

資料：2008年12月、2009年12月実施営農組合代表者等への聞き取りなどから作成。数値は2008年、2009年実績。表5-6も同じ。

　また2008年度、2009年度に調査した各4営農組合の経営の特徴、構成員の農作業への参加の状況は次の通りである。いずれも水田経営安定対策に加入し経理の一元化が図られてはいるが、法人化には至っていない。

2　分析対象営農組合の経営の状況

　分析対象とした8つの営農組合は、いずれも前身の営農組織があり、そのタイプは受託型が2組織、協業型が6組織である。受託型である機械化営農組合が設立されたのは1969～90年であり、平均でも30年を超える活動実績があり、多くは大区画圃場整備事業の実施前に設立されている。協業型である稲作共同経営組合が設立されたのは1985～91年であり、平均で20年程度の活動実績をもち、大区画圃場整備事業の実施後に設立されている（**表5-5**）。

　組織が基礎とする集落は、いずれも1集落である。該当集落の構成農家数

は平均76戸である。このうち営農組合の構成員数は53戸であり、加入率は70％になる。安定対策後は、組織・経理の一元化が図られ、いずれも協業型となった。B営農組合のみ「オペ型」で、それ以外は「ぐるみ型」の集落営農である。B営農組合は、集落の農家157戸のうち構成員は13戸のみである。従前の機械化営農組合の構成員のみが新しい営農組合の構成員となり、78名いた稲作共同経営組合の構成員はこれに加わらなかった。B営農組合を除く7営農組合がある集落での組合加入率は、92％（59戸/64戸）にのぼる。これらの集落では畑のみの農家や、比較的規模の大きな自作農家を除いて、ほとんどが営農組合の構成員となっている。C、E、F、H営農組合では集落の農家全戸が営農組合に参画している。H営農組合では対策加入の20haの規模要件を満たすため、数戸の自作農家を組織に迎え入れた。

　経営面積の平均は39.8haで、うち8.6ha（22％）が借地である。このうちオペ型のB営農組合は、経営面積42.5haの全てが借地であり、13名の構成員に分割して利用権を設定している。これ以外の7営農組合の借地率は平均9％（3.7/39.8ha）にとどまる。借地は主として集落内にある入作地であり、その解消を目的として農協の農地保有合理化事業により利用権が設定された。これと同程度の面積を相手集落での出作地においても利用権を設定しており、出作地と入作地との事実上の交換が行われている。この農地の貸借により双方の営農組合とも経営面積に変化はないものの、出作・入作はほぼ解消され、農地の集積は進んだ。

　営農組合の栽培作物は、水稲＋小麦＋大豆の3品目が6組織、水稲＋大豆の2品目が2組織である。規模の小さいD、H営農組合では大豆用機械を保有せず、その経営をAに委託している。麦跡に大豆が作付けされ、2年3作の輪作体系が成り立っている。作付面積は平均で水稲23ha、小麦17ha、大豆16haであり、高度に土地を利用している。

　2008年度は異常気象のため作物の反収は低い、平年作となった2009年度でも水稲で8俵程度である。D、G営農組合では反収が低い。これらの組織の水田の管理作業の担い手の特徴として、特定の熟練者に集中していないこと

が指摘できる。

　機械作業に従事するオペレーターは平均9.0名で、うち6.8名（76％）が兼業従事者である。兼業従事者以外は、ほとんどが定年帰農者であり、専業農家はわずかである。うち中心的なオペレーターは2.5名であり、労賃等の最高受給者の年間受給額は平均146万円である。定年帰農者、自営兼業者、専業農家が中心的なオペレーターとなっている。

3　構成員の農作業への参加

　水管理作業は、特定の数名が担当しているところがほとんどである。管理の熟練者による周密管理により、水稲の反収・品質を確保し、組織としての安定した収入の確保を図ろうとしている。これに対し、草刈作業には多くの構成員の参画がある。各営農組合とも一年に4～5回の草刈をほぼ義務づけている。草刈作業に従事している構成員の平均人数は37.6名（71％）であり、これに従事できず作業を委託している構成員の人数は平均15.4名（29％）である。構成員の約3割は、草刈作業にも従事しておらず、完全な経営委託者になっている。草刈作業に従事できない構成員の担当分は、営農組合がかわりに担当者を手配して作業を実施している。

　水管理料は面積当たりで担当者に支払われている。草刈料は、実施者の担当に応じて賃金支払いをする組合と、それを義務づけ配当金の中に含めて支払っている組合とがある。配当金の中に草刈費用を含めているところでは、草刈作業に従事してない構成員に出不足金が課せられている。

　このように協業型の集落営農の構成員となり土地持ち非農家となっても、現在のところ構成員の約7割程度は、草刈作業や補助作業などを通じ営農組合の作業に関わっている。

4　収支の状況

　高められた生産性と集団化メリットをともなう助成金により営農組合では相対的に高い配当金が計上されている。配当金の分配方法としては、「オペ型」

表5-6 集落営農組織の収支状況（海津市旧平田町）

		単位	A	B	C	D	E	F	G	H	平均
	調査年		2009	2009	2009	2009	2008	2008	2008	2008	
収入	総額	千円	92,555	56,431	53,677	27,045	43,325	34,190	20,330	20,175	43,466
	うち補助金	％	28.9	45.7	37.5	40.0	37	32	26	40	36
労賃・地代	労務費・役員手当	千円	12,965	8,323	6,480	2,638	5,661	4,001	290	2,611	5,371
	オペ時給	円	2,000	1,700	2,000	1,800	2,000	1,800	1,800	2,300	1,925
	一般作業時給	円	1,650	1,700	1,400	1,500	1,000	1,400	1,800	1,700	1,519
	支払い地代	千円	614	7,945	327	497	59	2,771	150	480	1,605
		円/10a	20,000	20,000	20,000	20,000	20,000	18,000	15,000	20,000	19,125
剰余・配当	総額	千円	30,152	5,781	16,625	6,119	12,757	4,895	1,841	5,296	10,433
	（うち管理費）		—	—	—	水管理込み	草刈代込み	—	草刈代込み	草刈代込み	
	うち均等配当	千円	—	5,781	—	—	—	—	—	—	5,781
	うち面積割額	円/10a	39,905	—	40,000	46,000	24,916	24,334	7,253	28,000	30,058
	配当金と地代との差額	円/10a	19,905	—	20,000	26,000	4,916	6,334	-7,747	8,000	11,058

のBのみ構成員への均等配当であり、他の「ぐるみ型」では供出している農地面積への均等配当である。2008年度決算では、B営農組合は578万円の配当があり、13名で均分に配当している。残りの3営農組合の配当金は、10a当たり4万～4万6千円である。D営農組合は管理料込みの配当金額のためもありやや高くなっている。10a当たりの小作料は2万円であるので、それと配当金との差額は約2万円となる（**表5-6**）。

5 営農組織再編をめぐる新たな動向

（1）2営農組合の解散決定

　安定対策加入の中で、組織解散を決定した組織が2組織ある。安定対策に加入しても、結果として経営は「安定」しなかった。N営農組合（旧海津町・経営面積22ha）は、隣接する法人に吸収される予定である。またT営農組合（旧平田町・経営面積35ha）は、隣接する法人といくつかの営農組合に分割される予定である。組織解散の動機は、機械の更新時期にあたったり、都市化が進みオペ不在が深刻化したりするところにある。またそれを調整するリ

ーダーがいなくなるなど、総じて組織における地域共同体としての紐帯が弛緩・崩壊して解散に至っている。それを経済的に支えているのが、構成員が受給する一定の年金である。「年金もあることだし、しんどいおもいしてやりたくない」というのが本音のようである。こうした要因は、他の組織にも共通して内包されており、さらなる統廃合も予想される。

（2）JA支店単位での法人化構想

　海津市には、特例有限会社4社が集落の領域を超えて活動しており、その平均経営面積は約200haに達している。営農組織の法人化を検討する場合も、これら先行する法人組織が念頭に置かれる。同営農経済センターでも「法人化しようと思えば今の集落営農組織でもできるが、今の組織のままでの法人化は意味がない」とみる。より高い効率性を兼ね備えた組織設立を考えている。海津市（JAにしみの海津エリア）には、JA支店が9支店（旧海津町4、旧平田町2、旧南濃町3）ある。1支店当たりの水田面積は約300haである。海津エリアとしては、支店単位（ほぼ旧村のエリア）で法人組織を設立することを検討している。

　これら法人4社が地代形成のリーダーとしての役割も果たしている。10a当たり地代2万円の地代支払いに加え、配当（2～4万円）の確保が任意の集落営農組織の存続にとって命題となっている。地権者には地代、組織構成員には地域相場の配当を確保することで組織が成り立つ。「地権者の理解」が組織存続の第一の条件になっている。

（3）一部での個別回帰、法人化機運の後退

　また、生産・販売面で個別回帰志向が一部に残っている。安定対策を契機として、個人経営を廃止し、組織構成員となった農家には、中規模の農家が比較的多い。そのほとんどは既に保有機械が耐用年数を超えていたり、処分したりして、元の経営に戻る可能性はあまりない。しかし、一部には機械をそのまま保有する農家が若干見られ、これらの農家に一部個別回帰志向が残る。

2010年度からの戸別所得補償制度への政策転換にともない、「政権が変わったので法人化しなくてもいいのではないか」との受け止めが広がり、法人化の機運は後退している。

第5節　集落営農と水田経営の展望

　平田町においては、1980年代までは営農組織は受託組織の段階で、それには個別経営を補完する機能があった。兼業形態も不安定兼業の割合が一定程度を占めていた。営農組織は集落を基礎としているものがほとんどで、集団転作への対応も集落ぐるみで実施され、転作組合が組織された。集落営農組織への高い参加率は、平田町が輪中地帯に位置するという地域特性にも基因していると思われる。そして大区画圃場整備の実施を契機として1990年代以降は稲作部門の協業化までに至った。この間、兼業形態はより深化し、安定的な兼業に移行した。圃場整備事業により受託組織が新設・再編され、同時に共同稲作経営組合もいくつかの集落で平行して設立された。

　共同稲作経営組合が形成されることにより、営農組合は兼業農家を補完する機能から包摂する機能へと転化した。それは2000年以降の農業センサスでの販売農家数の激減に端的に示されていた。共同稲作経営組合が稲作経営をも主宰することになり、営農組合の構成員の水田の経営権が同組合に移行したとみなされた。これらに属する営農組合の構成員の多くが、自給的農家や土地持ち非農家に転化することとなる。水田経営所得安定対策による経理の一元化による営農組合の再編・統合によりそれは加速された。

　機械作業に従事するオペレーターの8割近くが兼業従事者である。兼業従事者以外は、ほとんどが定年帰農者であり、専業農家はわずかである。うち中心的なオペレーターは、定年帰農者や自営業者である。その労賃等の最高受給者の年間受給額は平均146万円であり、これのみで自立できる水準にはない。ただし、旧海津町のような経営面積が50haを超えるような組織になれば、中心オペには年間所得として500万円程度が確保される[16]。

水管理作業は、特定の数名が担当しているところがほとんどであり、管理の熟練者による周密管理により組織としての安定した収入の確保を図ろうとしている。これに対し、草刈作業には約7割の構成員の参画がある。土地持ち非農家となっても、自己保有地の草刈作業などには引き続き従事している。なかには農用機械をまだ保有し、耕作意欲と能力を保持している者もいる。管理作業にも従事できずに、事実上、完全に地主化していると思われる構成員の割合は2～3割程度に及んでいる。

　利用権を設定し、完全に地主化すれば、地主の収入となるのは10a当たり2万円程度の地代のみである。これに対し管理作業も委託しても営農組合員にとどまれば、地代（配当内金）に加え、配当金（外金：10a当たり2～4万円程度）が支給される[17]。全ての助成金が営農組合に交付される仕組みとなり、しかも集団加算など交付額も大きい。生産の組織化とともに、経営の一元管理により助成金制度を有利に運用もし、配当金の確保という共同利益を享受している。結果として出資に対して高配当が確保できている。なかには、高配当を目的として農地を取得する動きもある。

　現状の組織のままでの法人化には消極的なところがほとんどである。それは、それにより厳密な経営管理や中心的な従事者に他産業並の所得を保障するなど、新たな負担が求められることになるからである。それは、配当にも影響が出てくるとみられている。

　このように、旧平田町では集落営農組織が受託組織から協業組織へと展開し、経営の主宰が個別経営から組織経営へ移行することにより、組織は兼業農業を補完する関係から包摂する関係へと転化した。集落営農組織が水田農業の担い手となっているものの、約7～8割が兼業の傍ら管理作業に従事しており、農業への関わりを持ち続けている。

　今後、さらなる組織間の連携・統合のなかで、法人化が検討されてくることが想定される。利用権設定をして地主化する者の割合も徐々に高まることも予想される。しかし、たとえJA支店あるいは旧村単位で集落営農組織の合併・法人化が行われたとしても、当面は集落を単位とした班組織のような

基礎組織が残ると思われる。ここを基礎として構成員農家が引き続き管理作業に従事し、また道の駅などへの出荷に向けた野菜生産にも取り組む可能性が高い。

注
（1）この研究成果は、御園（1986）などにまとめられている。
（2）詳しくは、前掲荒井（2010a）を参照のこと。
（3）平田町は「ごく普通の平地農村、…安城型にはならず集団的組織によって兼業農業がそのまま維持される…「平凡な」しかも一般性をもつ」（犬塚昭治「いまなぜ平田町か―低所得兼業地帯の兼業農業再編―」御園（1986）所収、363ページ）ところとして位置づけられている。
（4）同上、369ページ。
（5）有本信昭「稲作営農組合の類型と性格」（御園（1986）に所収、408ページ）による。
（6）同上、410ページ。
（7）犬塚昭治「兼業農家の存在形態と性格」（御園（1986）に所収、404ページ）。
（8）同上、406ページ。
（9）犬塚昭治「兼業農家の滞留と再編の課題」（御園（1986）に所収、477ページ）。
（10）荒井（2004a）、258ページ。
（11）荒井聡「大区画化に伴う受託組織等の再編強化による基幹作業の全町受委託体制の構築―岐阜県海津郡平田町高須輪中2期地区―」（『平成14年度事業効果フォローアップ検討調査（農地流動化促進効果調査）報告書』全国農地保有合理化協会、2003に所収）による。
（12）例えば、荒井（2004a）で示したように、大尻機械化営農組合のなかにオペレーターにより作られた大空営農組合がそれである。なお、大空営農組合は水田経営安定対策による組織一元化のため解散し、新しい営農組合に統合された。詳しくは、荒井（2010a）を参照のこと。
（13）詳しくは、前掲荒井（2003）を参照のこと。また、前掲犬塚（1986）「兼業農家の滞留と再編の課題」でも、「他面では、いわゆる商業的農業発展への道をひらき、その専業化を促進するという、分解促進的役割を果たしている」（同、473ページ）と指摘している。
（14）荒井（2010a）、89ページ。
（15）荒井「海津市における集落営農組織再編の新動向」（荒井編著（2010）に所収）に詳しい。
（16）（17）旧海津町の営農組合については、荒井（2010a）を参照のこと。

第6章

兼業深化地帯における水田農業の担い手と集落営農
―美濃平坦地域を中心に―

第1節 課題と方法

　岐阜県は経営耕地に占める水田の割合が高く、田を経営する農家割合も高い。小規模ながらも機械を自ら保有し、管理作業や販売まで含めて自己完結的に稲作を経営する農家が多い。労働市場の展開とともに早くから在宅兼業化が進行し、それとともに兼業稲作が定着してくる。

　経営規模が小さく、かつ水稲単収も低いため、稲作収益は相対的に劣る。いわば限界地・限界経営が分厚く存在することが岐阜県の特色でもある。そのため、米価低下のなかで耕境外へ追いやられる水田も相対的に多く、水田面積の減少率は高く、耕作放棄も多くみられる。

　しかしながら、機械化の進展過程で、機械の共同利用組織、機械作業受託組織などの農業生産組織も形成され、これへの参加率は比較的高い。これら農業生産組織は集落を基礎としているものが多く、集落営農組織としてこれら小規模兼業稲作の経営を補完してきている[1]。自ら機械を保有する自己完結型の経営の割合は徐々に低下しており、これらの組織に補完されて、家族経営を継承してきている。同じ東海地域でも、ドラスチックに個別担い手に農地が集積されている愛知・静岡とは、基本的に稲作の生産構造が異なり、むしろ岐阜のそれは北陸・近畿に近いと言える[2]。

　水田の基盤整備の進展とともに圃場区画は拡大し、農用機械の性能も高度化してきている。こうした作業の効率化は一面で、土日対応の兼業稲作を容

易にもしてきている。他方で、一区画のなかに複数の所有者がいて仮畦畔が設置され、また圃場が分散するなどの問題を含んだままのところも散見される。こうしたなかで、作業の共同化のみならず、農地利用の効率化・面的集積まで踏み込んだ集落営農の展開がみられるようになる。特に、大区画圃場整備が行われ、用排水分離が行われた地域においては、集団転作への取組の過程で集落営農組織は、徐々に経営体としての内実をもってくる。そしていくつかの組織では、受託組織から協業組織へと移行し、家族経営を補完する組織から包摂する組織へと展開した。とりわけ、集落営農組織の経理一元化・法人化計画を求めた水田経営所得安定対策の実施過程でこれらの変化が顕著にみられた[3]。ここにおいて「集団」が「個」を包摂する関係へと進展し、「個」と「集団」が新たな発展段階に入ったといえよう。

だが、こうした条件をもつ地域は岐阜県のなかでは、木曽三川下流域の平坦で用排水の分離が進んだ水田地帯に限定される。岐阜県では未整備や圃場整備は済んでも用排水未分離の水田も4割近くある。これらの地域では、転作も個人で対応しているところが多く、稲作は基本的には個別に経営されている。こうした地域においては、労働力不足の受け皿が無く、水田の耕作放棄も懸念されるところが少なくない。こうした事態に対応し、農地の維持管理を主目的とした営農組織作りが進められている。ここでは集落での合意に基づいて新たな営農組織を作り、合理的・効率的な水稲作業に取り組み水田を維持・管理してきている。いわば農業の再構成を通じた地域再生の試みとして位置づけることができる。

そこで本章では、まず岐阜県の水田農業と担い手の特徴を統計的に明らかにし、次いで岐阜県水田農業の典型事例として岐阜市をとりあげ、個別完結の経営が多い地域における営農組織の立ち上げによる地域再生の試み、営農組織による農家の補完や農地維持管理体制のあり方、JA出資法人との連携方法の特徴について実証的に明らかにする。もって新たな段階における水田農業の活性化を通じた地域再生のポイントについて考察する。

第2節　岐阜県の水田農業と担い手の特徴

1　水田の整備状況

「耕地面積統計」2007年によれば、岐阜県の耕地面積は5万8,900haで、うち田が4万5,200haである。県の水田率は76.7%（全国54.4%、東海68.5%）と高い。地域別には、西濃（86.0%）、東濃（80.1%）などの平坦地を多くかかえる地域で水田率が高い（**表6-1**）。

うち農振農用地区域にある田の面積は3万6,796ha（81.4%）である（2006年12月31日現在）。そのうち、水田整備がされているものは3万4,790ha（94.5%）であるが、圃場整備が実施されている田は2万2,603haであり、整備率は61.4%にとどまる（2008年3月31日現在）。地帯別の圃場整備実施率は、平地61.6%、中山間61.3%とほぼ同水準である。

また、大区画圃場整備の実施面積は3,037ha（8.3%）である（2007年3月31日現在）。地帯別には、平地15.2%、中山間0.6%と大きな差がある。西濃

表6-1　岐阜県の農地整備状況　水田（2009年3月30日現在）

単位：%、ha

	水田率	農振農用地にある田の割合	農振農用地にある田の面積	農地の整備状況			
				50a以上かつ用排水分離	20a～50a未満で、かつ用排水分離	用排水が未分離で整備済み	未整備
岐阜地域	70.8	57.9	5,127	2.3	43.9	53.4	0.3
西濃地域	86.0	87.4	13,466	20.5	47.9	31.0	0.6
中濃地域	71.4	88.4	7,378	1.2	81.6	15.1	2.1
東濃地域	80.1	85.0	6,089	0.0	52.8	23.3	23.9
飛騨地域	69.8	86.7	4,736	1.4	34.3	58.1	6.3
県計	76.7	81.4	36,796	8.3	53.2	33.1	5.5
岐阜市	77.9	46.9	1,493	4.8	14.9	80.3	0.0
中山間計				0.6	60.9	27.9	10.5
平坦地計				15.2	46.1	37.9	0.8

資料：岐阜県農政部資料より作成
注：水田面積率は、「耕地面積統計」2007年より算出、それをもとに農振農用地にある田の割合を算出。農振農用地にある田の面積は2006年12月末日の数値。

平坦地帯で大区画圃場整備が実施されている。

　田の整備状況は、次の通りである。まず「標準区画50a以上かつ用排水分離がなされたもの」は3,037ha（8.3％）である。西濃地域（20.5％）のみその整備率が高い。次に、「標準区画20a～50a未満で、かつ用排水分離がなされたもの」は、1万9,566ha（53.2％）と最も多い。地域別には、河川中流域に位置付く中濃地域が81.6％と高い。そして、「用排水が未分離で整備済みのもの」が、1万2,187ha（33.1％）ある。地域別には、飛騨地域58.1％、岐阜地域（53.4％）が高い。さらに「未整備のもの」は2,006ha（5.5％）にとどまるが、東濃地域（23.9％）ではその比率が高い。

　言うまでもなく、水田転作のため麦・大豆は用排水が分離された圃場で栽培可能である。未整備や用排水未分離の圃場が多い地域では、麦・大豆の栽培が少ない。その場合、転作団地の集団化のきっかけが少なく、個別に対応することとなっている。次に水田利用の現状をみていく。

2　水田利用の現状

　2007年には岐阜県4万5,200haの水田に、2万5,300ha（56.0％）の水稲が作付けされた。生産調整面積は44.0％に及び、継続してその目標を達成してきている。水田生産調整の内訳は、保全管理4,310ha、野菜3,200ha、麦2,760ha、大豆2,370ha、蜜源レンゲ1,809ha、地力作物1,458ha、飼料作物882ha、六条大麦110ha、景観形成作物102haなどとなっている[4]。水稲品種ごとの栽培面積は、順にハツシモ9,110ha（36.0％）、コシヒカリ7,770ha（30.7％）、あさひの夢1,770ha（7.0％）などであり、上位3品種で73.7％を占めている。ハツシモは粒が大きく、地元銘柄として人気が高い。

　2007年産の水稲作況指数は97で、収穫量は11万9,700tである。多くが県内で消費される。10a当たり水稲収量は473kgで、平年収量は488kgとなる。全国平均の平年収量529kgよりも岐阜県のそれは41kg低く、低単収地帯である（**表6-2**）。

　主要品種の10a当たり単収と収穫量は、ハツシモ449kg・4万0,900t（34.2％）、

第6章　兼業深化地帯における水田農業の担い手と集落営農

表6-2　田の利用状況と作物別10a当たり収量（2007年）

単位：％、kg/10a

	田の面積に対する作付面積率			10a当たり収量			水稲10a当たり平年収量
	水稲	小麦	大豆	水稲	小麦	大豆	
全国	66.0	8.3	5.5	522	434	164	529
東海3県	63.7	9.6	7.0	491	317	165	503
岐阜	56.0	5.9	5.6	473	337	154	488
岐阜地域	58.0	2.3	0.8	456	318	138	465
西濃地域	57.5	14.7	12.4	457	344	168	466
中濃地域	55.3	2.1	3.1	485	279	100	495
東濃地域	51.3	0.03	3.2	502	50	103	518
飛騨地域	55.7		1.4	495		153	532
岐阜市	57.9	1.8	0.4	466	309	157	476

資料：『岐阜県農林水産統計年報』より作成
注：岐阜県内の地域別平年収量は、作況指数より逆算して算出。

コシヒカリ490kg・3万8,100t（31.8％）、あさひの夢490kg・8,670t（7.2％）などである。ハツシモは晩稲品種で、単収は低い。しかし地元での嗜好性が高く、価格はやや高めである。それは岐阜・西濃地域を中心に栽培されている。そのためもあり、岐阜・西濃地域の水稲単収はやや低めとなっている。すなわち地域ごとの単収は、岐阜地域456kg（作況指数98　平年465kg）、西濃地域457kg（作況指数98　平年466kg）で低くなっている。これに対し、飛騨地域495kg（作況指数93　平年532kg）、東濃地域502kg（作況指数97　平年518kg）、中濃地域485kg（作況指数98　平年495kg）では高くなっている。特に飛騨地域の平年単収は全国平均よりもやや高い。

　小麦の作付面積2,650ha、大豆の作付面積2,550haのほとんどは田で栽培されている。県での田の面積に対する作付面積率は、麦が5.9％と全国に比べやや低く、大豆は5.6％と全国並みである。その作付は西濃地域に集中しており、小麦2,270ha（85.6％）、大豆1,910ha（74.9％）がこの地域で栽培されている。また10a当たり収量は、小麦337kg、大豆154kgとともにやや低い。特に西濃地域以外のその単収は低い。

　岐阜県では、1995年から生産性と調和できる幅広く実践可能な環境にやさしい農業として「ぎふクリーン農業」を推進している。その定義は、有機物

等を活用した土作りを基本とし化学肥料及び化学合成農薬の使用量を慣行栽培に対して30％以上削減した栽培技術体系であり、1999年から表示制度を開始した。2009年3月末現在で、米が5,843ha（23.1％）、小麦が150ha（5.6％）、大豆が1,976ha（77.5％）の作付農地がこれに登録されている。うち50％以上削減の特別栽培に相当する面積は、米1,835ha（7.3％）、小麦0.4ha（0.02％）、大豆50ha（2.0％）である。クリーン農業での化学肥料及び化学合成農薬の使用量の削減により、収量は低下するものの、独自販売などにより非クリーン米に対して単価はやや上昇し、収入としてはほぼ同額を得ている。また、水質改善、生物多様性の保全などの環境保全にも寄与していることが明らかにされている[5]。

3　水田の担い手の特徴

　岐阜県2005年センサスでは、田のある農業経営体の割合は95.2％（都府県87.8％）と高く、ほとんどに田がある。しかし一経営体当たり田の平均面積は74.7a（都府県108.3a）と小さく、また稲を作った田の割合も66.6％（都府県73.6％）と低く、稲を作った田の平均面積は50a（都府県82a）と小さい。

　経営耕地面積に占める自給的農家や農家以外の農業経営体の割合が相対的に高い。経営耕地面積に占める自給的農家の割合は13.4％（都府県5.8％）、また販売農家以外の農業経営体の割合は10.8％（都府県5.0％）である（**表6-3**）。

　また農業生産組織へ参加している販売農家の割合が16.5％（都府県14.7％）とやや高いことも特徴である。組織への参加率は、「機械・施設の共同利用組織」が9.6％（都府県11.2％）、「委託を受けて農作業を行う組織」7.1％（都府県4.9％）、協業経営体2.6％（都府県1.4％）である。共同利用組織、委託組織、協業組織の順で参加率が高いが、都府県との比較では、共同利用組織の参加率はやや低く、委託組織と協業経営体への参加率は高く、より進んだ組織への参加となっている。岐阜県では、農業生産組織のような農家以外の農業経営体により小規模農家を補完する関係が先行して作られていると思われる。

第6章 兼業深化地帯における水田農業の担い手と集落営農

表6-3 経営形態別にみた経営耕地および借入耕地の状況

単位：%、a

		農業経営体			自給的農家
		小計	販売農家	販売農家以外	
経営耕地総面積の構成比	都府県	94.2	89.2	5.0	5.8
	東海	89.2	83.5	5.7	10.8
	岐阜	86.6	75.8	10.8	13.4
借入耕地面積の構成比	都府県	98.9	83.1	15.9	1.1
	東海	98.5	77.6	20.9	1.5
	岐阜	97.8	54.6	43.2	2.2
経営耕地総面積に占める借入耕地面積の割合	都府県	23.4	20.8	70.0	4.1
	東海	25.8	21.7	84.9	3.4
	岐阜	26.0	16.6	92.3	3.8
一経営体・戸当たりの借入耕地面積	都府県	101	86	1,097	10
	東海	94	75	1,278	8
	岐阜	96	55	1,692	8

資料：2005年『農業センサス』より作成

表6-4 水稲作作業を委託した農家数割合

単位：%

	水稲作作業を委託した農家数	水稲作の作業種類別農家数						
		全作業	作業別に委託した					
			実農家数	育苗	耕起・代かき	田植	防除	稲刈・脱穀	乾燥・調整
都府県	48.2	4.7	43.6	17.4	6.5	11.1	12.1	22.0	33.2
東海	51.9	6.6	45.5	24.6	8.9	12.2	7.7	24.6	38.8
岐阜	72.5	8.4	64.2	36.6	10.0	16.1	18.3	31.7	54.3

資料：2005年『農業センサス』より作成

また水稲作作業を委託した農家割合も72.5％（都府県48.2％）と高い（**表6-4**）。作業別にみても、全作業8.4％（都府県4.7％）、耕起・代かき10.0％（都府県6.5％）、田植16.1％（都府県11.1％）、稲刈・脱穀31.7％（都府県22.0％）などといずれも高い。全作業委託を含めれば、主要3作業の委託農家率は耕起・代かき18.4％、田植24.5％、稲刈・脱穀40.1％となる。共同利用組織への参加農家率9.6％を含めれば、機械の共同利用や機械作業の委託によって、規模の零細性を集団的にある程度カバーしていることがわかる。

農用機械を所有する農業経営体（家族経営のみ）の割合は、機種ごとに乗

用トラクター78.3％、乗用田植機64.8％、コンバイン48.1％とほぼ全国並みの水準である。コンバインの所有率から推定すると、約半分弱が自己完結的に稲作を営んでいることになる。他方、経営耕地が1ha未満の経営体は数で80％を占める。これを経営耕地面積規模別にあてはめて類推すると、1ha以上の階層では機械を一式所有するが、0.5ha〜1ha層では部分的な所有となり、0.5ha未満の階層は機械を所有しない、ことになる。

4　借地の状況

　岐阜県の借入耕地のある農家の割合は17.6％（都府県23.9％）、また借入耕地面積の割合は14.7％（都府県19.8％）である。うち販売農家のそれは、戸数24.2％（都府県31.4％）、面積16.6％（都府県20.8％）であり、ともに都府県平均に比べ低く、農家レベルで借地はあまり展開していない（前掲表6-3）。

　ところが農業経営体レベルでみると、借入耕地のある経営体数割合は24.3％（都府県31.1％）と低いものの、その借入耕地面積率は26.0％（都府県23.4％）と高くなる。農業経営体の経営耕地の4分の1以上が借入れとなっている。これは農家以外の農業経営体による借地の進展を意味している。すなわち岐阜県の農家以外の農業経営体は975経営体で、5,111haの経営耕地（1経営体平均5.24ha）があるが、うち279経営体（28.6％）に、4,720ha（92.3％）の借入耕地がある。それは県の借入耕地面積の43.2％（都府県15.9％）に相当する。農家以外の農業経営体の経営耕地はほとんどが借入れであり、借入耕地のある農家以外の農業経営体の借入面積は、平均16.9haと大きい。このように農家以外の農業経営体により借地が比較的展開していることが岐阜県の特徴である。

　岐阜県で法人化している農業経営体は382経営なので、農家以外の農業経営体も多くは非法人の任意組織である。また集落営農組織は302組織あり、うち法人は58組織である（2009年2月）。それを構成する農家の平均戸数は71.4戸である。一組織当たり平均の経営耕地は18.8ha、農作業受託面積は12.1haである。経営耕地はほとんどが借地と思われる。2007年から2008年に

かけて経営耕地と農作業受託面積の割合が逆転した。水田経営所得安定対策に対応して、経理の一元化を進め、受託組織から協業組織へと転換した組織も多い[6]。

5　水田経営所得安定対策への対応

　岐阜県の農業経営体のうち家族経営で5ha以上のものは290経営体（0.2％）にすぎない。3～5ha層の419経営体（0.5％）を含めても、安定対策での4haの規模要件を満たす経営はごく一部に限られる。水田農業の個別担い手農家の成長が微弱で、特例を考慮しても安定対策の加入対象となる農家割合は小さい。そのため岐阜県では水田経営所得安定対策への対応としては、法人組織や任意の集落営農組織の割合が高くなっている。

　2007年度岐阜県の旧：品目横断的経営安定対策での米の加入面積は4,440haであり、それは2006年米作付面積2万5,700haの17.3％（全国25.9％）のカバー率にとどまる。4麦合計の加入面積は2,721haであり、2006年作付面積2,600haに対するカバー率は104.7％（全国93.3％）と高く、過去実績なしに新たに麦作に取組み始めた経営もある[7]。

　また大豆の2007年加入面積は2,171haであり、2006年作付面積2,430haの89.3％（全国77.5％）をカバーしている。このように岐阜県では、米の安定対策の加入率は低く「担い手」への集積も進んでいないが、麦・大豆についてはほとんどが「担い手」に集積されていることがわかる。

　安定対策への加入組織数は、個別経営251戸、法人経営71組織、任意の集落営農104組織で、合計で426経営体である。加入組織数に占める集落営農の割合が24.4％（全国8.7％）と高い。任意の集落営農104組織のうち73組織が西濃地域に集中している。他の地域は、概ね個人ないし法人を中心として対策に加入している。郡上、東農、飛騨、下呂の各地域では、安定対策に加入している任意の集落営農はない。

　また地域ごとの米の対策加入面積率は大きく異なる。すなわち加入率が高いのは西濃37.0％、揖斐27.6％のみである。それ以外は、飛騨12.3％、中濃

表6-5 岐阜県における JA 出資農業生産法人の経営概要

単位：％、ha

JA名	設立年	JA出資割合	利用権設定					作業受託					取得金額(百万円)
			水稲	麦	大豆	その他	計	水稲	麦	大豆	その他	計	
岐阜	2002	98.5	0.3				0.3	122.8	10.0			132.8	49
各務原	2004	95.2	9.3			コーン1、里芋1	14.0	15.0			里芋1	16.0	16
羽島	2004	96.7	12.0	2.0		レンゲ6	20.0	10.7	2.3		レンゲ39	52.0	29
西美濃	2004	99.6					0.0	10.0	24.3	48.0	レンゲ2.7	85.0	48
揖斐川	2002	96.6	24.0	16.0	10.0		50.0	3.0	49.0	39.0		91.0	40
めぐみの	2005	96.6	6.0		2.0	コーン1.8、枝豆1、ソバ2	12.8	11.9				11.9	15
東美濃	2004	98.0					0.0	71.0		2.6	ナス1、チコリ2.3	76.9	33
平均	2003.6	97.3	7.4	2.6	1.7	2.2	13.9	34.9	12.2	12.8	6.6	66.5	32.9

資料：岐阜県農協中央会資料より作成
注：いずれも有限会社、2005年実績。

11.6％、岐阜8.7％、東濃7.2％、可茂4.3％、郡上4.3％、恵那3.6％、下呂2.7％と低くなっており、ほとんどが自己完結的な小規模兼業家族経営で稲作が営まれている(8)。

こうした兼業稲作を支える組織としてJA出資農業生産法人が岐阜県でも設立されている。前身の農協の受託部会を順次改組し、別会社として組合員からの委託を受け、作業を受託しており、一部では利用権設定も行っている。それは2002〜05年にかけて、何れも有限会社として設立されている（表6-5）。JAの出資割合は平均97.3％である。個人、法人、任意の集落営農などの担い手がいない地域において、いわば農地管理の「最後の受け手」として活動を展開している。2005年実績では、平均で利用権設定13.9ha、作業受託面積66.5haとなっている。米・麦・大豆に加え、里芋、枝豆などを直営しているところもある。

次に、岐阜県における典型的な兼業深化地域の事例として、岐阜地域の岐阜市をとりあげて、水田農業担い手の特徴をみていくことにする。岐阜市では個人の担い手の成長が微弱で、稲作は基本的には在宅兼業による家族経営で行われている。しかし、労働力不足や機械化への対応として、地域の営農組織（法人化したものも含む）や全市の領域で活動するJA出資農業生産法人が補完・支援体制を組んできている。そこでこれら組織の機能と役割を現

状に沿って整理しつつ、水田経営所得安定対策を経て兼業深化地帯における水田農業の担い手形成の状況について考察していく。

第3節　岐阜市における担い手と集落営農

1　岐阜市水田農業と担い手の特徴

　県都である岐阜市は、岐阜県南部の濃尾平野の北端、長良川中流域の扇状地帯に位置する。冬季は降水量が少なく温暖で、夏季は高温多湿の気候である。2007年の耕地面積は4,080haで、うち3,180ha（77.9％）が田である。1953年以降に農地整備事業が行われ、市全域で既に完了している。

　農振農用地区域内の水田は1,493ha（46.9％　2006年12月31日）にとどまり、多くの水田は市街化区域内にある。農振農用地区域内の水田は100％整備が済んでいるが、圃場整備が実施済みのものは294ha（19.4％）、うち大区画は71ha（4.8％）にとどまる。10a程度の小区画圃場が多い。田の整備状況では、「標準区画50a以上かつ用排水分離がなされたもの」は70ha（4.8％）である。「標準区画20a－50a未満で、かつ用排水分離がなされたもの」は223ha（14.9％）と用排水分離の割合が低く、「用排水が未分離で整備済みのもの」が1,199ha（80.8％）と多い。「未整備のもの」はない。天井川である長良川が市中心部を貫流し、地下水位も高く、ポンプアップ灌漑も行われている。そのため水田転作としての麦・大豆の栽培適地も限定される。

　作付面積は水稲1,840ha、小麦47ha、大豆4 haである。また10a当たり収量は水稲466kg、小麦309kg、大豆157kgとやや低い。水田生産調整は、主としてみつ源レンゲ600ha、保全管理などとして実施されている。土地条件の制約もあり麦・大豆の栽培面積が少なく、集団転作率も10％程度にとどまる。

　2005年センサスの総農家数は7,184戸で、うち自給的農家が2,842haと39.6％を占める。センサス定義外の「農家」を含め、水田保有世帯は約8,300戸にのぼる。一戸当たりの水田面積は約36aである。男子生産年齢人口がいる専業農家は176戸（2.5％）にすぎず、通勤兼業条件に恵まれていることもあ

り兼業化の進展が著しい。

　5ha以上層は12戸、3～5ha層も20戸に限られ、零細規模農家が大勢である。市の水田農業ビジョンに位置づけられた土地利用型経営体は46経営体であり、その内訳は個別経営17、法人経営8、集落営農組織21である。個別経営・法人経営は認定農業者でありほぼ安定対策にも加入しているが、集落営農組織の安定対策加入はごく一部である。

2　集落営農組織の状況

　岐阜市では、集落を基礎とする34の営農組織がある。いずれも機械作業を受託する組織である。うち3組織は活動を停止している。活動エリアが1集落中心の単一集落型が12組織、複数集落にまたがる（旧村やJA支店をエリアとする場合が多い）組織が22組織である。

　これら組織で、主要3作業（耕起・代掻、田植、稲刈）のうち受託している作業数別にみた組織数は、3作業・19組織、2作業・4組織、1作業・6組織、0作業・2組織（乾燥・調整のみ）である（表6-6）。活動エリアが広範囲になるほど、組織の受託作業数が増加する傾向にある。

　主要3作業のうち1作業でも受託がある営農組合は29組織である。作業別の受託組合数は、耕起26組織（90％）、代掻20組織（69％）、田植19組織（66％）、収穫25組織（86％）である（表6-7）。部分3作業平均に全作業を加えた作業受託面積に経営受託面積を加算した面積の平均は6.2haである。単一集落型組織の面積が5.5ha、複数集落型組織が7.7haと、複数集落型がやや大きい。

　また、1組織当たりの組合員数は23人である。うちオペレーター平均人数は6.6名である。単一集落型のそれは8.3名、複数集落型が6.2名である。単一集落型は作業面積が小さいがオペレーター数は多く、構成員の参加割合は比較的高い。オペレーター1人当たりの平均作業面積は、単一集落型が0.66ha、複数集落型が1.24haである。またオペレーターの平均年齢（単純平均）は、61.4（48.3～72.5）歳である。50代後半から60代前半の男子がオペの主たる

表6-6 基幹3作業の受託数別営農組合数

単位：組織

	3作業	2作業	1作業	0作業	計
集落型	3	3	2	1	9
広域型	16	1	4	1	22
合計	19	4	6	2	31

出典：岐阜市資料より作成、岐阜市2005年実績。
注：基幹3作業は、耕起・代掻、田植、稲刈である。

表6-7 岐阜市営農組合の事業実績（2005年）

単位：組織、人、ha

| | 組織数 | 組合員数 | オペレータ人数 | 作業受託 | | | | | 経営受託 | 3作業平均＋全作業＋経営受託 |
				耕起	代掻	田植	収穫	全作業		
集落型	8	22.1	8.3	4	2.9	4.2	6.2	0	0.9	5.5
広域型	21	23.2	6.2	6	4.5	5.4	11.1	0.4	0	7.7
合計	29	23	6.6	4.9	3.6	4.5	8.7	0.2	0.2	6.2
該当数				26	20	19	25	2	2	

出典：岐阜市資料より作成

担い手である。

　これらの営農組織はいずれも任意組織として活動を行ってきたが、うち4組織が安定対策への加入に備えて、有限会社として法人化した（うち3社は商法改正直前の2006年）。うち1社が「集落型」、3社がJA支店単位の「広域型」である。4社とも過去3年平均で5.9～17.0haの麦栽培実績がある。

3　営農組織の農業生産法人化の状況

（1）安定対策と営農組織の農業生産法人化

　2007年度の品目横断的経営安定対策の市での加入経営体数は、個別経営11戸、法人4組織、集落営農1組織の合計16経営体に限定される。加入面積は米87ha、麦53ha、大豆1haで、加入面積率は米4.7％、麦87％、大豆6％である。麦の加入率は高いものの、米と大豆の加入率は著しく低い。経営安定対策に加入した集落営農組織も1組織にとどまる。米の加入面積割合は4.7％と低い。これは、第一に同対策の加入対象となる上層農家が限られている

こと、第二に市にいくつかある集落営農組織もいわゆる「5要件」を満たしうるものが少なく加入にまでふみきれなかったこと、などのためである。

加入要件の「見直し」により個人は2名追加された。いずれも3ha前後の経営規模であり、ナラシ対策加入が目的である。またその後、旧村単位の「広域型」営農組織のうち2組織が株式会社となり、安定対策に加入した。うち1社は麦の栽培過去実績（9.6ha）がある。

岐阜市の集落営農組織で農業生産法人化したものは6組織ある。いずれも経営安定対策の加入要件を満たすために、近年あいついで法人化された。多くは旧JAの農作業受託部門を引き継ぐかたちで組織を展開させたものであり、活動エリアは現JA支店や旧村を基礎とするものがほとんどである。組織設立や運営にあたりJAが深く関与している。地域の農地の維持・管理が主目的であるが、法人形態は集落型を含めていずれも会社組織である。事業の中心は作業受託である。6社の稲作主要3作業の受託平均面積は20.4（10.5～40.0）haと比較的大きい（表6-8）。うち5社に麦の栽培過去実績があり、その面積は4.1～15.8haである。転作団地を利用権設定しているところもある。

経営として収入を確保するため、新規作物の取り組みを開始している。麦・大豆・飼料稲という水田転作作物に加え、枝豆、タマネギ、ブロッコリーなどの野菜栽培も行い、農協の指導のもとで市場出荷している。

表6-8 農業生産法人化した営農組織の組織概要

		K社	M社	A社	G社	I社	N社	平均
法人化した年	年	2006	2004	2006	2006	2008	2008	
組織形態		有限	有限	有限	有限	株式	株式	
組織基盤・活動エリア		K集落	M旧村北部	A旧村	G旧村	M旧村南部	N旧村	
オペレーター数	人	11	8	3	9	4	14	8.2
オペレーター平均年齢	歳	58.9	63.9	52.7	58.4	68.5	60.4	60.5
稲作主要3作業受託面積平均値	ha	19.8	40.0	26.1	13.1	12.9	10.5	20.4
麦・過去実績	ha	15.8	4.1	9.3	9.1	7.8	0	7.7
主な導入作物		枝豆	タマネギ	大豆	枝豆	飼料米	ブロッコリー	
		大豆	ブロッコリー	乾燥受託				

出典：岐阜市資料から作成、数値は2005年度のもの。主な導入作物は2009年現在。

麦作は集団転作によるブロックローテーションで面的集積が進んでいるものの、稲作は土地利用調整組織もなく、活動エリアの広域化に比例して分散化が進んでいる。「担い手」が混在する地域においては、法人は「悪い田だけ頼まれる」こともしばしばである。米の反収も低く、麦の過去実績が少ない組織では経営状態が芳しくなく、不作の年などには赤字を計上しているところもある。このような地域においては、たとえ法人が設立されたとしても、耕作放棄地の発生を防止できる保障はない。また、法人化にともない水田管理作業は、自己経営として行うのではなく法人からの委託により行うことになり、一部で管理作業がおろそかとなり単収減となることころも散見される。法人化した営農組織の事例としてK社をとりあげて、運用の実態を確認する(9)。

(2) 単一型集落営農組織の法人化の事例―（有）K社―

（有）K社は、岐阜市北部のK集落を中心に事業展開している。K集落の販売農家戸数は57戸で、うち48戸が第2種兼業農家である。集落の経営耕地面積は55.5haで、うち37.1haが水田で、裏山に樹園地（柿）16.7haが広がっている。柿畑では最近管理放棄がでてきている。

K集落では圃場整備事業をきっかけとして任意のK営農組合が1984年に設立され、受託組織として集落構成員からの作業を受託してきた。また、集団転作の受け皿組織として、転作作業をブロックローテーションにより請け負ってきた。K社は経営安定対策の「担い手」として認定されるべく、前身のK営農組合を発展させて、2006年4月28日に設立された。現在、法人は営農組合時代に構成員であったK集落69戸の農家を主たる顧客として事業を行っている。社員（出資者）数は10人で、オペレーターとしても従事し、また農地の利用権を法人に設定している（**表6-9**）。

法人への利用権設定面積は、6.2haである。苗は法人が一括して管理している。また栽培品種はコシヒカリ、ハツシモで、集落を東西に分けて2品種を栽培している。米はすべて特別栽培米として減農薬で栽培している。そのため水稲の単収は10a当たり360kgと収量は落ちるが、価格は1俵当たり

表6-9　農業生産法人（有）K社の概要

任意組織の設立	1984年、構成農家64戸、オペ8名
組織形態、設立年	有限会社、2006年4月28日
役員	代表取締1名、取締2名、監査1名
社員	10名、他産業従事者含む
オペレータ	社員が兼務、平均58.1歳、平均19日従事
所有機械	トラクター2台、田植機2台、コンバイン2台など
10a当作業料金	耕起5千円、代掻き5千円、田植5千円、稲刈20千円
部分作業受託面積	耕起4.6ha、代掻き9.5ha、田植18.5ha、稲刈19.6ha
利用権設定	6.2ha（水稲は、全て減農薬米）
転作受託（集団）	小麦13.3ha、大豆1.5ha

資料：2006年8月ヒアリングなどにより作成

表6-10　K集落の農業概要と今後の意向

販売農家戸数	57戸（専業8、Ⅰ兼1、Ⅱ兼48）	
経営耕地	56ha（水田37、畑2、樹園地17）	
作業別にみた水稲作業の自作割合（％）	畦畔・水管理	69
	育苗	4
	耕起	55
	代掻	44
	田植	11
	防除	16
	稲刈	13
	乾燥・調製	6
今後の農作業委託の意向（％）	自作	15
	部分作業委託	41
	全作業委託	34
	経営委託	10

資料：2005年農業センサス、2006年12月実施アンケート調査結果より作成。
なお、アンケートは自給農家を含め67戸に配布し、61戸から回答を得た。

1,500円ほど高く販売される。納税猶予地やブロックローテーションを考慮しながら、農地の利用権設定の拡大を検討している。部分作業受託面積は、耕起4.6ha、代掻き9.5ha、田植18.5ha、稲刈19.6haである。

法人化してから間もないこともあり、運営面では任意組合時代とあまりかわることはない。集落の農家の稲作への従事状況が**表6-10**に示してある。育苗、田植、防除、稲刈、乾燥・調製の自作割合は4～16％と低く、法人へ

第6章　兼業深化地帯における水田農業の担い手と集落営農　　137

の作業委託が進んでいる。しかし畦畔・水管理作業は約7割の農家が個人で実施している。

また今後の農作業委託の意向の数値からも現状維持志向が強い。機械作業を委託しつつ管理作業は自家で行うことを志向している。経営委託を志向する農家は10％にとどまる。自作意向も15％にとどまるが、経営規模が大きい層ほど自作意向割合は高まる。

4　JA出資農業生産法人・援農ぎふによる作業受託実績

(1) 耕作放棄の状況と作業委託

岐阜市の2005年の耕作放棄地率は3.5％と低い。在宅兼業機会に恵まれ家の後継者がいるなど労働力も一定確保され、また平地に位置し水田面積も小さいことから、耕作能力が十分にあるものと思われる。しかしこれを旧村単位でみると、0.7～11.3％と大きな開きがある。概して、作業委託率の高い旧村では耕作放棄地率が低い。機械作業ができなくなった場合の受け皿としての営農組織の活動が耕作放棄を防いでいるものと思われる。

例えば、最も委託率の高い機械作業である稲刈作業の委託率と耕作放棄地率とでは、図6-1に示すように、緩やかな負の相関を確認できる。営農組織に補完されて家族経営により兼業稲作が行われ、耕作放棄を防いでいるともいえよう。

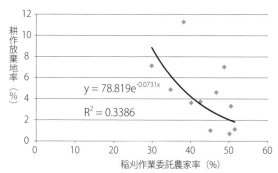

$y = 78.819e^{-0.0731x}$

$R^2 = 0.3386$

図6-1　稲刈作業委託率と耕作放棄地率との相関—2005年岐阜市旧村単位—
資料：農業センサスより作成

しかし、こうした営農組織が旧村内である地域は、32旧村（旧岐阜市の14旧村含む）のうち15旧村（47%）にとどまる。営農組織がないところでの作業委託への要望に応える必要が生じてきた。その役割を担っているのがJA出資農業生産法人「援農ぎふ」である。

（2）「援農ぎふ」による作業受託の状況

岐阜市全域を対象として、稲作作業の受託を行う組織として（有）援農ぎふが2002年7月1日に設立された。主として集落営農組織がない地域の農作業受託をカバーしている。実際は、JA支店単位で調整し集落営農組織と連携しながら作業を分担している。

援農ぎふの前身は農協の受託部会であるが、それには2つの経緯がある。一つは、地域農業の担い手としての「営農さん」がリタイアし、かわりに農協が作業を受託してきた場合である。もう一つは、元々支所（市橋など）単位で農協受託部会が組織されていた場合である。それらが改編され、組織合併にともない援農ぎふに統一化された。主として市街化区域を抱える地域において農地資産保持目的からこのような組織が作られていた。

出資金は1000万円・200口でうち、JAぎふが197口を出資している。役員は4名で、うち組合役員との兼務が1名、組合職員との兼務が3名である。社長A氏、取締役H氏、職員3名の年齢は51歳、36歳、31歳（2006年現在）で、いずれもJAぎふからの出向である。臨時雇用として年間50日・人の雇用が農繁期にあり、一日当たり3〜5人を雇用している。オペ賃金は、一日当たり1万6,000円である。

援農ぎふへの出向職員は、営農部営農企画課の所属とされ、ここで人事考課も行われる。しかし、組織は有限会社として別会社化され、部門別採算制がとられている。2005年度の売上高は5,860万円、当期利益金は80万円である。

援農ぎふの事業は、農作業受託中心である。農用機械は、トラクター10台、田植機3台、コンバイン7台などを、リースや旧農協コントロールセンターからの引き継ぎ（JAぎふ、全農より）などで使用している。その他、マニ

第6章　兼業深化地帯における水田農業の担い手と集落営農　　139

アスプレッダー（堆肥散布車）など若干の保有機械もある。

　2005年度の農作業受託実績は、39地区中、耕起が20地区・224名・55ha、田植が26地区・480名・97ha、刈取が32地区・771名・165ha（1863筆）となっている。

　作業委託の申し込みは、委託農家からJA各支店に行われ、各支店から援農ぎふに報告される。事情により受託を断る場合もある。作業料金は支店で精算され、この時手数料5％が加算される。農作業料金の基準単価は、地域の営農組織に配慮してやや高めの設定になっている。農作業料金は、米価に左右されず一定しており、援農ぎふの収入は安定している。

　稲刈作業では、旧岐阜市内（南長森20戸、木田40戸）、旧茜部村52戸、旧鶉村29戸、旧市橋村181戸、旧鏡島村10戸、旧春近村59戸などからの受託を受けている。

　また、地域の営農組合への受託に関する受付・精算業務をJA支店が行うところもある。その場合は、JA支店に持ち込まれた作業委託を、援農ぎふから各営農組合に再委託する形式をとっている。七郷、日置江、合度、厳美の4支店内での営農組合による作業受託は、全てJA支店から援農ぎふを経由して実施される。

　また援農ぎふでの農地保有合理化事業による利用権設定・農地借入れは、2地区（上西郷、御望、）・4名・95aにとどまる。農地の借入れは米価変動などのリスクがある。また圃場が点在するため草刈などの日常の管理も容易でないため、借入れ面積は抑えている。

　岐阜市を典型事例として兼業深化地域における水田農業の現状について確認してきたが、これをふまえて最後に課題を整理し展望を考察する。

第4節　兼業深化地域における水田農業の担い手の課題と展望

1　集落ごとにみた水田農業の担い手の展望

　2006年9月岐阜市調べ（岐阜市集落営農推進計画）では、集落数380（旧

柳津町22含む）のうち、「担い手」の存在する集落は177集落（46.5％）である。ここでの担い手とは、認定農業者、JA出資法人、集落営農組織（任意）である。5年後の見込みであるが、担い手のいる集落数は、認定農業者中心が73集落、JA出資法人中心が49集落、集落営農組織中心が52集落、担い手混在が3集落である。集落営農組織中心とは、集落の農地の利用集積面積の50％以上を集落営農組織が集積している場合をいう。認定農業者中心、JA出資法人中心も同様である[10]。

これに対し、これら「担い手」が存在しない集落は「自己完結中心」集落であり、それは203集落（53.4％）と過半を占める。農家が自ら機械を保有し、営農も実施している。個別完結型の経営では、生産性向上・低コスト化やブランド化が難しく、生産意欲の減退とともに農地の維持管理すら困難になることも考えられる。そのため、各集落の担い手や営農組織と共存を図り、農作業受委託による農地の集積や、団地化等により作業効率の向上や収益性の向上を図るという生産構造の改善が望まれている。地域の営農組合等が集団により麦などを栽培する余地も若干ながら残されている。耕作放棄を防ぎ、かつ水田を有効に活用するために、個人経営を支える営農組織が必要とされてきている。

2　岐阜市型集落営農モデルとJA出資農業生産法人

岐阜市（岐阜県でも）では個別農家が稲作の基本的な主体であり、それを営農組織が補完する関係にある。しかし法人化まで展開できる営農組織は少数にとどまる。そのほとんどが任意組織で、安定対策にも加入せず、組織を維持している。市としては、こうした組織が農地の維持・管理に果たす役割は大きいと考え、これら組織へも機械購入代金の補助など支援を実施している。すなわち、経理一元化・法人化が困難な集落営農組織でも、次のような条件を備えているところは「岐阜市集落営農モデル」（**表6-11**）として独自の支援対象としている。

第一に、組織の構成員は原則として集落内農家の出資者に限る。第二に、

第6章　兼業深化地帯における水田農業の担い手と集落営農

組織規約は有るが、法人化計画は当面無く、主たる従事者の所得目標も無くてもよい。第三に、機械作業はオペレーターが従事するが、管理作業は地権者が行い、収穫物の販売名義も地権者とする。第四に、農用地の利用集積目標は作業受委託で設定し、農用機械については非更新とするなどの集落内合意形成を行うなどである。こうした支援を受けて、市橋地区と厚見地区では新たな営農組織が立ち上げられた。従来、JA出資法人が受託していたものを、これら組織がかわりに請け負うこととなった。事務作業はJA支店がサポートし、JA出資法人と作業の分担を調整しながら、地域の作業委託の要望に応えてきている。

表6-11　岐阜市型集落営農モデルの概要

項目	目標
構成員	集落内農家の出資者
管理作業	地権者
収穫物の販売名義	地権者
機械作業	オペレーター
規約	有り
農用地の利用集積目標	有り・受委託
集落内の合意形成	有り・機械非更新
主たる従事者の所得目標	無し
法人化計画	当面無し

資料：岐阜市資料、聞き取りにより作成

自己完結型の零細兼業稲作農家が多い岐阜県のような生産構造をもつ地域において、このような組織の設立が地域から望まれている。それは耕作放棄を防ぎ、農地の維持管理をサポートする機能があり、また地域での人の輪の広がりと重なることで地域再生の手掛かりとなるものと思われる。

またJA出資農業生産法人の援農ぎふが活動する地域は全市内に渡り、ともすれば作業地が分散しがちで、効率の面で課題が残る。地域を限定して活動することが援農ぎふにとっても望ましい。また農協としても、地域内での作業委託への対応は、本来地域内にある営農組織が担うことが望ましいと考えている。従来、援農ぎふが担っていた部分を、新たな組織が譲り受け、運営もJA支店や援農ぎふの支援を受けながら、地域内の人材で地域の委託需要に応えていく体制が作られてきている[11]。

こうしたJA、JA出資農業生産法人との連携により新たな営農組織を立ち上げ、地域内の人材を掘り起こし、地域の人の輪を広げることが、新たな段

階での水田農業の担い手作りにも結びついている。

注

(1) 岐阜県を対象とした集落営農組織の実証研究成果は多く発表されている、荒井（2004a）、荒井（2010a）で文献サーベイがされている。
(2) 岐阜県は、富山・石川・福井などと並ぶ集落営農地帯として位置づけられている。詳しくは、小田切（2008）を参照されたい。
(3) 詳しくは、荒井（2010a）を参照のこと。
(4) 交付金体系の変更により近年、用排水未分離農地の多い養老町を中心に飼料用米の生産が伸びており、2009年度のその作付面積は263haである。詳しくは荒井（2010b）を参照されたい。
(5) 調査農家の慣行栽培米の単収・単価は478kg/60kg・1万4,925円/10aに対し、農薬・化学肥料投入量30％削減米は452kg・1万6,961円、50％削減米は438kg・1万8,054円であった（佐々木緑「登録更新制度下のぎふクリーン農業の成果と課題―米作を中心に―」岐阜大学応用生物科学部卒業論文、2010年）。
(6) 岐阜県の集落営農組織の受託組織から協業組織への転換論理については、荒井（2009）で試論を展開しているので参照されたい。
(7) 荒井編著（2009）には、岐阜県で安定対策に加入した任意の集落営農組織のうち32組織の調査事例が収録されている。
(8) 個別完結経営が支配的な岐阜県中山間地の稲作経営の状況については、荒井（2008）などを参照のこと。
(9) 法人化した4組織を含め7つの営農組織の運用の状況と市街化区域内での自己完結経営の特徴が、今井編著（2007）でまとめられている。
(10) 岐阜市農政推進委員へのアンケート結果によれば、「今後の集落内の受委託作業の受け手」として、「援農ぎふに期待」が49.5％と最も多く、特にそれは都市化した地域ほど顕著となる。詳しくは、今井健「岐阜市における水田営農の担い手の現状」（今井編著（2007）に所収）を参照のこと。
(11) 岐阜市市橋地区におけるJA支店単位での営農組織の立ち上げ、及び営農組織とJA出資農業生産法人との連携体制については、張文梅「地域農業振興におけるJA出資農業生産法人の役割」岐阜大学大学院応用生物科学研究科修士論文2010年で詳しく整理されている。こうした取り組みを通じ地域内での農地の維持管理体制が新たに構築されるとともに、組合員と農協との結びつきも深まっていることが実証されている。なお、援農ぎふの機能等については谷口・李（2006）でも分析されている。

Ⅲ部

農政転換期の水田農業と集落営農

第7章

戸別所得補償制度への転換による集落営農の新展開
―岐阜県中山間地地域を中心に―

第1節　課題と方法

　戸別所得補償制度への転換にともなう集落営農組織の形成・運営への影響を考察することが本章の課題である。周知のように同制度は、民主党政権により2010年度から米戸別所得補償モデル事業として開始され、2011年度からは農業者戸別所得補償制度として本格実施されている。旧政権で担い手に対象を絞り実施された水田・畑作経営所得安定対策とは対称的に、全販売農家を対象に広げて実施されている。担い手への重点支援の手法により、水田・畑作経営所得安定対策が集落営農の形成・再編に果たした役割は顕著であった。中小規模農家にとり集落営農への参加メリットが大きく意識されたためである。これに対し、戸別所得補償制度は水稲共済に加入する全販売農家が対象となるため、経営安定対策ほどの集落営農への参加誘導効果はないとされる。

　しかしながら、農家への助成金の交付は、主食用米の作付面積から10aが控除されることから、集落営農を形成することによるメリットも一定担保されることとなった[1]。特に、小規模層が分厚く存在している中山間地域においては、平地に比較して、この「10a控除」メリットが意識されることになる。これにより集落営農数は増加をみる。しかし、新しく設立された集落営農の状況についてまとまった検証はまだされていない。

　そこで本研究では、第一に『集落営農実態調査結果』等の解析を通じ、戸

別所得補償制度への転換により、集落営農の形成や運用がどのように変化したかを、2010年度の動向を中心に明らかにする。第二に、主として岐阜県を対象として、新たに形成された集落営農組織等への営農アンケート調査と、ヒアリング調査を行い、その形成論理と運用の特徴について実態に即して明らかにする。

第2節　戸別所得補償制度モデル対策と集落営農

1　戸別所得補償制度モデル対策での集落営農の位置づけ

　戸別所得補償制度は、「意欲のある農業者が農業を継続できる環境を整える」ことを目的として導入された。水田利活用自給力向上事業では実需者等に出荷・販売することを目的として交付対象作物の生産に取り組むこと、米戸別所得補償モデル事業では生産数量目標に即した生産を行うことが加入の条件となる。これに加え集落営農は、複数の販売農家により構成される任意組織であって、組織の規約及び代表者を定め、かつ、交付対象作物の生産・販売について共同販売経理を行っているもの、が加入要件とされた。法人化計画の策定、20ha以上の経営面積などの水田・畑作経営所得安定対策での集落営農の加入要件と比較すると、それは緩やかになっている。

　米戸別所得補償モデル事業での交付単価は、①定額部分は全国一律単価とし、2010年産米の販売価格にかかわらず10a当たり1万5,000円を交付する、②変動部分は、2010年産の販売価格が標準的な販売価格を下回った場合には、その差額を基に算定された10a当たりの交付単価を交付する、こととされた。

　また米戸別所得補償モデル事業の交付対象面積は、主食用米の作付面積から自家消費米や縁故米分として一律10aを控除した面積とされた。ただし、集落営農が、農業共済資格団体である場合には、組織単位で計算される主食用米の作付面積から10aを控除するとされた。水田・畑作経営所得安定対策のような面積要件はないため、小規模農家も本対策の加入の対象となる。しかし10a控除規定があるため、個別に対応するよりも集落営農を組織した方が、

表7-1 集落営農を組織した場合の所得比較

単位：万円/10a

		個別経営	集落営農経営	差額
販売収入	米	1,088	1,088	0
	飼料用米	72	72	0
	計	1,160	1,160	0
補助金収入	米	241	358	117
	飼料用米	744	744	0
	計	985	1,102	117
収入計		2,145	2,262	117
農業経営費		2,428	1,185	△ 1,243
所得		△ 283	1,077	1,360
一戸当たり所得		△ 7	27	34

資料：農林水産省『戸別所得補償制度に関する資料』（2011年11月）より作成

注：個別経営は0.5ha×40人、集落営農経営も同様に0.5ha×40人で組織した場合。

交付される助成金は多くなる。この米戸別所得補償モデル事業の10a控除規定は、小規模兼業農家が集積する地帯において新たに集落営農を組織することにもつながると見込まれた。

　農林水産省は、米戸別所得補償モデル事業において集落営農を組織した場合の所得比較の試算値を示し、集落営農の組織化を促した。例えば、0.5ha規模の40戸の個人経営が個々に経営する場合と、それが一つの集落営農にまとまった場合を比較し、合計で117万円の補助金収入の差額（一戸当たり2.9万円）が生じることを示した（**表7-1**）。そして、農機具を40戸が個々に所有するのではなく、集落営農として集約するなどにより、コストは半減し、所得は全体として1,360万円増加（1戸当たり34万円）することも示した。

2　戸別所得補償制度モデル対策への集落営農の加入実績

　2010年度戸別所得補償制度モデル対策の支払い実績件数118万3,090件のうち、経営形態が集落営農（任意組織）は7,398件（0.6％）とわずかである（**表7-2**）。しかし、一集落営農の平均構成農家数は32.2戸であり、その構成農家戸数は合計で23万8,227戸に及ぶ。

　米の所得補償交付金別の加入件数で、米戸別所得補償制度モデル事業に加

第7章 戸別所得補償制度への転換による集落営農の新展開

表7-2 戸別所得補償モデル対策の実績件数（経営形態別・2010年度）

単位：件

	支払い件数	個人	法人	集落営農	構成戸数
全国	1,183,090	1,149,505	6,187	7,398	238,277
岐阜	36,849	36,519	171	159	7,865
愛知	16,716	16,625	68	23	636
三重	22,258	22,030	81	147	7,162

資料：農林水産省2011年3月13日公表資料より作成

表7-3 米の所得補償交付金別の加入件数（2010年度）

単位：件、倍

経営形態	米戸別所得補償モデル事業 (A)	ナラシ対策（米）(B)	差 (A)－(B)	倍率 (A)/(B)
個人	996,408	62,328	934,080	16.0
法人	4,693	3,688	1,005	1.3
集落営農	5,093	4,246	847	1.2
計	1,006,192	70,262	935,930	14.3
加入要件	販売農家・集落営農であれば経営規模は問わない。	「認定農業者」または「集落営農組織で一定の経営規模を有すること」		

資料：農林水産省「戸別所得補償制度に関する資料」2011年11月より作成
注：加入要件には、いずれも「米の生産調整の実施」が含まれる。また、ナラシ対策の「一定の規模」とは認定農業者は、都府県で4ha、北海道で10ha、集落営農組織は20haである。

入した経営は100万経営となり、水田・畑作経営所得安定対策のナラシ対策に加入申請した経営7万経営の14.3倍に達した（**表7-3**）。特に、個人経営は16.0倍の伸びとなった。集落営農はナラシ対策への加入が4,246件に対し、米戸別所得補償制度モデル事業への加入が5,093件（1.2倍）で、847組織多い。法人化計画の策定までには至らなくても、共同販売経理に取り組み、モデル対策に加入した集落営農が相当程度あることがわかる[2]。

米の作付規模別に、米戸別所得補償制度モデル事業と水田・畑作経営所得安定対策のナラシ対策への加入状況をみると、5ha以上層は両制度とも加入件数・面積とも大きな差はなく、加入件数は1.1倍の増加にとどまる（**表7-4**）。これが、小規模経営になるほど加入倍率は高まる。特に、0.5ha未満層は、加入件数が600倍以上になっており、加入件数の51％、加入面積の13％を占めている。

表7-4 米の所得補償交付金別の作付規模別の加入件数・面積（2010年度）

単位：千件、千ha、倍

			作付面積規模					
			0.5ha未満	0.5〜1ha	1〜2ha	2〜3ha	3〜5ha	5ha以上	計
加入件数	米モデル事業	(A)	514.4	254.8	138.2	38.3	28.2	32.3	1,006
	ナラシ対策（米）	(B)	0.9	3.1	8.2	10.6	18.4	29.2	70
		(A)/(B)	601.7	83.1	16.9	3.6	1.5	1.1	14.3
加入面積	米モデル事業	(C)	147.9	179.3	189.9	92.7	107.7	409.5	1,127
	ナラシ対策（米）	(D)	0.3	2.3	12.3	26.5	71.4	384.5	497
		(C)/(D)	486.7	76.7	15.4	3.5	1.5	1.1	2.3

資料：農林水産省「戸別所得補償制度に関する資料」2011年11月より作成

さらに『集落営農実態調査（2011）』によれば、農業生産法人化しているものも含め戸別所得補償モデル対策に加入している集落営農数は9,357（加入率63.9％）である。2010年度戸別所得補償モデル対策に加入している任意の集落営農は7,281なので、それに加え2,076の法人化した集落営農が同対策に加入していることになる。それは農業生産法人である集落営農2,274の91％に相当する。

第3節　戸別所得補償制度による集落営農の新動向

1　2011、2012年の集落営農の動向

（旧）品目横断的経営安定対策の実施前後から集落営農数は急増してきたが、2010年2月には対前年比141集落営農の微増にとどまった。ところが、2010年度の戸別所得補償制度モデル対策の実施を経て、2011年2月には、対前年で1,066集落営農の増加（7.9％）となった。集落営農数は2010年1万3,577から2011年1万4,643へと増加している。最近の集落営農数の対前年増加率は2009年・2.9％、2010年・1.0％と停滞していたが、それは2011年には大きく伸びた。解散・廃止の集落営農は393（前年298）であるが、新規のそれが1,459（前年439）と大幅に増加したことが要因である。

うち農業生産法人である集落営農は1,976から2,274へと298（15.1％）増加

した[(3)]。また農業生産法人でない集落営農は、1万1,601から1万2,369へと768（6.6％）の増加にとどまるが、農業経営を営む法人となる計画を策定してない集落営農は＋859（＋14.9％）と大幅に増加している。この反面で、農業経営を営む法人となる計画を策定している集落営農は－91（－1.6％）の減少となっている。水田・畑作経営所得安定対策に2010年産から加入した集落営農数は104にとどまることもあり、法人化計画を策定している集落営農が減少している。農業生産法人、または農業生産法人化計画を策定している集落営農の割合も、2010年57.6％をピークにして漸減している。

2012年は対前年で93集落営農の増加にとどまる。戸別所得補償制度による集落営農の新規設立は、2010年度に集中して行われたことがわかる。そこで、『集落営農実態調査』の2011年と2010年の数値を比較し、2011年度の戸別所得補償制度モデル対策が集落営農形成に与えた影響を中心にみていくことにする。

2 規模の小さい集落営農の増加

2010年から2011年にかけて、集落営農は1,066増加し、その集積面積は6,147ha、構成農家数は1万2,730戸増加した（表7-5）。その増加分の平均をとれば、一集落営農当たりの現況集積面積は5.8ha（経営耕地面積3.0ha、農作業受託面積2.8ha）、構成農家数は11.9戸である。また、集落営農を構成する農業集落数は1.52、現況又は目標集積面積割合が2/3以上の集落営農の割

表7-5 集落営農の現況集積面積、構成農家数等の変化

	年		計（実数）	現況集積面積			構成農家数	集落営農を構成する農業集落数	現況又は目標集積面積割合2/3以上集落営農数
				計	経営耕地面積	農作業受託面積			
			集落営農	ha	ha	ha	戸	農業集落	集落営農
総数	2010	a	13,577	495,137	369,149	125,988	536,936	26,743	6,654
	2011	b	14,643	501,284	372,346	128,938	549,668	28,360	6,779
	2011年の増加分	b-a	1,066	6,147	3,197	2,950	12,730	1,617	125
1集落営農当たり	2010		1	36.5	27.2	9.3	39.5	1.97	0.49
	2011		1	34.2	25.4	8.8	37.5	1.94	0.46
	2011年の増加分		1	5.8	3.0	2.8	11.9	1.52	0.12

資料：農林水産省『集落営農実態調査結果』各年版から作成

合は12%である。このことから、この一年で新たに設立された集落営農は規模が小さく、また集積面積目標ももたないものが多いと考えられる。

3 集落営農の増加率が高い近畿、東北、東海

　この一年の地域別の集落営農組織数の伸び率では、近畿15.6%、東北14.0%、東海8.7%で高い（表7-6）。これらの地域に共通することは、戸別所得補償モデル対策と水田・畑作経営所得安定対策とで集落営農の加入率の差が大きいことである。その差は全国平均で12.8%であるが、近畿22.2%、東北16.5%、東海15.3%などとなっている。

　2010年から2011年にかけての地域ごとの集落営農組織数の増加率と、戸別所得補償モデル対策と水田・畑作経営所得安定対策との集落営農の加入率の差の相関係数は、0.83と強い相関を示している（図7-1）。このことからも、2011年に新設された集落営農は、戸別所得補償モデル対策への加入を契機としたものが多いと考えられる。地域別に近畿、東北、東海などでそのような集落営農が比較的多く設立されている。

　次に、岐阜県を事例として、戸別所得補償モデル対策への加入を契機とし

表7-6　農業地域別集落営農の変化

単位：集落営農、%

	2010年 a	2011年 b	2011年〜2010年の増減数 b−a	2011年〜2010年の増減率 b/a−1	戸別所得補償モデル対策加入している c	水田・畑作経営所得安定対策加入している d	両対策の加入率の差 c−d
全国	13,577	14,643	1,066	7.9	63.9	51.1	12.8
北海道	289	283	−6	−2.1	14.8	17.3	−2.5
都府県	13,288	14,360	1,072	8.1	64.9	51.8	13.1
東北	2,997	3,417	420	14.0	75.2	58.7	16.5
北陸	2,089	2,257	168	8.0	77.6	65.9	11.7
関東・東山	936	994	58	6.2	70.8	60.1	10.8
東海	790	859	69	8.7	51.3	36.1	15.3
近畿	1,771	2,048	277	15.6	60.2	38.0	22.2
中国	1,759	1,840	81	4.6	43.4	31.8	11.5
四国	378	358	−20	−5.3	41.9	37.2	4.7
九州・沖縄	2,568	2,587	19	0.7	64.5	59.5	4.9
岐阜	306	331	25	8.2	66.5	50.5	16.0

資料：『集落営農実態調査結果』各年版から作成

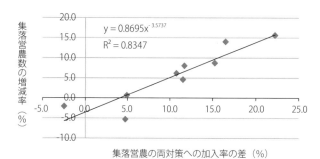

図7-1 農業地域別にみた集落営農の両対策への加入率の差と集落営農数の増減率との相関

資料：表7-6から作成
注：「両対策」とは「戸別所得補償モデル対策」と「水田・畑作経営所得安定対策」

て新しく設立された集落営農の特徴についてみていく。岐阜県の集落営農は、2010年の306から2011年の331に25（解散・廃止8、新設33）、8.2％増加した。ほぼ全国平均並（7.9％）の増加率である。

第4節　戸別所得補償制度による新設集落営農の特徴—岐阜県の事例—

1　岐阜県の集落営農の動向

「集落営農地帯」の一角をなす岐阜県では、比較的早い段階から平坦地域で集団転作組織として集落営農が形成されてきた。品目横断的経営安定対策が実施されても、集落営農数に大きな変化はなかった。しかし、2011年2月には、対前年比25集落営農（8.2％）増と、集落営農数に大きな伸びがみられた（**表7-7**）。

しかし、集落営農の現況集積面積の増加は9,851haから9,998haへと147haと比較的小さなものにとどまる。経営耕地面積は＋309ha増加しているが、農作業受託面積は－162ha減少しており、集落営農の経営体としての強まりがみてとれる。1集落営農の平均集積面積は、32.2haから30.2haへと減少し

表7-7 集落営農の組織形態の推移（岐阜県）

単位：組織

調査年月	実数	解散・廃止	新規	法人 小計	農事組合法人	会社 株式会社	会社 有限会社	うち農業生産法人	農業生産法人ではない	うち農業生産法人化計画を策定している
2006.5.1	301	20	19	42	24	―	18	35	266	23
2007.2.1	300	26	25	52	34	―	18	45	255	61
2008.2.1	306	11	17	56	38	―	18	50	256	107
2009.2.1	302	22	18	58	41	17		53	249	114
2010.2.1	306	3	7	63	45	18		57	249	134
2011.2.1	331	8	33	64	46	18		58	273	118
2012.2.1	338	5	12	78	55	23		72	266	109

資料：農林水産省『集落営農実態調査結果』より作成

表7-8 農業地域類型別集落営農数の変化（岐阜県）

単位：集落営農、％

	2010年	2011年	増減数	増加率
都市的地域	91	96	5	5.2
平地農業地域	72	74	2	2.7
中間農業地域	78	84	6	7.1
山間農業地域	65	77	12	15.6
合計	306	331	25	7.6

資料：『集落営農活動実態調査結果』から作成。

ている。増加25集落営農で、現況集積増加面積147haを平均化すると、全国平均並みの5.9haとなる。新たに設立された集落営農は規模が小さいと推定される。

また、岐阜県では、この間、集落営農を構成する農家数は－128戸減少している。集落営農から脱退する動きが一部でみられたものと思われる。

2011年の集落営農の増加率を農業地域類型別にみると、山間農業地域の伸びが15.6％増と大きく、逆に平地農業地域では2.7％とわずかなものになっている（**表7-8**）。市町村別にみると、中間地：中津川市＋5、山間地：飛騨市・下呂市・白川町＋各3などで、集落営農が増加している。小規模農家が厚く存在している中山間地域を中心として集落営農の組織化が進められたことがわかる。これに対し、例えば、平地地域の海津市では、集落営農数は1組織減少し、また集落営農の構成農家数は115戸減少している。

表7-9 2010年に新設された集落営農組織の概要―岐阜県の事例―

単位：集落、戸、ha

番号	市町村名	農業地域区分	設立月	前身組織有無	設立年	関係集落数	構成農家数	経営面積	うち米生産	農家一戸当たり米面積
①	下呂市	山間農業	5	無し	関係集落数	9	138	35.5	35.5	0.26
②	坂祝町	都市的	5	無し		1	24	8.6	5.0	0.21
③	下呂市	山間農業	5	無し		1	31	7.8	7.8	0.25
④	白川町	山間農業	5	無し		1	26	6.1	4.5	0.17
⑤	関市	都市的	6	有り	1987	1	15	5.3	3.0	0.20
⑥	海津市	平地農業	3	有り		1	12	4.4	4.4	0.37
⑦	本巣市	山間農業	4	無し		1	8	3.7	3.7	0.46
⑧	下呂市	山間農業	4	有り	1984	2	17	3.7	3.7	0.22
⑨	関市	都市的	6	有り	1985	2	10	3.3	1.8	0.18
⑩	白川町	山間農業	4	有り	1994	1	14	3.3	2.2	0.16
平均						2.0	29.5	8.2	7.2	0.24

資料：2010年10月実施アンケート調査より作成

2　山間地域を中心に共同販売経理を行う集落営農の新設

　岐阜県で2010年に新しく設立された集落営農のうち、戸別所得補償モデル対策への加入が契機となっているものは、確認されているだけでも13組織ある。うち10組織の特徴を整理したものが**表7-9**である[4]。いずれも任意の組織であり、3～6月に設立されている。前身組織が有るものが4組織、無いものが6組織である。前身組織があるものは組織でいくつかの農用機械も保有しており、農作業の部分受託を行ってきている。これに対し前身組織がない組織はほとんどが農用機械を保有するに至っていない。従って、その活動内容も農産物の出荷・販売の一元化などにとどまる。全ての組織が2010年産から農産物販売の一元化をすすめている。また費用の一元化も進んでおり、全て一元化が7組織、一部一元化が3組織である。

　経営面積の平均は8.2（3.3～35.5）ha、うち米生産面積が7.2（1.8～35.5）haと小さい組織が多い。農業地域区分別には、山間農業6、都市的3、平地農業1と山間地域が多い[5]。関係する農業集落数は1集落が7組織、2集落が2組織、9集落が1組織で、平均2.0集落である。構成農家数の平均は29.5戸で、農家一戸当たりの平均米生産面積は0.24haと零細である。構成農家の94％が0.5ha未満層である（**表7-10**）。そのため集落営農を設立するこ

表 7-10 新設集落営農の水田面積別構成農家数（岐阜県）

単位：戸、％

集落営農番号	計	0.5ha 未満	0.5～1ha	1～2ha	2ha 以上
1	138	136	1	1	0
2	24	19	4	1	0
3	31	29	2	0	0
4	26	25	1	0	0
5	15	15	0	0	0
6	12	10	0	2	0
7	8	3	5	0	0
8	17	17	0	0	0
9	10	10	0	0	0
10	14	14	0	0	0
平均	29.5	27.8	1.3	0.4	0.0
構成比	100.0	94.2	4.4	1.4	0.0

資料：2010年10月実施アンケート調査より作成

とにより、10a控除による交付対象除外面積は少なくなり、それがメリットとして意識される[6]。

前身組織が無く販売と費用の一元化からスタートした集落営農①③（下呂市）、②（坂祝町）、④（白川町）、Mo営農組合（揖斐川町）の事例の特徴をみていく。

第5節 戸別所得補償モデル対策を契機として新設された集落営農の概要―岐阜県の事例―

1 下呂市①集落営農（米36ha）、③集落営農（米8ha）の事例―小規模農家対応―

　下呂市は中濃に位置し、山間地域に区分される。①：Ma、③：KI集落営農は、下呂市M地区（旧M村）にあり、戸別所得補償制度に対応し、「小規模農家を助け、補助金を得る」ために設立された。旧M村の農家は、ほとんどが小規模であり、現状のままでは戸別所得補償制度のメリットを受けにくく、今後の農政に対応していくために「集落を一つにまとめる必要がある」と感じ組織設立に至った。農事改良組合をベースに組織化され、稲非作付高齢者と一部の自己完結経営を除き組織に加入している。①が9集落をまとめ、

③が遠隔の1集落をまとめている。機械作業は、(農) M法人 (2009年設立) へ委託している。M法人は旧M村全10集落の耕起8〜10ha、田植22ha、刈取30〜35haの作業受託をカバーしており、将来的には利用権設定も検討している。

組織が設立される前は、M法人への作業委託、JAへの出荷や資材購入申し込みも個人単位で行われてきた。これが組織設立とともに経理一元化が図られ、組織を通じた資材購入、農産物の販売、農作業委託の申し込みが行われることとなった。資材は組織を通じて通信委員が個人に配達する。個人経営の実体は残るため、精算は個人単位で行われる。

①③集落営農が設立されることにより、いわゆる2階部分であるM法人は集落を単位とした作業がより容易となり、その作業効率は高まっている。また、構成農家にとっては化学肥料・農薬の使用を抑制したぎふクリーン農業にまとまって取り組む契機となる。すなわちそれは2009年の30％削減3〜4ha、50％削減5〜6haから、2010年30％削減13ha、50％削減6〜7haへと拡大している。特別栽培米である50％削減米は、M生産組合とホテルとの契約栽培である。20〜50a層が中心となってクリーン農業に取り組み、青空教室で技術研修するなどして良質米生産に励むことになる。

2 坂祝町②集落営農（米5ha）の事例—将来の作業集約を展望—

坂祝町は中濃に位置し、都市的地域に区分される。②集落営農はKu集落を基礎とする。現在、Ku集落においても後継者不足により個人の水稲経営が苦しくなるなかで、地域農業の活性化と絆向上のため、農業改良組合を母体とし生産組合を設立した。同地区で戸別所得補償制度の対象者は現状のままだと2名程度にとどまる。そのため集落営農を設立し、10a控除を活用することとした。モデル事業は集落営農形成に効果があると考えている。

Ku集落の総農家41戸のうち24戸で集落営農が構成される。経営主の年齢内訳は、50歳代5名、60歳代15名、70歳以上4名である。構成農家の水田面積別戸数は、0.5ha未満19戸（うち17戸は0.3ha以下）、0.5〜1ha 4戸、1〜

2ha1戸である。役員人数は4名（代表者1名、会計1名、幹事2名）であるが、役員報酬は無い。組織の経営面積（経営受託含む）は8.6haで、作付作物（2010年産）は、米5ha、牧草0.8haで、その他は保全管理されている。

現段階は組織での機械所有はなく、個人の所有機械で作業している。構成農家24戸のうち農用機械を保有する農家数はトラクター20戸、田植機10戸、コンバイン7戸である。管理作業には全戸が従事している。集落営農としての田の作業受託はなく、作業受委託は個人間で行う。構成農家中4戸は作業に従事していない。早い段階で稲作をやめ、牧草を作付している。田の保全管理は草刈程度で、機械作業はない。作業委託のうち収穫は農協経由で行う。受託料金も農協で決めている（10a当たり代かき6,000円、荒おこし8,500円、収穫1万9,250円など）。栽培品種はコシヒカリ、あさひの夢、ミノニシキである（2011度よりミノニシキの生産をやめてスーパーハツシモとする）。これまでは農家間で機械を融通してきたが、今後は生産組合で機械を更新する予定である。

米は2010年産から生産組合名義で販売され、品質・量によって個人精算される。費用は一部一元化（農業共済、農業機械費）され、2011度からはすべて一元化される。春肥や農薬等の資材を集落営農で一括購入し、効率化を図る。個人に届くまでのルートは変わらないが、JAが個人に資材を配るよりコストは下がる。また刈取作業の委託をJA経由で行っていたが、2010年から集落営農を通して委託するようになった。これによりコスト削減を図る。

Ku集落には、農作業受託を行い年間農業従事日数が100日程度の自営業者（自動車販売・修理等54歳）がいる。将来的にこの自営業者が地域農業の中心的な担い手として活躍できるよう、組織を通じて作業を集約したいと考えている。

経営面積等の目標は現状維持であり、新規作物等の導入の意向もない、法人化は検討中である。戸別所得補償制度等への意見として、戸別所得補償制度は、個人であれば対象者は2名程度であるため、集落営農における10a控除は集落営農形成に効果があると考えている。集落営農組織形成を検討する

際、町や農業共済組合は組織化を進めてくれたが、JAは難色を示したようである。集落営農化や戸別所得補償の説明等はJAがリーダーシップをとることが必要なのではないか。

3　白川町佐見地区④集落営農Ko組合―地域の農地を全員で守る―

　白川町は中濃に位置し、山間地域に区分される。④集落営農は、Ko集落の1集落のみから構成される。

　前進組織は無く、「地域の農地を地域の全員で守り、集落ぐるみの組織を通して活力ある地域づくりに努める」ために設立した。2010年2月にJAより戸別所得補償制度の説明を受け、同年3月に集落内の農家全戸に出席を求め再度制度説明を受けた。制度への共同加入の方が営農に有利と知り、農家に組織を作れば加入するか問いかけたところ、加入の意見が多かった。同年3月25日に設立委員会を設立、5月29日に設立総会を行った。

　構成集落数は1集落、組織の構成農家数は26戸（該当集落の総農家数：31戸）で、構成農家の水田面積別戸数は、0.5ha未満25戸、0.5～1ha 1戸である。13名の役員がいる。未加入の農家の加入を促進し、拡大を予定している。

　組織の経営面積（経営受託含む）は6.1haで、うち2010年は水稲4.5ha、レンゲ0.6ha、2011年は水稲4.3ha、大豆1.9ha（早生品種タチナガラ）を生産した。大豆の作付けは、これが初年度である。米の品種はコシヒカリが中心である。

　Ko組合では田植機を1台所有するのみである。オペレーターは4人、年齢は50歳代1名、60歳代3名である。オペレーターの時給は1,700円、一般作業の時給は900～1,200円としている。トラクター、コンバインに関わる作業受委託は、これまでは個々人が農協機械銀行に申し込みを行ってきたが、2011年度からは水田組合が直接申し込むこととなった。水田経営の管理作業は個人が担当し、施肥はKo組合の判断で行う。

　経理の一元化の状況は、2010年度は農業共済のみ一元化にとどまっていたが、2011年度からは費用の全ての一元化を図ってきている。役員は組合員の互選で決まり、任期は2年である。役員数は13名、役員報酬総額18万円（組

合長3万円、副組合長1.5万円、庶務2万円、会計2万円、監事1万円、委員1万円）と定めている。

　未加入の農家の加入を促進し、経営面積も拡大を目標としている。新規作物として大豆栽培の定着を試みている。法人化の意向は無い。

4　揖斐川町Mo営農組合──組織化により耕作放棄地を解消──

　Mo営農組合は、西濃の揖斐川町旧S村に位置している。旧S村は揖斐川の最上流にあり、福井・滋賀との県境に位置し、標高が高く、豪雪地帯である。一方で夏は猛暑日が連日のように続く。また、旧S村はHi、Sa、Ka、Moの4つ集落がある。村の人口は461人で、うち65歳以上が262人と、高齢化率56.8％となっている。Mo集落はその中でも高齢化率は27.9％と最も低い。

　Mo集落は山間農業地域にあり、販売農家数は1990年の13戸から2005年には7戸へと半減している。同時期に耕地面積は11.2haから4.3haへ、うち水田面積は11haから3.7haと激減している。それにともない販売農家一戸当たりの経営面積は漸減している。しかし、借入耕地面積割合は39.3％から44.2％と増加しており、農地の貸借が進んでいる。

　Mo営農組合は前身となる組織はなく、2010年の戸別所得補償制度モデル事業の導入をきっかけに設立された。農家のまとまりもよい。

　組織設立の目的は「1　Mo集落の維持には古来の基幹産業である稲作を守り続けることである。水田風景を保存する事は集落の健全維持そのものである。地域の宝である水田を地域全体で保全維持する事が求められる。2　米作りに喜びと希望を持てるために、高価格の販売を目指す」ことにあり、地区の水田を組合に集中しそれを組合で維持保全、収穫米のブランド化を図ることとした。

　構成農家数は7戸で、経営主の年齢構成は50代5名、60代1名、70代1名である。2011年度の水田経営面積は約9haであり、うち約半分は保全管理されている。水田の耕作面積は457aである。2011年度は地区外（Si地区）で54a増加している。これは遊休地化していたものであるが、Mo営農組合の設

立により耕作に復帰した。なお、かつてはMo集落には15ha程度の耕作地があった。中山間地域直接支払いにも取り組んでおり、年に2回、共有地や土手の草刈を共同で行っている。

7名の組合員は担い手として、これまでと同様に組合の水田を耕作している。耕作面積の3分の2程度（305a）は借地である。一戸10〜92aの借入れ地があり、組合員以外とは利用権を、5〜10年契約で設定している。小作料はゼロであり、使用貸借である。管理は個人が行う。畦畔の草刈は年に4〜5回実施する。

営農組合の活動としては、①畦塗・防除の共同作業、②機械の共同購入（補助金利用）、③肥料、農薬、米袋など資材の共同購入、④農業共済・会計の一本化が行われている。

組織で保有する農用機械は、畦塗機1台、動力噴霧機1台である。また、30PSトラクターを、県単事業を利用して、JAから8年リースで借入れている。組合長が機械を管理している。この他、個人でトラクター4台、田植機2台、コンバイン3台を保有している。機械を保有する5戸の農家が、オペレーターとして機械作業を受託し、残りの2戸の農家は作業を補助する。

主食用米のみの栽培であり、品種はコシヒカリがメインで、2009年から龍の瞳30aを栽培している。減農薬基準で栽培され、反収は6俵半〜7俵である。Mo地区は、白川花崗岩水系にあり、水質が良いとされ、良質米が生産され、高値で販売されている。地区からの他出者が顧客となっており、7名とも販売先はほぼ固定している。玄米30kg当たり1万円で販売される。組織設立以降は、Moの里米として、Mo営農組合名で販売している。そのうち、わずかであるが昔ながらの水車を利用した精米（8時間かけて3袋程度）も行い、「水車米」として付加価値（＋50円/kg）をつけて販売している。これにより糠が完全にとれて食味は増す。このほか、みょうが15a、やまいも500本、ダイコン、ハクサイや、ワラビなどの山菜類も栽培している。ただし、やまいもは猪害にあった。

出資金は107万円であり、一人当たり6〜39万円の出資額である。役員報

酬はない。組織を作っておけば、貸し手が出た時も対応しやすいという。農用機械は比較的新しいものを個人で所有しており、組織での更新は数年後に検討されることになる。今後は水稲栽培面積を集落の全てにあたる5.0haまで拡大し、耕作放棄された水田を1年に1枚ずつでも解消したいと言う。

同組合の稲作付面積は457a、構成農家数が7戸であり、農家一戸あたりの平均作付面積は約65aである。「10a控除」により、個人経営であれば平均55a×7＝385aのみの助成にとどまる。これが組織を作ることで447aが助成の対象となり、差し引き62a×1,500円＝9万3,000円程度助成額が多くなる。

7戸の構成員へのアンケート結果では、営農組合ができたことにより「機械費のコスト削減ができた」3戸、「作柄が安定した」1戸、「兼業に出やすくなった」1戸との回答があった。また「貸付地を個人から当組合に変更した」農家が1戸いる。また5年後の経営意向としては、「自作」3戸、「経営は委託し一部管理する」1戸、「機械作業のみ委託」1戸である。

さらに、今後の集落農業の在り方では、「組合が担い集落外からの人材を受け入れる」が3戸と多く、「組合が担いなるべく集落全員で取り組む」が2戸、「組合が担い一部の個人を中心とする」が1戸であった。「今後、外から農業をやりたい人がきた時に、素人でも田んぼを3反ほど与え、組織がその指導をしていくことで農地の保全をしていく」(組合長)ことも考えている。

Mo営農組合の当面の活動は、資材の一元購入、一部管理作業の共同化、共同販売で行うだけにとどまる。米の販路も個人が大半持っており、個人経営の実体が残る。しかしそれでも、参加農家には一定の利益があり、組織化し余力が生まれることで耕作放棄地の解消につながっている。

第6節　まとめ

戸別所得補償制度モデル対策の実施により集落営農数の増加率は高まった。なかでもその加入要件である共同販売経理に取り組む集落営農が特に増加した。概して新しく設立された集落営農は規模が小さく、また集積面積目標も

もたず、法人化計画も策定していないものが多い。水田・畑作経営所得安定対策の加入要件に満たない集落営農が多かった山間地域などで、戸別所得補償制度モデル対策への加入が契機となり多く設立されている[7]。

　前身組織を持たずに設立された集落営農は、活動内容が共同販売経理のみにとどまるところが多い。これに参画する個別経営の実体もまだ残っている。しかし、この取組を通じて、コスト削減が進み、集落単位で作業受委託が行われるなど、生産・流通の効率化が図られてきている。また、小規模農家でも新たに特別栽培米に取り組むなど、米作りの意欲が高まっている。さらに将来の集落農業の担い手確保を念頭においた集約化の取組が始まってきている。

　戸別所得補償制度モデル対策により設立された集落営農は、経営体としては内実が未熟であるが、これらが地域農業の担い手として発展していく可能性を秘めている。出来るところから共同化を進めていこうとしているところであり、そうした内発的にでてくる要望に対して適切に支援することが大事である。また、2011年度の集落営農数の増加は微弱となっている。しかし、特に中山間地域では担い手の不足が深刻化し、また農地の維持・管理のために集落営農の必要性を多くの農家が感じている。プロジェクトチームなどを組織して、設立支援をサポートすることが求められているといえよう。

注
（１）専門官である窪山（2010）は、戸別所得補償制度により「集落営農を立ち上げやすい環境」を作り、かつ「10a控除」により「集落営農の方がメリットがあることを打ち出した」と述べ、同制度においても集落営農の育成が意識されていることを示唆している。
（２）紙幅の都合上、自給力向上事業が集落営農に与えた影響の分析については割愛する。水田転作への助成体系の変更で、集落営農の作付作物にも飼料米の伸びなどの若干の変化がみられたが、当初危惧されていた「地域営農体系の非効率化」（伊庭（2010））は、激変緩和措置などの一定の効果もあり、大きく問題になることはなかった。しかし集団化のメリットが薄くなり、生産調整を「地域の取り組みとして推進するという視点が希薄化している」小針（2010）こともあり、集落営農における集団転作の崩れは岐阜県などでも散見

された。これについては荒井（2011b）で若干言及している。
(3)『集落営農実態調査』によれば、2010年時点で、2010年以内に法人化する計画のあった集落営農は530であり、その56％が予定通り法人化していることになる。
(4)表示した10集落営農以外に、高山市の2組織、後述する揖斐川町の1組織（M営農組合）が、戸別所得補償制度を契機として形成された。高山市の2組織は、構成員6名・経営面着2.6ha、同4名・1.7haであり、機械は個別に保有されている。
(5)このことは、岐阜県で水田・畑作経営所得安定対策の加入対象となった集落営農が、ほとんどが平地農業地帯に位置していたことと対照的である。なお同対策が集落営農再編に与えた影響については荒井ら（2011）でまとめている。
(6)試算では、集落営農の設立の有無により、該当集落営農の平均で米戸別所得補償モデル事業の交付金に43万円の差がでる。
(7)岐阜大学で岐阜県内の水田担い手協議会に2010年9月に実施したアンケート結果（回収20/27）でも、戸別所得補償制度モデル対策の新たな集落営農形成効果については、「大いに効果がある」5％、「ある程度効果がある」45％、「効果がない」35％、「わからない」15％との回答があり、「効果がない」とみるところは少数にとどまる。中野（2011）は、島根県でも「中山間地域の小規模農家など、集落営農があることで制度に参加できている地域もあると評価できる」（176ページ）と指摘する。

　参考までに、表示はしないが、戸別所得補償制度の効果についての評価等は次の通りである。まず、米のモデル事業交付金が「営農意欲の増進」への効果については、「ある程度効果がある」が70％、「効果はない」が30％である。また「農地の維持管理」に「ある程度効果がある」と答えた協議会は65％であり、「ない」が35％である。いずれも地域による効果の差はあまりない。

　「耕作放棄地の増加防止の効果」については、「ある程度効果がある」25％、「効果はない」65％、「わからない」10％である。都市と平地では「効果がない」と答える協議会が大多数だったが、中山間地域では「ある程度効果がある」と答えた協議会が多く、地域による差がみられた。交付金の効果について、「大いに効果がある」という回答はなく、また中山間農業地域では交付金の効果が比較的大きく表れているとみることができる。

　交付金受給対象者の範囲が拡大されたことについて、「評価する」は25％、「範囲を限定すべき」は20％、「分からない」が55％と意見が分かれた。「小規模層まで支援することは地域の担い手育成の障害になるか」については、「ある程度障害になる」25％、「障害にはならない」60％、「わからない」15％である。平地では半数の協議会がある程度障害になると答えたのに対し、都市と中山間では障害にならないと答えた協議会が多く、地域による差がみられる。「自

第7章　戸別所得補償制度への転換による集落営農の新展開　　163

給力向上事業は集団転作に影響を与えるか」については、集団での転作が、「行いやすくなった」5％、「行いにくくなった」50％、「前政策とかわらない」45％である。どの地域でも集団転作が行いにくくなったと答える協議会が約半数を占めた。自給力向上事業では、集団転作を形成する条件がやや後退していると言える。

　戸別所得補償モデル対策への要望としては、「地域への負担が多すぎる。制度の説明から実務を担っているのは地域協議会であるので、もう少し国の関わり方を明確にしてほしい」といった国と地方の役割分担の見直しを求める意見が最も多かった。その他には、「制度を継続して農業者が理解をする時間を与えてほしい」、「小規模農家が多く対象者が少ない」、「本制度の対象幅が広く、これまでの政策による認定農業者、担い手に対しては、直接的措置はない。これらの方々には維持・発展の中心になって頂かなければならないため、直接的支援が必要ではないか」といった意見があった。

第8章

地域農業・農地の新動向と「人・農地プラン」
—東海地域を中心に—

第1節　はじめに

　2010年農業センサスでは、組織経営体による借地の顕著な伸びが見られ、これら経営体が展開している地域においては主として集落営農により農地の利用集積が一定程度進んできていることが示された[1]。他方で、農業労働力の高齢化はいっそう進行し、いわゆる担い手が不足する地域、不在の地域が広がり、野生鳥獣被害の拡大とともに、さらなる耕作放棄地の発生が危惧されるところが多くなってきている。これらの地域においても新規就農者をはじめ土地利用型農業の担い手確保は喫緊の課題となっている。

　また土地利用型農業の担い手育成が政策目標には遠く届いていないことから、集落での徹底した話し合いによる「人・農地プラン」の作成により、いわゆる中心となる経営体への農地の利用集積が意図されている。新規就農者の確保と大規模経営体の育成が、国外との経済連携の強化、TPP交渉参画への検討と並行して行われようとしているところが現局面の特徴である。

　ここでは、上記のような背景をもつ「人・農地プラン」の特徴・仕組みを整理し、主として東海地域、なかでも岐阜県を対象として「人・農地プラン」の進捗状況の特徴を明らかにする。そして、その進捗状況や、「人・農地プラン」を先行的に作成した若干の事例（高山市、養老町）研究をふまえ、地域の農地・農家の新動向、土地利用型農業の担い手形成の現局面の特徴について明らかにしていく。

第8章　地域農業・農地の新動向と「人・農地プラン」　165

第2節　「人・農地プラン」の背景と特徴

1　「食と農林漁業の再生のための基本方針」の策定

　「包括的経済連携に関する基本方針」（2010年11月9日閣議決定）で、「高いレベルの経済連携の推進と我が国の食料自給率の向上や国内農業・農村の振興とを両立」させることが提起され、それに基づき首相を本部長とする「食と農林漁業の再生推進本部」が11月26日に設置された[(2)]。そして11月30日には同本部決定により、「食と農林漁業の再生実現会議」（議長：首相）が開催され、7回の会合を経て、翌2011年10月25日に「我が国の食と農林漁業の再生のための基本方針・行動計画」を食と農林漁業の再生推進本部決定として策定した。

　ここにおいて、「国内需要が縮小する中、新たな需要の創出、内外の新規市場の開拓を通じて国内の生産基盤を維持し、高いレベルの経済連携と両立しうる持続可能な農林漁業を実現する」ことが「目指すべき姿」とされ、そのため「土地利用型農業については、今後5年間に高齢化等で大量の農業者が急速にリタイアすることが見込まれる中、徹底的な話し合いを通じた合意形成により実質的な規模拡大を図り、平地で20〜30ha、中山間地域で10〜20haの規模の経営体が大宗を占める構造を目指す」ことを「基本的な考え」としている[(3)]。

　農林漁業再生のための「7つの戦略」のうち、「競争力・体質強化〜持続可能な力強い農業の実現〜新規就農を増やし、将来の日本農業を支える人材を確保する」が戦略1として位置づけられた。その第一は新規就農の増大である。「基幹的農業従事者の平均年齢が66.1歳（2010年）と高齢化が進展する中、持続可能な力強い農業を実現するには、青年新規就農を大幅に増加させることが必要である。このことから、青年の就農意欲の喚起と就農後の定着を図るため、青年就農者の経営安定支援、法人雇用就農の促進、地域のリーダー人材の層を厚くする農業経営者教育の強化を推進する」とした。第二

には農地集積の推進である。「戸別所得補償制度の適切な推進やほ場の大区画化と相まって、幅広い関係者による徹底した話し合いや相続等の際に担い手へ農地の集積を促す仕組み等により農地集積を加速化し、農業の競争力・体質強化を図る。意欲ある関係者を含め、集落ごとの話し合いの中で、今後の地域の中心となる経営体(個人、法人、集落営農)への農地集積、分散した農地の連坦化が円滑に進むよう、これに協力する者に対する支援を推進する。加えて、農地法の遊休農地解消措置を徹底活用する」とした。

2 「人・農地プラン」作成事業等の制定

これを受け、2012年2月8日に農林水産事務次官依命通知として戸別所得補償経営安定推進事業実施要綱(人・農地プラン(地域農業マスタープラン)作成事業等、2011年度補正)が制定された。ここでは、「強い農業構造を実現していくためには、集落・地域での徹底的な話し合いにより、地域農業のあり方について議論を進め、地域農業を担う経営体や生産基盤となる農地を、将来においても確保していくための展望を作っておくことが必要で」、このため、本事業により、「市町村や都道府県が行う、地域の中心となる経営体の確保や、地域の中心となる経営体への農地集積を促すことにより、農業の競争力・体質強化を図り、持続可能な農業を実現」するとし、市町村を実施主体とした「人・農地プラン(地域農業マスタープラン)」作りが開始される。

そして2012年度予算として、新規就農総合支援事業135.74億円、戸別所得補償経営安定推進事業[新規]72.03億円(地域農業マスタープラン作成事業7.03億円、農地集積協力金65億円)が計上された。その政策目標は、「青年新規就農者を毎年2万人定着させ、持続可能な力強い農業の実現を目指す」、「土地利用型農業について、平地で20～30ha、中山間地域で10～20ha規模の経営体が大宗を占める構造を目指す(2016年度)」ことに置かれている。

人・農地プラン(地域農業マスタープラン)は、「高齢化や後継者不足、耕作放棄地の増加などで、5年後、10年後の展望が描けない集落・地域が増えて」いる状況下で、「それぞれの集落・地域において徹底的な話し合いを

行い、集落・地域が抱える人と農地の問題を解決するための「未来の設計図」」として位置づけられている。同プランには市町村等が主体となり作成され、集落レベルでの話し合いに基づき、地域の中心となる経営体、そこへの農地の集積、中心となる経営体とそれ以外の農業者（兼業農家、自給的農家）を含めた地域農業のあり方（生産品目、経営の複合化、6次産業化）等が記載される。地域農業マスタープランの検討会メンバーの概ね3割以上は女性とされている。同作成支援事業は、地域農業のあり方や今後の地域の中心となる経営体等を定めた人・農地プランの作成に必要な、集落の合意形成活動等について支援するものである。

　新規就農支援、農地利用集積支援も人・農地プランに中心経営体として位置づけられることが要件となる。「プラン」による支援の第一は、青年就農者の定着支援のための青年就農給付金（経営開始型）である。これは青年の就農意欲の喚起と就農後の定着を図るため、経営が不安定な就農直後（5年以内）の所得を確保するための給付金を給付（年間150万円）するものである。第二は、農地の利用集積を促進する農地集積協力金である。これにより「人・農地プランに位置付けられた地域の中心となる経営体に農地が集積されることが確実に見込まれる場合に、市町村等が、それに協力する者に対して協力金を交付」することになる。第三は、スーパーL資金の金利負担軽減である。人・農地プランに地域の中心となる経営体と位置付られた認定農業者については、農業経営基盤強化資金の貸付当初5年間の金利が利子助成により実質無利子化される[4]。

3　「人・農地プラン」における農地集積の仕組み

　「人・農地プラン」を定めた市町村において、そのプランを実現するために農地集積に協力する者に対して、市町村等から、農地集積協力金（経営転換協力金、分散錯圃解消協力金）が交付される。

(1)「経営転換協力金」

「経営転換協力金」の交付対象者は、「地域の中心となる経営体への農地集積に協力する農地の所有者」で、土地利用型農業から経営転換する農業者、リタイアする農業者、農地の相続人である。ただし、遊休農地の保有者は、経営転換協力金の交付を受けられない。また、農業者戸別所得補償制度の加入者、又は加入要件を満たす見込みのある者である必要がある。

これには交付要件がいくつか設けられている。第1に、交付対象者が行うべき要件としては、(1) 土地利用型農業から経営転換する農業者の場合は、農地利用集積円滑化団体又は農地保有合理化法人に、土地利用型作物を栽培する全ての自作地（＝他の農業者に、利用権を設定している農地又は農作業を委託している農地を除く）を白紙委任（貸付先の相手を指定しない委任契約）することが必要となる。委任期間は10年以上で、委任の内容は6年以上の農地の貸付け（農作業委託を含む）をする必要がある[5]。また (2) リタイアする農業者・農地の相続人の場合は、農地利用集積円滑化団体又は農地保有合理化法人に、自留地（10a未満の農地）を除く全ての自作地を白紙委任することが必要となる。

第2に、人・農地プランの作成単位となった集落等が行うべき要件としては、白紙委任の対象となった農地全てに関し、地域の中心となる経営体に農地集積を行うことについて、地域の中心となる経営体を含めた合意がされていることが必要とされる。

第3に、交付対象者の農業用機械の取扱いについては、集落・地域の話し合いの中で、地域全体としての機械コストを小さくする観点から検討することが望ましいとされている。

白紙委任した農地のうち上記の交付要件を満たす面積ごとに交付単価が定められている。農林水産省・都道府県から市町村等への配分金額は、0.5ha以下が30万円/戸、0.5～2haが50万円/戸、2ha超が70万円/戸である。市町村等から交付対象者への交付金額は、市町村等への配分金額の範囲内で市町村等が単価を決定して交付する。

また市町村等の特認事業として、農林水産省・都道府県から市町村等への配分金額と、市町村等から交付申請者への配分金額の差額を、市町村等が農地の集積又は分散錯圃の解消に必要と認める次の事業に用いることができる。実施できる工種は、（ア）障害物の除去（抜根、石礫除去）、（イ）整地（切土、盛土、均平、畦畔除去）、（ウ）客土（搬入客土、反転客土）、（エ）土壌改良材の投入（地力増進法に定められた土壌改良材の投入）、（オ）暗きょ排水（集水暗きょ、弾丸暗きょ）、（カ）測量（ほ場の測量及び境界確定）、（キ）その他である。

（2）分散錯圃解消協力金

分散錯圃解消協力金の交付対象地域は人・農地プランを作成した市町村である。その交付対象者は、「地域の中心となる経営体の分散した農地の連担化に協力する農地の所有者又はその世帯員等」で、(1) 地域の中心となる経営体が耕作する農地に隣接する農地の所有者、(2) 地域の中心となる経営が耕作する農地に隣接する農地を借りて耕作していた農業者、である。(1)、(2) のいずれも農業者戸別所得補償制度の加入者又は加入要件を満たす見込みのある者である必要がある。

同じように、交付要件として、地域の中心となる経営体が耕作する農地に隣接する農地について、農地利用集積円滑化団体又は農地保有合理化法人に、白紙委任することが必要になる。遊休農地は、分散錯圃解消協力金の対象農地とならない。また、白紙委任した農地について引き受けることを地域の中心となる経営体が内諾していることが必要になる。

この交付単価は、農林水産省・都道府県から市町村等への配分金額は5千円/10aであり、また市町村等から交付対象者への交付金額は、市町村等への配分金額の範囲内で市町村等が単価を決定して交付する[6]。

（3）「規模拡大加算」要件の見直し

また、戸別所得補償制度での規模拡大加算として100億円が予算化された。

これにより、農地の面的集積（連坦化）により経営規模を拡大する経営体が支援される。戸別所得補償制度加入者が、農地利用集積円滑化事業により、面的集積（連坦化）するために利用権を設定した農地の面積に応じて、2万円/10a（1回限り）が交付される。2012年度の農地の利用集積面積5万haが政策目標である。この面的集積要件が見直しされ、「人・農地プランにおいて地域の中心となる経営体への農地の集積範囲が定められた場合には、その範囲内で利用権が設定されれば、規模拡大加算の面的集積要件を満たす」ことになった。

4　スーパーL資金の金利負担軽減措置

「地域農業マスタープラン」に地域の中心経営体として位置付けられた認定農業者が借入れるスーパーL資金について、資金繰りに余裕がない貸付当初5年間の金利負担が軽減される[7]。スーパーL資金の借入限度額は個人1.5億円、法人5億円で、償還期限は25年以内（うち据置期間10年以内）である。融資枠は300億円である。借入金利は償還期限に応じて0.6～1.40％（2011年12月19日現在）である。金利負担軽減措置により貸付当初5年間は実質無利子化される。

第3節　東海地域の農業・農家の特徴と「人・農地プラン」

1　東海地域の農業・農家の特徴

東海農政局管内（岐阜・愛知・三重）では、野菜、畜産を中心とした多様な農業が展開されている。全国の中では、特に野菜、花きの産出額が多い。2010年の東海地域の農業産出額は、5,100億円である。しかし近年、農家数、農業就業人口は減少が続き、東海地域の農業就業人口の平均年齢は67歳と高齢化が進展している。耕作放棄面積は約2万haにまで伸びている。

東海4県（岐阜、静岡、愛知、三重）の総農家戸数は27.7万戸で、うち販売農家は15.2万戸（54.7％）、自給的農家は12.6万戸（45.3％）と、全国と比

第8章　地域農業・農地の新動向と「人・農地プラン」

表8-1　総農家の構成比

単位：％

県名	総農家	販売農家						自給的農家
		計	主業農家	うち65歳未満の農業専従者がいる	準主業農家	うち65歳未満の農業専従者がいる	副業的農家	
岐阜	100	51.4	4.4	3.5	10.2	2.7	36.8	48.6
静岡	100	55.4	15.0	13.4	13.2	5.7	27.3	44.6
愛知	100	51.9	12.1	10.9	12.3	5.2	27.5	48.1
三重	100	63.0	6.1	4.5	14.9	3.7	41.9	37.0
東海	100	54.7	9.7	8.4	12.5	4.4	32.5	45.3
全国	100	64.5	14.2	12.2	15.4	5.4	34.9	35.5

資料：2010年農業センサスより作成

表8-2　主業農家・組織経営体の有無別農業集落数割合

単位：集落、戸、％

県名	農業集落数	1農業集落当たり農家戸数	主業農家あり		主業農家なし		主業農家あり	組織経営体あり
			組織経営体		組織経営体			
			あり	なし	あり	なし		
岐阜	3,118	22.0	10.3	28.5	7.6	53.6	38.8	17.9
静岡	3,366	19.9	8.0	55.8	1.7	34.6	63.8	9.7
愛知	3,094	24.4	11.7	44.3	2.8	41.2	56.0	14.5
三重	2,109	23.5	11.7	41.1	3.9	43.3	52.8	15.6
東海	11,687	22.3	10.3	42.8	4.0	43.0	53.1	14.2
全国	139,176	17.6	12.6	47.3	3.8	36.4	59.9	16.4

資料：2010年農業センサスより作成

較すれば、自給的農家割合が高い（表8-1）。特に、自給的農家割合は岐阜48.6％、愛知48.1％で高くなっている。これに対し、総農家に対する主業農家の割合は9.7％（うち65歳未満の農業専従者がいる8.4％）、同準主業農家12.5％（うち65歳未満の農業専従者がいる4.4％）、同副業的農家32.5％と、相対的に低くなっている。特に同主業農家の割合は、岐阜4.4％、三重6.1％、同準主業農家の割合は岐阜10.2％で低い。また同副業的農家割合は、静岡27.3％、愛知27.5％で低く、三重41.9％、岐阜36.8％で高い。

「プラン」では、集落レベルでの話し合いが基本となる。東海4県には、1万1,687（静岡3,366、岐阜3,118、愛知3,094、三重2,109）の農業集落がある（表8-2）。一集落当たりの農家戸数は22.3戸（全国17.6戸）とやや多い。しかし、うち主業農家割合が低いことから、主業農家がいる集落は53％（全国60％）と相対的に少ない。その県別の内訳は、静岡64％、岐阜39％、愛知56％、

三重53%であり、主業農家割合が低い岐阜でそれは特に低い。また組織経営体のある集落割合も14.2%（全国16.4%）と低い。県別には岐阜が17.9%とやや高いが、静岡9.7%、愛知14.5%、三重15.6%の3県は低い。このようにしてみると、東海地域では、集落における主業農家、組織経営体が少なく、単一集落のみでは、プランに位置づけられる地域の中心となる経営体の確保が難しいところがあることがわかる。

プランにおける地域での中心的な経営体として位置づくのは認定農業者である。農業経営改善計画認定数（2011年3月末現在）は、静岡5,931、岐阜2,170、愛知5,349、三重2,202で、4県合計で1万5,652（全国24万6,394）である。うち新規就農者は、静岡92人（1.6%）、岐阜25人（1.2%）、愛知11人（0.2%）、三重14人（0.6%）である。

単一経営割合が高く、なかでも施設野菜、施設花き・花木の構成比が高い

表8-3　農業経営改善計画の営農類型別認定状況

単位：%

	営農類型	全国	岐阜	静岡	愛知	三重	東海4県
単一経営	稲作	10.0	9.0	1.0	5.8	18.7	6.3
	麦類作	0.1	0.0	0.0	0.0	0.1	0.0
	雑穀・いも類・豆類	0.4	0.2	0.0	0.0	0.0	0.0
	工芸農作物	2.5	1.3	20.6	1.0	9.9	9.7
	露地野菜	5.9	4.1	4.0	13.7	1.2	6.9
	施設野菜	6.8	11.8	15.5	17.5	7.7	14.6
	果樹類	7.1	3.3	9.4	4.3	12.2	7.2
	露地花き・花木	0.5	0.3	1.1	0.1	2.7	0.9
	施設花き・花木	2.7	5.7	6.3	18.2	5.1	10.1
	その他の作物	0.6	0.6	0.8	0.6	1.1	0.8
	酪農	4.8	3.5	3.1	5.0	1.3	3.6
	肉用牛	3.1	7.4	1.1	2.9	3.9	3.0
	養豚	1.2	1.2	1.0	3.6	1.5	2.0
	養鶏	0.8	2.6	0.7	1.7	2.3	1.5
	その他の畜産	0.3	0.2	0.1	0.2	0.2	0.2
	養蚕	0.0	0.0	0.0	0.0	0.0	0.0
	小計	46.8	51.2	64.8	74.6	67.8	66.7
準単一複合経営		37.7	42.5	23.4	20.5	28.1	25.7
（うち稲作+α）		24.5	28.8	10.6	8.6	25.4	14.5
複合経営		15.5	6.4	11.8	5.0	4.1	7.6

資料：農林水産省資料より作成
注：2011年3月末現在。

のが特徴である。うち土地利用型の稲作単一経営は、静岡62、岐阜195、愛知311、三重411で、東海4県計で979（6.3％、全国10.0％）にとどまる（**表8-3**）。また稲作＋αの準単一複合経営は、静岡627、岐阜624、愛知460、三重560で、東海4県で2,272（14.5％、全国24.5％）にとどまる。東海4県における稲作単一経営と稲作＋αの準単一経営の合計は3,250経営体である。農業集落数は1万1,687であるので、仮にこれら経営体が地域の中心的経営体として位置づけられた場合、1経営体が平均3.6集落をカバーすることになる。それを県別にみると、中心的経営体がカバーすべき農業集落数は、静岡4.9集落、岐阜3.8集落、愛知4.0集落、三重2.2集落になる。

2　農協組合員の現状

2010年度の総合農協数は、静岡19、岐阜7、愛知20、三重15である（**表8-4**）。1農協当たりの正組合員戸数（全国平均6,493戸）は、静岡7,939戸、岐阜1万9,565戸、愛知8,131戸、三重7,276戸である。農協合併が進み、規模の大きな農協が多い。特に岐阜では農協の大型合併が行われている。また、組合員に占める正組合員の割合（全国平均48.7％）は、静岡36.5％、岐阜43.7％、愛知38.9％、三重58.0％である。三重以外の3県の農協の准組合員割合が高い。

農協の正組合員戸数と、農業センサスの農家等戸数とを比較対照すれば、農協の正組合員戸数は、農業センサスの総農家数に土地持ち非農家数を加えたものを上回っている。その全国平均値は、正組合員戸数／（総農家＋土地

表8-4　総農家・土地持ち非農家数と総合農協正組合員戸数との関係

単位：千戸、戸

県名	総農家数 A	土地持ち非農家数 B	計 A+B	総合農協正組合員戸数（個人）C	農家数等に対する正組合員数の比 C/(A+B)	総合農協数	総合農協当たり正組合員戸数（個人）
岐阜	70.8	36.3	107.1	137.0	1.28	7	19,565
静岡	70.3	39.0	109.3	150.8	1.38	19	7,939
愛知	84.0	43.6	127.6	162.6	1.27	20	8,131
三重	52.4	33.0	85.3	109.1	1.28	15	7,276
東海	277.4	151.9	429.3	559.5	1.30	61	9,173
全国	2,527.9	1,374.2	3,902.1	4,707.3	1.21	725	6,493

資料：2010年農業センサス、2010年度総合農協統計表より作成

持ち非農家）＝1.21（471万/390万）となる。東海各県のそれは、岐阜1.28（13.7万/10.7万）、静岡1.38（15.1万/10.9万）、愛知1.27（16.3万/12.8万）、三重1.28（10.9万/8.5万）で全国平均を上回っている。

3　人・農地プランの策定状況

2012年12月末現在で、東海4県の人・農地プランを作成しようとしている市町村数は150である（**表8-5**）。うち集落・地域への説明を概ね終了している市町村数は139（93％）、集落・地域での農業者の話し合いが始まっている市町村数113（75％）、人・農地プランに関する検討会の開催に至っている市町村数81（54％）、人・農地プランの作成に至っている市町村数69（46％）である。愛知でやや早めにプランの作成が進み、三重がやや遅れている。人・農地プランの作成に至っている主な市町村名として、岐阜県では養老町、高山市があがっている。高山市は7月に、養老町では9月にプランが策定された。後述するように、主として高山市のプランは新規就農者の確保に、養老町は農地利用集積の促進に重点をおいて作成されている。

表8-5　人・農地プランの進捗状況（2012年12月末現在）

単位：市町村、％

都道府県名	人・農地プランを作成しようとしている市町村数	左の進捗状況割合（％）				人・農地プランの作成に至っている主な市町村名
		集落・地域への説明を概ね終了している市町村数	集落・地域での農業者の話し合いが始まっている市町村数	人・農地プランに関する検討会の開催に至っている市町村数	人・農地プランの作成に至っている市町村数	
静岡県	34	94	85	59	50	掛川市、焼津市
岐阜県	42	90	67	52	45	養老町、高山市
愛知県	45	100	84	71	60	大府市、安城市
三重県	29	83	62	24	21	いなべ市、熊野市
東海4県	150	93	75	54	46	
全国	1,558	95	72	46	42	

資料：農林水産省資料より作成

4　岐阜県にみる「人・農地プラン」作成の進捗状況

岐阜県の42市町村の全てが人・農地プランの作成を予定し、2012年12月末までに19市町村（45％）で作成が済んでいる。未作成市町村の今後の作成予

定時期は、2013年1～3月が12（27％）、2013年4月以降1（2％）、時期未定10（24％）である。

　県では進捗状況を4段階に区分して、その状況を市町村ごとに把握している。2012年12月末現在の未作成23市町村の作成準備状況は、第一段階の「周知・地域の現状把握等に向けた活動（説明会の開催、アンケートの実施等）」までが6町村（14％）、第二段階の「集落の合意に向けた活動（中心経営体等意向調査、プラン案の作成等）」までが4市町（10％）、第三段階の「集落等における合意形成等（集落座談会）」までが6市町（14％）、第四段階の「関係機関・農業代表者等による検討会」まで至っているのが3市町（7％）である。未着手は4町（10％）にとどまる。

　プランの作成単位別市町村数は、「市町村で一つ」が7（17％）、「旧市町村単位」が6（14％）、「JA支店単位」が7（17％）、「改良組合単位」が5（12％）、「その他」が16（38％）、「未定」が1（2％）である。「その他」は、作成に至った特定の地区を単位としている所が多く、それは実質的には旧市町村の領域と重なるケースが多い。例えば、「その他」としている高山市も、実質的に旧市町村を単位としてプランを策定している。また、「市町村で一つ」とした7市町（瑞穂市、岐南町、笠松町、北方町、輪之内町、坂祝町、川辺町）のうち6町は未合併自治体である。いずれも自治体規模が小さく、「旧市町村単位」と同じ範囲とみることができる。さらにJA支店は、旧村を事業領域としているところが多く、その意味では、プランの作成単位の多くは旧村の領域であるとみることができる。

　地域就農支援協議会は、26市町村（62％）で設立されている。プラン作成予定地区数は、41市町村で257地区となり、1市町村平均で6.3地区となる。そのうち既に、126地区でプランが作成されており、作成市町村平均で6.6地区となる。

　「人・農地プラン」に中心経営体として位置づけられた経営体数は917である（2012年12月19日現在、11市町村55地区分）。1地区平均の中心経営体数は16.6経営体である。中心経営体の内訳は、認定農業者（個人）641（69.9％）、

表 8-6　地域の中心経営体の経営作目（岐阜県）

単位：経営体、作目、%

経営作目	経営体数	1経営体当たり作目数	作目の構成比
水稲	641	0.70	30.6
小麦	34	0.04	1.6
大麦	1	0.00	0.0
大豆	31	0.03	1.5
そば	14	0.02	0.7
野菜	761	0.83	36.3
果樹	65	0.07	3.1
花卉	47	0.05	2.2
飼料作物	152	0.17	7.2
畜産	206	0.22	9.8
林産物	90	0.10	4.3
その他	56	0.06	2.7
合計	2,098	2.29	100.0

資料：岐阜県農政部資料より作成
注：2012年12月19日現在、同年11月末までにプランを作成した恵那市を除く11市町村分。

認定農業者（法人）119（13.0％）、その他（個人）138（15.0％）、その他（法人）7（0.8％）、集落営農12（1.3％）である。法人のうち、参入企業が10経営体ある。また「その他」は、新規就農者が中心で、この後、認定農業者へと誘導が図られる見込みである。集落営農を中心経営体としているのは養老町のみである。岐阜県での土地利用型農業の担い手として集落営農は重要な意味を持つが[8]、現段階ではそれは「人・農地プラン」の中心的経営体としての位置づけはなされていない。

　地域の中心となる経営体の1経営体当たり作目数は2.29作目である。作目別には、野菜0.83、水稲0.70、畜産0.22、飼料作物0.17などとなっている（表8-6）。中心となる経営体は野菜作が多いことが特徴である。

　岐阜県には、2012年度予算として戸別所得補償経営安定推進事業費1.8億円、新規就農者確保事業費2.2億円が交付された。青年就農給付金（開始型）を活用しているのは24市町（57％）で、それは県予算枠通りに使用されている[9]。2013年1月末現在で、青年就農給付金の交付対象は、107名（開始型90、準

備型17)にのぼる。それは園芸作（トマト、イチゴ）が大部分を占め、水稲作、畜産はほとんどいない。他方、農地集積協力金の活用は7市町（17％）にとどまる。それは県予算枠の3分の1程度の使用にとどまっている。個別経営の営農継続志向は強く、これに加え中山間地では農地の借り手が不足する傾向にあり、想定されるような農地集積は進んでいない。農地集積協力金を活用した7市町は、いずれも農業協同組合が農地利用集積円滑化団体となっている[10]。農地貸付の条件が整った地域からこの協力金が活用されている。その活用状況は農協の取組にも左右されている。

さらに岐阜県では、2012年度から県単で就農支援協力金事業を開始し、事業費として2012年度は360万円を計上している。これは、「園芸品目での新規就農希望者が円滑に農地を取得し就農できるよう、就農希望者への農地の移転・貸付等に協力する農地の出し手に協力金を交付する」ものであり、また、「農地の貸付等とともに主要な農業用機械等を譲渡した場合に加算金を交付する」ものである[11]。

県では「人・農地プラン」推進チームを2012年11月30日に設置し、2012～13年度に全ての市町村での「プラン」の作成を目指している。またモデル地域を設け、プランの作成・更新を推進し、他地域への波及を図ろうとしている。このようにして「プラン」に基づき、地域の中心となる経営体への農地集積を進めることにより、県の担い手が担う水田面積割合を現状の32％から、2015年度には50％（『ぎふ農業・農村基本計画』目標指標）に向上させることを目標としている。

第4節 高山市にみる「人・農地プラン」の取り組み―野菜作新規就農者の確保を図る―

1 高山市農業の特徴

新規就農者の確保を重点に「人・農地プラン」を先行して作成した高山市で、その取組の状況についてみていくことにする。高山市は、岐阜県北部に

位置する典型的な山間地域に位置する。2005年に周辺9町村（丹生川村、清見村、荘川村、宮村、久々野町、朝日村、高根村、国府町、上宝村）と合併し、面積は2,177km²と東京都に匹敵する日本一大きな市となった。長野県、富山県、石川県、福井県と境界を接し、東西は約81km、南北は約55kmに及ぶ。標高は436～3,190mであり、森林率は92.1％に及ぶ。

　2010年の市の世帯数は3万2,213世帯、人口は9万2,747人で、高齢化率27.0％になる。総農家数は4,486戸で、うち専業農家575戸、第1種兼業農家411戸、第2種兼業農家1,791戸、自給的農家1,709戸である。また市の耕地面積は4,750ha（2011年耕地面積調査）で、その66％が田である。一戸当たり平均耕地面積は1ha程度である。農地は標高500～1,300mの山間高冷地に位置している。

　2011年高山市の農業販売額は190.6億円で、部門別には米16.0億円、野菜91.7億円、果実6.86億円、花卉1.15億円、その他2.05億円、畜産72.8億円である。米・野菜・畜産を3本柱とし、トマト・ほうれん草の生産が盛んである。カメラ・センサー付きの最新鋭設備を備えたトマト選果場（年間120万ケース出荷）が2012年に新設され、これにともないトマトの新規就農の受け入れも行ってきている。

　高山市は飛騨農業協同組合の管内にある。飛騨農協は、飛騨地域の4市村（高山市、飛騨市、下呂市、白川村）を事業領域としている。2001年に広域合併（当時の1市3郡20市町村）し、現在の規模となった。それはほぼ福井県の面積に匹敵し、組合員数（2012年3月31日現在）は、正組合員個人1万4,704人、法人・団体69、准組合員個人2万0,940人、法人・団体428にのぼる。高山市には本店と、金融店舗支店が15支店ある。また営農センターが2店、農機センターが4店、営農資材店舗が11店ある。後述のように、ほぼ旧町村ごとに設けられたこれら支店の領域で地区営農推進協議会が設けられ、「プラン」の作成をすることになる。

　山間地域に位置していることから、農業の担い手は不足傾向にあり、耕作放棄地も目立ってきている。また野菜の専業農家は多いが、水稲の担い手は

それほど多くない。水田農業は主として自己完結的に営まれてきている。さらに農産物の野生鳥獣による被害も目立ってきている。そこで市では、他地域からの新規就農者の受け入れ、耕作放棄地解消・発生防止対策、獣害対策などを強めている。

2 新規就農育成・農地利用集積・耕作放棄地解消の取組

高山市農山村地域活性化計画（2010年6月）で、「地域の過疎化や少子高齢化が急激に進行し担い手不足が深刻化する中で、就農移住を促進するため、農業体験の場の提供、就農のための技術・農地・資金・住居などの支援」を行うことが明記され、就農移住希望者への情報提供（農業フェア、週末を利用した就農体感ツアー）、移住促進メニューの構築（就農移住支援ネットワーク会議）、農業技術習得の促進（研修受け入れ農業者に対する助成等）、農業経営の支援（農用地の賃借料や農業用機械等の導入に対する助成等）、生活の支援（空き家の紹介、同家賃、改修費に対する助成等）を行ってきていた。

市の「農業経営基盤の強化の促進に関する基本的な構想」は、2012年3月に改訂された。ここで効率的かつ安定的な農業経営の指標として、土地利用型では水稲・個別経営体は、経営面積10ha（水稲7、新規需要米3）＋作業受託10ha、水稲・組織経営体は、経営面積30ha（水稲20、新規需要米5、ソバ5）＋作業受託30ha（水稲基幹3作業）の営農類型モデルが示されている。そしてこれら効率的かつ安定的な農業経営が地域における農用地の利用に占める面積のシェアの目標を2015年32.4％、2020年33.9％と定めた。これら経営体の面積シェアが大宗を占めるようになるのは、なお先のことと見込まれている。

担い手への農地集積を進めるため高山市単独事業として、「新規就農者規模拡大事業」を実施し、認定農業者が新規に6年以上の利用権設定した場合、8,000円/10aを3年間支援している。また「担い手農家規模拡大事業」では、6年以上の利用権を締結した認定農業者に8,000円/10aを交付している。

表 8-7　耕作放棄地の動向（高山市）

単位：ha

年度	年度末耕作放棄地面積	耕作放棄地の増減			うち耕作放棄地再生支援事業による解消
		解消	発生	増減	
2008	158.2				
2009	166.2	8.2	16.2	8.0	5.5
2010	160.2	11.2	5.2	-6.0	3.0
2011	155.7	15.8	11.3	-4.5	1.9
小計		35.2	32.7	-2.5	10.4

資料：高山市役所資料より作成
注：四捨五入表示のため、合計値が一致しないものがある。

　また、2009年度から耕作放棄地の解消に取り組み始めた。2008年度末には市で158.2haの耕作放棄地があった。これを緑色、黄色に区分し、解消可能性のあるところを中心に、耕作放棄地再生事業も活用しながら、その解消に努めてきた。高山市単独事業で、「耕作放棄地再生支援事業」を実施し、耕作放棄地を再生するために要する経費の8/10を支援してきた。また「地域農業組織強化支援事業」では、高山市営農推進協議会が、各集落における現状の把握、問題点の整理を行う場合、解決方法の検討並びに各種政策の推進及び研修を行うために要する経費の1/2助成を行ってきた（500万円）。

　この過程で荒れ地を見極め、20～30aは山に返した。その結果2009～11年度の3カ年で35.2haの耕作放棄が解消された（**表8-7**）。同期間の新たな耕作放棄の発生と相殺すると、耕作放棄地面積は2.5ha減少し、2011年度末には155.7haに減少した。旧町村ごとに、最低でも20aの耕作放棄地を解消することを目標として全地区で取り組んだ。

　獣害対策にはフェンスを集落単位で設置してきた。これには集落全員が参加して行っており、住民がまとまる機会となっている。これにより、農地に目が向き、集落での話し合いのきっかけとなっている。

　「プラン」に先立ち、2012年1月に全農家対象に恒例の営農意向アンケートを実施した。その結果、農地を出したい人は少なく、また数年後の意向では、無回答のものがほとんどであったようである。農地については現状維持

志向が強いことが窺われる。

3 「人・農地プラン」の作成

　このように高山市では、新規就農者の育成、耕作放棄地の解消・発生防止、農地の利用集積が地域農業の課題となっており、「人・農地プラン」をいち早く利用してそれに取り組むことになる。トマトを中心として、新規就農予定者数は40名程度いる。なかには他所からの移住での新規就農希望者もいる。これら新規就農者予定者が青年就農給付金を得るためにも、人・農地プランが作成されることになる。市の「プラン」作成検討会が設置された。そのメンバーは、JA 1、農業委員会3、市1、認定農業者等7の12名からなり、うち5名（岐阜県女性農業経営アドバイザー、農業者2、農業委員2）は女性である。

　4月に市内旧市町村単位で、農事改良組合長会議を開催して、「人・農地プラン」の制度メリットなどについて説明した。「自分たちの農業・農地を考えてみましょう」と問いかけて話し合いを進めた。そして要望があった集落において、個別に説明会を開催してきた。集落を単位として人・農地プランに関する説明会が開催された。説明会は、農業委員中心に行われ、各改良組合とも5回程度開催された。しかし説明会への参加者は、改良組合構成員約60名のうち10名程度（約2割）であった。

　旧市町村（10市町村）を単位としてプラン作りが進められた。当初、高山市全域で12〜13地区（高山1・丹生川1・清見2・荘川1・一之宮1・久々野1・朝日2・高根1・国府1〜2・上宝1）で作成される予定であった。しかし集落間の出入作が多く、10地区での作成となった。新規就農者へのヒアリング、認定農業者以外の地域での中心となりえる経営体の規模拡大等の意向確認、農地集積協力金の活用者の把握等により、全地域でプラン原案が作成された。そして、2012年7月30日にプランは作成された。プランは旧市町村単位で作成され、図面もできた。しかし、まだ内容の肉付けはこれからである。2013年4〜5月に更新予定であり、それが固まるのに3〜4年はか

表 8-8 高山市地区別の認定農業者、耕作放棄地の状況

単位：経営体、%、ha

プラン地区名	認定農業者数	うち法人	うち水稲作が主	うち法人	水田不作付率	耕作放棄地面積
高山	256	20	19	4	6.2	34.7
丹生川	111	7	4	0	6.3	6.5
清見	38	18	1	1	4.7	13.6
荘川	9	2	1	1	9.9	26.7
一之宮	13	1	3	0	9.1	0.3
久々野	51	2	2	0	12.2	20.2
朝日	22	2	1	1	14.0	4.9
高根	5	1	0	0	35.0	22.2
国府	43	9	10	3	4.7	6.4
上宝	21	4	2	2	11.2	20.3
合計	569	66	43	12	7.3	155.7

資料：高山市役所資料より作成
注：認定農業者数は 2012 年 11 月 15 日現在、それ以外は 2011 年。

かるだろうとみている。

　認定農業者に加え、地域から推薦のあった23経営体がプランでの中心となる経営体として位置づけられた。野菜作農家である。うち18名が就農給付金を支給されている。来年度はさらに増加し、30名程度になる見込みである。

　水稲が主の認定農業者は、43名いる。その経営面積は、3～10ha程度である。高山（19名）、国府（10名）のような平場では、水稲作の担い手が一定数確保されているが、山間地では1～4経営体にとどまる。高根では水稲の担い手はおらず、NPOがソバ、トウモロコシで土地利用している（**表8-8**）。

　市での経営転換協力金の交付者は1名、規模拡大加算は2名にとどまる。それはプランの作成と「並行して」農地の流動化が計画されていたものである。また県単の園芸作への就農支援協力金事業の交付者は8名になる。

　「プラン」が作成されたことにより、「地域農業の担い手を明確にすることができ、遊休化しそうな農地や相続の発生した農地についても、次の担い手

がみつけやすくなる」(同市農業委員会会長)[12]と言う。

4 地域主体型の集落形成

　高山市の「プラン」作成の単位は旧町村にあるが、話し合いの基本は集落に置き、「地域主体型の集落形成」に務めている。まず、①「集落単位」の農事地区改良組合(226組合)で、地域が抱えている問題点を整理し、その原因の整理と解決方法を検討する。これには、認定農業者のみではなく、直売所出荷農家など一般農家も参画する。自ら対応できることは実施し、自らできないことを地区営農推進協議会へと相談する。②「地区単位」の地区営農推進協議会は、プラン作成地区の単位で設けられ、それはほぼ農協支所(営農資材店舗)と重なる。高山地区のみ5つの地区協議会が設けられている。14の地区協議会で問題点の整理と解決方法を検討し、地域でできることは実施し、実施できないことを高山営農推進協議会へと相談する。③「市単位」の市協議会では、地域の課題を整理し、対応方法を協議する。そして行政と農協、農業者の役割分担を明確化し、問題を解決するための方法を検討する。各単位とも、農業委員、農協理事、生産団体、認定農業者、作業受託組合、農協青年部・女性部などが構成員となっている。

第5節　養老町にみる「人・農地プラン」の取り組み―農地の利用集積を図る―

　養老町は岐阜県西濃地域の平坦地に位置し、農業は水稲作中心に施設園芸・畜産等多様に展開している。主な農産物は水稲、トマト、いちご、花卉、ふき、柿等である。耕地面積は2,680ha、総農家数は1,489戸である。また組織経営体の組織として「養老町農業生産組織」があり、これに25団体が加盟している。養老町は西美濃農協の管内にあり、町には農協支店が7つある。

　町での新規就農希望はないが、農地の流動化が進んできている。そのため「プラン」を活用して土地利用型農業の担い手への農地利用集積を、町と農

協が協働して進めている。プラン作成の予定地区数は28で、うち22地区で既に作成されている。生産調整地域がプラン作成の単位である。中心となる経営体数は、個人58、集落営農12、法人9（集落営農4、会社5）である。これに対し約40戸が農地利用集積協力金の候補者としてあがっている。中には貸付先の希望をもつ地権者もおり、「白紙委任」の条件が整ったものから順次、その交付の対象にしていくという。プラン作成検討委員会は14名（農業委員9、JA1、土地改良区1、町1、認定農業者1、その他1）で、うち5名（うち農業委員3）が女性である。プランは9月に作成された。

第6節　むすび

　地域により「プラン」への取り組み方はさまざまである。それを作成済みのところも、内容の詰めはこれからである。とりわけ、農地の利用集積の目標が具体化されるのには相当程度の期間が必要とみられる。
　新規就農者は園芸作中心である。土地利用型農業での新規就農者はほとんどいない。農地流動化の状況も地域によりさまざまである。高山市のように土地利用型でも自己完結的な農業経営が主たる場合、現状維持志向が強く、農地集積もあまり進まないとみていい。「プラン」により農家が減り、農地の維持・管理主体が失われることに対する危惧の念も強い。これらの地域で中心経営体が生産の大宗を占めるには相当程度の期間が必要であることは間違いない。そもそも地元の基本構想では、それら経営体が生産の大宗を占めることを想定していない。過疎化が進む中山間地域での担い手は能力の限界近くまで耕作しているところが多い。こうした地域において「プラン」による集落での話し合いの広がりは、地域の農地の問題、耕作放棄地対策として一定程度は有効であると思われる。
　これに対し、農地の流動化が一定進展している平場地帯においては、農地集積協力金、規模拡大加算金が適切に運用されれば、農地の利用集積に有効に機能することが想定される。この点では、農地利用集積円滑化団体として

の農協の役割が大きくなっている。またプラン作成の単位となる地区は、旧村やそれを事業領域とする農協支店の場合が多い。まさに農協支店を核として、「選別・排除の論理に立たない」(13)ことに留意し、直売所出荷等の多様な担い手を包摂しながら、地域農業振興の一環として「プラン」を集落レベルから積み上げて利活用することが求められている。そして、それがTPPを跳ね返す力となるような工夫・検討も必要である。

注
（1）これについては、安藤（2013）に詳しい。
（2）同基本方針では、「国内生産維持のために消費者負担を前提として採用されている関税措置等の国境措置の在り方を見直し、適切と判断される場合には、安定的な財源を確保し、段階的に財政措置に変更することにより、より透明性が高い納税者負担制度に移行することを検討する」と、関税措置の見直しが明記されている。これは、言うまでもなくTPP交渉参加を意識したものである。
（3）これに関連し、「一定規模を示して、それ以下を政策の対象から外すことを目的とするものではない。現場の方々の主体的な判断を尊重しつつ政策の選択肢を示すことにより誘導することが重要である」、「意欲あるすべての農業者が農業を発展できる環境を整備するとの「食料・農業・農村基本計画」の方針を変更するものではなく、むしろ進める性格のものである」との注釈が付されている。これに対し、基本法、基本計画、プランの3つでの経営政策の対象が「トリプルスタンダード」の状態にあることを生源寺氏は指摘する。生源寺眞一「迷走する農政と人・農地プラン―農村現場のしたたかな対応のために―」東京財団http://www.tkfd.or.jp/research/project/news.php?id=944　更新日2012年4月20日、アクセス日2013年1月4日。
（4）人・農地プランとは直接関係しない支援策もいくつか設けられている。第一に青年就農者の定着支援では青年就農給付金（準備型）がある。これは、青年の就農意欲を喚起するため、就農前の研修期間（2年以内）の所得を確保する給付金を交付（年間150万円）するものである。第2は雇用就農の促進を図る「農の雇用事業」である。これにより青年の農業法人への雇用就農を促進するため、法人が雇用就農者に対して実施する実践研修（最長2年間）に要する経費が助成される。第3に、農業経営者育成教育機関に対する支援である。これにより高度な農業経営者教育機関等に対して支援が行われている。
（5）ただし、ブロックローテーションの取組により6年以上の農地の貸付け等が困難な場合には、ブロックローテーションの取組計画書に基づく期間とする

ことが可能である。なお土地利用型農業とは、稲、麦、大豆、そば、なたね、てん菜及びでんぷん原料用ばれいしょを生産する農業をいう。

（6）ただし、この場合市町村等への配分金額と、交付申請者への配分金額の差額については、国へ返還する必要がある。経営転換協力金の交付を受けた者は、分散錯圃解消協力金の交付を受けられない。また、分散錯圃解消協力金の交付金を受けた者については、当該交付を受けた年度は経営転換協力金の交付対象から除かれる。

（7）国の補助金（交付金を含む）の交付決定を受けた事業の補助残事業部分に充てるために融通される資金は対象外となる。

（8）これについては、荒井ら（2011）に詳しい。

（9）岐阜県農業会議から県知事に提出された建議書（2012年11月12日）では、「青年就農給付金の予算確保」として、「県に割り当てられた補助金は本県の要望を大きく下回るものであり、需要に対応できない状況」にあり、また就農に伴うリスクが避けられないことから、「要件に見合う希望者全員に青年就農給付金が受けられるよう」要望が提出されている。これをうけ補正予算でそれが拡充された。

(10)岐阜県では、41市町村で44農地利用集積円滑化団体がある。市が3、担い手育成総合支援協議会が1、農協が40である。県内7つの総合農協はいずれも農地利用集積円滑化団体となっている。また農地保有合理化法人は、県公社1、農協7である。

(11)この就農支援協力金の交付対象者は、「人・農地プランに位置付けられた新規就農者に農地を貸付け等する者」であり、その要件としては「農地利用集積円滑化団体又は農地保有合理化法人に白紙委任をすること。委任期間は10年以上で、委任の内容は6年以上の農地の貸付等の相手方を選定すること」としている。交付単価は、5万円/10aである。また、機械等譲渡加算も設けられ、加算対象者を「就農支援協力金の交付対象者で、農地の貸付等とともに、主要な農業用機械等を譲渡した者」とし、かつ「①農地の貸付け等を行った者への譲渡であること。②無償の譲渡であること」を要件としている。交付単価は、2万円/10aである。

(12)全国農業新聞2012年11月16日付け。

(13)田代（2012）、30ページ。

第9章

小規模・高齢化集落の農業と集落営農
―岐阜県中山間地域の事例―

第1節　課題

　農林業の長期的低迷のもとで中山間地域では就業の場が少なくなり、青年層の都市への人口流出が続き、高齢化がいち早く進んでいる。またその地形は起伏に富み、圃場区画、経営耕地面積、集落規模も小さい傾向がある。ここでは機械化による労働生産性の向上には限界があるが、寒暖差が大きく、ミネラルを豊富に含んだ用水利用により農産物の品質には定評がある。また中山間地域農業のもつ多面的機能が評価され、条件不利正を補正すべく中山間地域直接支払政策が実施されてきている。
　しかし世帯数が少なく、高齢化が進んだ集落の農業の継続には、より多くの課題がある。岐阜県の森林率は79.1％と、高知県に次いで2番目に高く、県土の83％が中山間地域である。ここでの農家人口の高齢化率は特に高い。県内には小規模・高齢化集落（農家戸数19戸以下で農家人口の高齢化率が50％以上）が2005年時点で147集落あるが、その9割近くの126集落が中山間地域に集中している。うち、110集落（87％）では農業の担い手である認定農業者や集落営農組織がいない。これらの集落では、担い手不足から高齢化のさらなる進行にともない耕作放棄地の増加が懸念され、農地の受け皿作りは喫緊の課題となっている[1]。なかには、高齢化の著しい集落では、その存続も危ぶまれるところもある[2]。これらの集落において農地を維持管理し、集落農業を後の世代にも継承するには、共同で農作業等を行う集落営農の組

織化を進めることが有効である場合が多い。

　そこで本章では、岐阜県を対象として中山間地域小規模高齢化集落での農地の維持管理、経営の継承の仕組みと可能性を探ることを課題とする。まず、農業センサス、岐阜県資料に基づき小規模・高齢化集落の農業とその担い手の実態を統計的に明らかにする。次いで、こうした集落の農業を支えているのは集落営農など営農組織の割合が高いことから、関係する組織経営の状況について県資料とアンケート調査・ヒアリング調査結果（2011年実施）によりまとめる。これらを通じて小規模・高齢化集落と他集落との連携のあり方をまとめていく。さらに小規模・高齢化集落の農業継続のためには、集落営農の組織化が有効であることから、そのモデルとして選定した4集落の集落営農組織化の取組と成果についてもとりまとめた[3]。そして6つの小規模・高齢化集落をかかえる典型的な山間農業地域である加茂郡白川町での集落営農組織化の現状分析を行い、中山間地域における集落営農組織化の課題について整理する。小規模・高齢化集落での農業継続の仕組みを明確化することは中山間地域農業そのものの継続にも有益な示唆が与えられるものと期待できる[4]。

第2節　岐阜県中山間地域における小規模・高齢化集落の農家・農地と担い手の状況

1　小規模・高齢化集落の農家・農地の状況

　岐阜県の中山間地域にある小規模・高齢化126集落の地域別内訳は、可茂25、飛騨21、下呂19、郡上12、恵那12、揖斐10、中濃10、岐阜8、東濃8、西濃1である。中濃、飛騨地域でその数が多い。当該集落の販売農家の高齢化率は66.0％と高く、それは地域別には飛騨77.4％、東濃76.3％、揖斐70.6％などが特に高い（表9-1）。

　また総農家数は平均9.2戸、うち販売農家数が3.0戸であり、自給的農家が6.2戸と大半を占める。販売農家一戸当たりの世帯員数は平均2.9人である。

表9-1 小規模・高齢化集落の農家と耕地の状況－岐阜県中山間地域－

農林事務所	小規模・高齢化集落数	一集落当たりの平均値					
		総農家数	販売農家数	販売農家一戸当たりの世帯員人数	高齢化率（販売農家）	耕地面積	農家一戸当たりの耕地面積
	(集落)	(戸／集落)	(戸／集落)	(人／戸)	(％)	(ha／集落)	(ha／戸)
岐阜	8	7.5	3.4	2.8	53.1	8.0	1.07
西濃	1	5.0	1.0	3.0	66.7	5.0	1.00
揖斐	10	9.9	3.6	2.4	70.6	7.3	0.74
中濃	10	9.0	1.5	3.2	59.5	6.5	0.72
郡上	12	9.0	2.5	3.2	62.1	6.5	0.73
可茂	25	10.7	4.4	3.1	66.9	8.2	0.76
東濃	8	11.6	1.5	2.4	76.3	4.9	0.42
恵那	12	8.6	2.5	3.3	61.5	4.7	0.54
下呂	19	10.3	2.6	3.1	58.0	5.1	0.49
飛騨	21	6.5	2.6	2.4	77.4	7.8	1.19
合計	126	9.2	3.0	2.9	66.0	6.7	0.73

資料：2005年農業センサスから作成

集落の耕地面積は平均6.7haで、うち田4.0ha、畑2.0ha、樹園地0.7haである。農家一戸当たりの経営耕地面積は0.73haとなる。

2 担い手の有無別にみた小規模・高齢化集落の特徴

　中山間地域に位置する小規模・高齢化126集落に関係する農業の担い手の有無について2010年に岐阜県が調査を実施した[5]。それによれば、「集落に担い手がいる」小規模・高齢集落は、16集落（13％：可茂7、中濃3、郡上2など）にとどまる（表9-2）。また「隣接する集落に担い手がいる」集落は38集落（30％：下呂13、可茂10、飛騨4、岐阜・中濃・郡上3など）で、うち「集落と近隣のどちらにも担い手がいる」集落が3集落（2％）である。よって「集落または近隣の集落に担い手がいる」集落が51集落（40％）となる。その担い手の内訳は、個人14戸、集落営農18組織、法人17組織である。1組織で複数の小規模・高齢化集落から農地を受けているところいくつかある。それは組織経営の割合が高い。

表 9-2 担い手の状況別小規模・高齢化集落の農家と耕地の状況－岐阜県中山間地域－

担い手の有無の状況		小規模・高齢化集落数	一集落当たりの平均値					
当該集落の担い手	隣接集落の担い手		総農家数	販売農家数	販売農家一戸当たりの世帯員人数	高齢化率(販売農家)	耕地面積	農家一戸当たりの耕地面積
		(集落)	(戸/集落)	(戸/集落)	(人/戸)	(%)	(ha/集落)	(ha/戸)
無し	無し	75	8.5	2.4	2.8	69.0	5.8	0.68
無し	有り	35	10.0	3.2	2.9	64.4	7.8	0.78
有り	無し	13	10.5	4.8	3.0	55.9	8.4	0.80
有り	有り	3	11.7	5.7	3.4	51.3	9.7	0.83
		126	9.2	3.0	2.9	66.0	6.7	0.73

資料：岐阜県資料(2010年)、2005年農業センサスから作成

そして「集落にも近隣の集落にも担い手がいない」集落は75集落（60％）となる。小規模・高齢化集落の約6割には、当該集落にも近隣の集落にも農業の担い手がいない。

当該集落に担い手がいる16集落の平均総農家数は10.8戸、うち販売農家数5.0戸（自給的農家5.8戸）、その高齢化率（販売農家）は55％である。その販売農家数はやや多く、高齢化率がやや低い。また耕地面積は8.6ha（うち田5.7ha、畑1.9ha、樹園地1.1ha）、農家一戸当たりの経営耕地面積は0.80haとやや大きい。16集落の担い手の内訳と、それぞれの高齢化率は、「集落に個人の担い手がいる」6集落・高齢化率52％、「集落に集落営農組織がある」7集落・高齢化率58％、「集落に法人がある」3集落・高齢化率56％である。

また「隣接する集落に担い手がいる」38集落の総農家数は平均10.2戸、うち販売農家数が3.4戸（自給的農家6.8戸）、耕地面積が7.9ha（うち田5.4ha、畑1.9ha、樹園地0.6ha）、農家一戸当たりの経営耕地面積が0.78haと、全体と比較してわずかに大きい。その高齢化率（販売農家）も63％とわずかに低い。担い手のタイプ別にみた集落数と該当集落での高齢化率は、「近隣に個人の担い手がいる」12集落・高齢化率67％、「近隣に集落営農組織がある」11集落・高齢化率55％、「近隣に法人がある」15集落・高齢化率67％である。

3　集落リーダーの有無別等にみた小規模・高齢化集落の特徴

「集落でリーダーとなりうる人材がいる」集落は、10集落（8％）にとど

表9-3 岐阜県中山間地域の小規模・高齢化集落の担い手等の状況
－担い手の状況別－ 単位：集落、%

担い手の有無の状況		小規模・高齢化集落数	実数			割合		
当該集落の担い手	隣接集落の担い手		集落でリーダーとなりうる人材がいる	中山間地域等直接支払制度の協定がある	農地・水・環境保全対策の協定がある	集落でリーダーとなりうる人材がいる	中山間地域等直接支払制度の協定がある	農地・水・環境保全対策の協定がある
無し	無し	75	2	16	15	3	21	20
無し	有り	35	1	12	16	3	34	46
有り	無し	13	6	7	7	46	54	54
有り	有り	3	1	3	1	33	100	33
		126	10	38	39	8	30	31

資料：岐阜県資料(2010年)から作成

まる（**表9-3**）。地域別には、可茂5、中濃・下呂2などの集落にリーダーがいる。

「集落に担い手がいる」16集落では、「集落でリーダーとなりうる人材がいる」集落が7集落（44％）と多いのに対し、「集落に担い手がいない」110集落で、「集落でリーダーとなりうる人材がいる」集落は3集落（3％）と極めて低い。

「中山間地域等直接支払制度の協定がある」集落は、38集落（30％）にとどまる。地域別には、可茂11、下呂7、飛騨5、揖斐4などで協定がある。「集落に担い手がいる」集落では、「中山間地域等直接支払制度の協定がある」集落は63％にのぼるのに対し、「集落に担い手がいない」集落ではそれは25％にとどまる。

また、「農地・水・環境保全対策の協定がある」集落も、ほぼ同様に39集落（31％）にとどまる。地域別には、下呂11、可茂9、飛騨6、揖斐・中濃・郡上3などで協定があり、「中山間地域等直接支払制度の協定がある」と同傾向にある。「集落に担い手がいる」集落で「農地・水・環境保全対策の協定がある」集落の割合は50％にのぼるのに対し、「集落に担い手がいない」集落のそれは28％にとどまる。農業の担い手や地域リーダーのいる集落では、これらの政策を活用した取組が行われていることがわかる。

第3節 中山間地域小規模・高齢化集落に関係する集落営農等の活動状況

1 小規模・高齢化集落に関係する集落営農等の経営等概要

　岐阜県下の小規模・高齢化集落で、当該集落または近隣の集落に担い手がいる51集落に関係して活動している営農組織は29組織ある[6]。任意の集落営農組織が14組織、法人組織が15組織、合計29組織である。その母体となる集落の水田面積平均は49ha、組織の構成員は平均22名である（表9-4）。各組織は水田用農用機械を一式保有しており、経営面積は平均16haである。法人組織は経営規模が平均19haなど、事業規模が任意組織に比較して大きい。

表9-4 小規模・高齢化集落に関係する営農組織の経営概要（平均値）

		任意組織		法人		合計	
組織数(組織)		14		15			
母体となる集落の全水田面積（ha）		51		47		48.9	
組織の構成員(名)		38	(12)	10		22.4	(27)
主な施設・機械装備（台）	トラクター	1.5		2.0		1.8	
	田植機	1.7		1.8		1.8	
	自脱型コンバイン	1.3		1.5		1.4	
	大豆コンバイン	0.1		0.3		0.2	
	乾燥機	0.1		1.8		1.0	
農業生産の面積（ha）	（経営耕地面積）	8.3	(4)	18.9	(12)	16.3	(16)
	水稲	6.1	(4)	11.9	(11)	10.4	(15)
	大豆	4.4	(3)	5.0	(4)	4.7	(7)
	麦	0		7.9	(3)	7.9	(3)
	そば雑穀	0		33.0	(2)	33.0	(2)
	その他	0		2.7	(7)	2.7	(7)
農作業の受託面積（水稲）（ha）			(12)		(9)		(21)
	耕起	4.0		15.2		8.8	
	代かき	4.4		15.8		9.3	
	田植	6.0		17.9		11.1	
	収穫	10.8		20.5		15.0	

資料：岐阜県資料(2010年)から作成
注：(　)内数値は回答数、この記載のないものは、任意組織14、法人15、合計29。

中山間地域の小規模・高齢化集落で、集落営農の組織化を検討する場合、実際にこれらの集落で、どのような組織がどのような経緯でどれだけ活動しているかを知ることは、重要な手がかりとなる。そこで組織形態ごとに特徴をやや詳しく見ていくことにする。

（1）任意組織14組織

　岐阜県下で小規模・高齢化集落の農業に関わる任意の営農組織は14組織である。市町村別には、白川町4、下呂市4、揖斐川町・関市・八百津町・恵那市・山県市・中津川市が各1である。うち、「当該集落で担い手としての集落営農」が7組織、「近隣集落の担い手としての集落営農」が7組織である。設立時期は、2003年以前が8、2004年以降が5（うち前身組織有り3）である。全ての組織に規約が有る。

　集落営農の類型としては、協業経営型（集落ぐるみ型）が3組織、作業受託型（オペレーター型）が10組織である。農作業（基幹作業）の実施方法は、13組織が「田植、収穫などの基幹作業はオペレーターが行い、水管理などの補助作業は各構成員が行う」ようになっている。また「次期代表者の確保」では、「確保されている」が8組織、「確保されていない」が5組織である。

　組織の経営指標（13組織平均）は以下の通りである。母体となる集落の全水田面積は、平均51ha、組織の構成員平均38名（12組織）である。主な施設・機械装備は、トラクター1.5台、田植機1.7台、自脱型コンバイン1.3台、大豆コンバイン0.1台、乾燥機0.1台である。主たる従事者は7.0人（11組織）で、世代内訳は39歳以下0.5人、40歳以上64歳以下5.6人、65歳以上1.4人である。壮年層がその中心を占める。経営面積平均は8.3ha（4組織）で、農業生産は水稲4組織・平均6.1ha、大豆3組織・平均4.4haが行われている。水稲作業の受託は12組織で行われており、平均で耕起4.0ha、代かき4.4ha、田植6.0ha、収穫10.8haの受託面積がある。

　経理方法としては、「組織の口座がある」が13組織、「組織名で農産物の出荷を行っている」が3組織（米2、米以外3）、「農産物の販売収入のほか、

資材購入も含めて全て組織に一任している」が5組織である。記帳方法としては、「複式簿記記帳」が5組織、「収支記帳」が8組織である。

（2）法人15組織

　岐阜県下で小規模・高齢化集落に関わる法人組織は15組織ある。市町村別には、下呂市5、高山市3、関市・山県市・郡上市・川辺町・八百津町・白川町・瑞浪市が各1である。小規模・高齢化集落の「当該集落で担い手としての法人」は2組織にとどまり、「近隣集落の担い手としての法人」が13組織となる。他集落の法人が小規模・高齢化集落の農作業を請負うのが通例である。

　その設立時期は、2003年以前が5組織、2004年以降が8組織（うち前身組織有り4）である。定款・規約は全ての組織に有り、また全ての組織が複式簿記記帳である。法人の形態は、農事組合法人8組織、有限会社3組織、株式会社2組織、合資会社2組織である。またその類型は、「個別経営型」が8組織、「集落一農場型（集落ぐるみ型）」が3組織、「法人委託型（オペレーター型）」が4組織である。組織の平均経営指標（12組織分）は次の通りである。

　母体となる集落の全水田面積平均は47ha、組織の構成員平均は10名である。オペレーターの年間従事日数（9組織）は、第1位の者が152日、第2位が124日、第3位が116日である。経営面積（12組織）は、平均18.9ha、うち賃借権・利用権が18.7haである。農業生産の組織数・面積は、水稲11組織・平均11.9ha、大豆4組織・平均5.0ha、麦3組織・平均7.9ha、そば雑穀2組織・平均33ha、その他7組織・平均2.7haである。水稲作業の受託を9組織が行っている。その平均面積は耕起15.2ha、代かき15.8ha、田植17.9ha、収穫20.5haと大きい。主な施設・機械装備は、トラクター2.0台、田植機1.8台、自脱型コンバイン1.5台、大豆コンバイン0.3台、乾燥機0.8台である。

2 小規模・高齢化集落に関係する集落営農等の活動状況―担い手調査結果から―

（1）営農組織の活動領域―平均6.1集落―

　上記29組織へ活動状況等について2011年にアンケート調査を実施（回答17組織：回答率59％）し、小規模・高齢化集落の農業との関係の実態について明らかにした[7]。

　回答のあった17組織の市町村別内訳は、白川町4組織、高山市3組織、下呂市・関市2、山県市・郡上市・瑞浪市・恵那市・中津川市・揖斐川町が各1である[8]。「当該集落の担い手」が6組織、「近隣集落の担い手」が11組織である。任意の集落営農が8組織（当該集落3、近隣集落5）、法人組織が9組織（当該集落3、近隣集落6）である。また、営農形態としては、「共同利用型」が5、「オペレーター型」が6、「ぐるみ型」が3、「担い手委託型」が3である。オペレーター数は平均5.2人、うち役員が3.1人である。組織が農作業をカバーする集落数は平均6.1集落である。作業受託のある集落数（判明10組織分）は、耕起が平均2.8集落、田植が3.5集落、管理が0.6集落、収穫が4.4集落である。該当集落での作業受託面積は、耕起が平均1.4ha、田植が1.5ha、管理が1.1ha、収穫が2.3haである。収穫作業の受託集落数が多く、面積も大きい。逆に管理作業の受託集落数は少なく、面積も少ない。

　また該当集落までの平均距離は3.2kmとなる。該当集落までの平均距離と該当集落での作業受託面積平均（収穫）との間に、0.406と、「かなり相関がある」。作業の効率性を考慮して、通作距離に比例して受託面積は大きくなる傾向がある。

（2）作業受委託・農地貸借における管理方法

　農家からの農地の管理依頼に対し、「作業受託なら対応」が7組織、「利用権設定でも対応」が2組織、「どちらも可」が1組織である。作業受託での水管理の担当者等の集落数の状況は次の通りである。

　水管理：「地権者で管理」12、「組織で管理」4、「別途料金で組織」0

畦畔管理：「地権者」15、「組織」3、「別途料金で組織」0

条件不利水田：「受けない」6、「受ける」9

割増料金：「設定する」4（割増料金率　10％、15％、30％）、「設定しない」6

品種指定：「依頼する」4、「依頼しない」8

　また、法人9組織の利用権設定面積は平均21.3ha、10a当たり小作料は平均5,333円である。利用権設定地での水管理の担当者等の集落数の状況は次の通りである。

水管理：「地権者」3、「組織」5、「別途料金で地権者」1

畦畔管理：「地権者」5、「組織」2、「別途料金で地権者」0

条件不利水田：「利用権設定する」3、「利用権設定しない」2

別途小作料：「設定する」0、「設定しない」4

　作業受委託でも組織が一定程度畦畔管理、水管理も行っており、また利用権設定地でも地権者が畦畔管理・水管理に一定程度関わっていることがわかる。地域の事情によりこれら管理作業の担当の状況が異なる。

（3）経営の見通しなど

　「経営規模の見通し」としては、「拡大」が8組織、「現状維持」が7組織、「縮小」が1組織である。経営規模の見通しで「拡大」を選択した8組織で、「拡大にあたり重視する点（6つのうち3つまで選択）」としては、「圃場条件」6、「面積」4、「水利条件」3、「交通の利便」2、「地形」2、「文化的交流」1である。「拡大の対象になりえる距離と面積」は、4km・1ha、10km・0.5ha、10km・1ha、3km・2ha、10km・13haであり、平均すると7.4km・3.5haとなる。

　また、規模拡大の利点としては（8つのうち4つまで選択）、「耕作放棄地防止」8、「農業機械保有の効率化」6、「集落共同体の保全」3、「担い手の確保」3、「農作業の簡素化」2、「自然保護」2を選択している。8組織全てが、「耕作放棄地防止」を選択している。

また、「規模拡大できない理由」としては、「今年度で組合解散の予定」、「小規模農家中心」、「オペレーターが高齢になるため、オペレーターの育成が困難になりそう」、「拡大できる農地がない」、「現在の規模で手いっぱいの状態（中山間のため畦畔が多く管理がこれ以上できない）」、「高齢化」をあげている。

このように該当組織の約半数が積極的に規模拡大を志向しているが、他方で組織の中心的な担い手の高齢化などを理由に、現状維持志向にとどまるところが半数あることがわかる。そこで次に、4つの事例からさらに詳しくこれらの状況についてまとめてみる。

第4節　小規模・高齢化集落に関係する集落営農等の事例研究

1　4組織の経営の特徴

小規模・高齢化集落内の担い手が1組織、近隣の担い手が3組織である（表9-5）。法人が2組織、任意組織が2組織であり、組織のタイプはまちまちである。カバーする小規模・高齢化集落までの通作距離の平均は2.3kmになる。オペレーター数は平均5.0名で、機械一式がほぼ装備されている。5集落程度の他の集落からの作業受託を受けている。その平均距離は1.7km、平均面積は3.1haである。U営農では組織の中心的担い手が個人でも農地を借り受けている。

2　戸別所得補償制度を契機に設立—当該集落での担い手・T営農—

T営農は、2010年6月に設立された。前身組織があり、それは1985年頃に耕地整理事業（10a区画）の終了後に小さな共同利用組織として設立された。管理作業は個人が担当してきたが、戸別所得補償制度の実施を契機として新たな組織に再編された。自己の保有田の意識が強く、共同化に踏み切るまでは「しんどかった」と言う。次第に、農用機械の保有も限られてくることになり、機械保有は組織に一元化された。戸別所得補償制度への加入により、

表9-5 小規模・高齢化集落の農作業等を請け負う営農組織の経営概要

組織名		T営農	U営農	(有)K法人	(農)O法人	平均
所在地		関市	下呂市	郡上市	瑞浪市	
カバーする小規模高齢化集落数		1	2	1	1	1.3
カバーする小規模高齢化集落までの距離(km)		当該集落	3	2	2	2.3
営農形態		任意組織	任意組織	法人	法人	
組織形態 タイプ		集落ぐるみ型	担い手委託型	オペレーター型	共同利用型	
オペレーター数(名)		1 71歳	4 中心1名61歳	8	7	5.0
農業機械保有台数(台)	トラクタ	2	1	3	3	2.3
	田植機	1	1	2	2	1.5
	コンバイン	1	0	2	2	1.3
	乾燥機	3	2	0	0	1.3
水田の作業受託面積(ha)	耕起	1.8	1.3	0.5	2.4	1.5
	代掻き	1.8	0.9	0.0	2.6	1.3
	田植	3.1	1.6	5.0	6.5	4.1
	稲刈	2.1	5.4	6.1	12.0	6.4
他集落からの作業受託	集落数	4		5	5	4.7
	事務所からの平均距離(km)	0.9		1.9	2.3	1.7
	一集落当たり平均延べ面積(ha)	2.4		1.3	5.7	3.1
経営規模の見通し		現状維持	拡大・10kmまで	現状維持	現状維持	

資料：2011年11-12月聞き取り調査結果より作成

10a当たりの作業受託料金が約1万円引き下げられた。「それは年金生活者にとり大変大きく映る」と述べている。「スッタモンダしたが、2〜3名が腹をくくり取り組めば組織はできる」とも言う。組織化に並行して農家の意識改革も進んでいる。

　前身組織の頃は15名の構成員がいたが、現在は10名（60歳代5、70歳代5）まで減り、5名は地主となった。8名がT集落、2名が他集落である。うち9名が草刈を担当している。3.3ha（50筆）の水田経営と、他集落の約2haの農地管理を行っている。T集落の水田は1.7haである。仮畦畔は除去され、杭のみ目印として残されている。組合長を兼務するオペレーターは71歳である。農地を借りてまでは稲作をするつもりはない。

　他集落は担い手不在のため耕作放棄が目立っているが、T営農ではレンゲを作付けして耕作放棄を防いでいる。耕起1回、草刈3回で年間10a当たり1万5,000円の管理料を受けている。このほか、10名全員が里芋、パッションフルーツの栽培・販売にも取り組み、自家野菜畑10aの耕作を含め、「楽しく農業」をすることをスローガンとし、それは組織名称にもなっている。地元の小学生を対象とした環境教育にも取り組んでいる。

3　組織での作業受託から個人への利用権設定へ─隣接集落にいる担い手・U営農─

　2002年10月に5名で営農組合を設立した。誰かが田の機械作業を実施しないと、田が荒れていくと感じ思い立った。圃場整備組合長を務めたI氏が中心で組織は作られ、組合長ともなった。

　組合での作業受託のほか、個人でも利用権設定を受けている。最初は、組合への作業委託からはじまり、管理ができなくなった農家から組合長個人への利用権設定に移っている。活動範囲は、旧U村の全12集落に及び、45名から7.2haの利用権設定を受けている。遠いところでも7〜8km程度の距離にある。低地から高地へと順に作業をするが、圃場への移動に時間がかかるのが難点である。1年に50a程度ずつ面積が増えている。田の区画は10aが標準

である。牛糞をベースとした有機質堆肥を圃場にいれ、特別栽培米で栽培している。それを地元の小売店などを通じて販売している。未整備田3枚も維持・管理している。それは旧来の農法を継承することを目的として、楽しみながらやっている。

4　周辺4集落の水稲基幹作業を受託―隣接集落にいる担い手・(有) K法人―

　(有) K法人は、2006年に任意組織のK営農を前身組織として設立された。K営農は、K地区での圃場整備完了後に、転作組合としてスタートし、その後、田植機・コンバインの導入を行い、周辺4集落の水稲基幹作業をも受託する組織へと発展してきた。(有) K法人は、郡上市Y地区のK集落を基礎とする法人化した集落営農であり、集落の31戸の農家のうち30戸で構成されている。1戸のみ自己完結で農業を営んでいる。30戸の農地8.4haの全てに利用権が設定されている。オペレーター8名の年齢構成は、50歳代2名、60歳代5名、70歳代1名であり、平均で年10日程度の従事である。稲刈には有給休暇を取得して従事する者もいる。

　利用権設定した農地も管理作業は地権者が行っている。標準区画は20aであるが、仮畦畔は残されている。地権者が管理できない農地は、大麦を栽培し組合が管理する。現在、大麦を7ha栽培し、その反収は2～3俵である。ただし、獣害がひどく、収穫皆無となる集落もある。稲の栽培品種はコシヒカリであり、反収は8.5俵である。

　近隣の小規模・高齢化集落からの依頼には、「作業受託なら対応」するとしている。

5　近代的大規模経営による旧村領域での農地借入―隣接集落にいる担い手 (農) O法人―

　O町内で圃場整備が実施され、その完了後に近代的な農業に取り組もうと町内の3名が集まり1976年に農事組合法人を設立し、現在に至っている。当

時28〜36歳の青年が脱サラして構成員となり、法人登記した。圃場の平均区画は10a程度、地域の農家一戸当たりの農地面積は約60aである。

　農協のライスセンター、育苗施設一式の管理委託も受けている。利用権設定面積は38haにのぼり、20haを超えた頃から急速に面積が拡大してきている。1984年度には朝日農業賞を受賞している。最初から管理圃場は個人毎に分担が決まっており、最初は一人で3haを受け持ち、現在ではそれが6.5haまで拡大している。中山間のため畦畔が多く管理がこれ以上できず、現在の規模で手いっぱいの状態であるため、経営規模は現状維持を志向している。作期分散のため5品種を栽培し、加工米としても350俵出荷している。反収は8俵程度である。今後は、飼料米の作付けを考えている。

　利用権の4分の1は、使用貸借で小作料が発生していない。畦畔管理は地主が担当している。地主が畦畔管理をできない場合は、組織が実施するが、代金は徴収していない。O町内の農地であれば、借入れを断ることはない。町外の場合、農道幅2.4m以下に接続する圃場では機械が入らないので、断っている。組合員の加齢にともない、今後その補充が必要となるが、後継者は必ずしも町内にいるとは限らないので、ハローワークへ募集して人材を確保することも検討している。

6　モデル4集落での集落営農組織化支援

　2011年度事業でモデル集落として岐阜地域のN集落、揖斐地域のS集落、可茂地域のM集落、東濃地域のK集落の4集落が選定された。4集落の特徴は**表9-6**の通りである。

　1集落当たりの総農家数は平均10.0戸、うち販売農家数5.5戸（自給的農家4.5戸）で、その高齢化率（販売農家）は52.5％である。岐阜県の小規模・高齢化集落の中では販売農家数は比較的多く、高齢化率は比較的低い。耕地面積は8.0ha、うち田6.0ha、畑1.5ha、樹園地0.5ha、農家一戸当たりの経営耕地面積0.80haである。

　また「集落に担い手がいる」集落は無く、「隣接する集落に担い手がいる」

表9-6 小規模・高齢化モデル4集落の農業と組織化の状況

農業集落名	総農家数	販売農家数	高齢化率（販売農家）	耕地面積	農家一戸当たりの耕地面積
N	10	7	50	12	1.20
S	11	6	50	10	0.91
M	6	6	50	5	0.83
K	13	3	60	5	0.38
平均	10.0	5.5	52.5	8.0	0.80

資料：2005年農業センサス、岐阜県資料(2010)、及び2016年12月の聞き取りより作成

集落が1集落（N集落、個人の担い手）あるが、ただしそれは畜産農家で耕種農業はしていない。また、M集落は、隣の集落まで数キロの距離にある。

「集落でリーダーとなりうる人材がいる」のは2集落（M、K）、「中山間地域等直接支払制度の協定がある」のは2集落、「農地・水・環境保全対策の協定がある」のも2集落である。それぞれの集落の特性に応じた支援策が継続的に実施された。そのなかで行なわれた営農意向調査の結果によると、「10年後の家の農業がどうなるか」との問いに、4集落の平均で「現状のまま続けられる」と回答した農家は11％に過ぎなかった。また「集落営農が必要か」との問いには、「はい」が57％、「いいえ」が24％、無回答19％となった。将来の農業経営の継承に不安をかかえ、多くの農家が集落営農の必要性を実感していた。集落営農が必要ないと回答した理由は、自家完結で農業ができていること、生きがいで農業を営んでいること、組織の経営に不安があることなどである[9]。

こうした農家の意向をふまえ、先進地視察や獣害防止柵設置の共同作業などを積み重ね、次第に集落営農組織化の気運が醸成されてくる。そして地域での話し合いが進むことで2012年から順次、集落の特性に応じ集落内、地区内に営農組織が新たに立ち上がってきた。

単位：戸、％、ha

中山間地域等直接支払制度の協定の有無	農地・水・環境保全対策の協定の有無	組織化の状況
×	×	集落内に2012年N営農組合設立、水稲4.6ha
○	×	地区内に2014年に(株)N設立
○	○	隣接集落の組織に作業委託
×	○	地区内に2013年にK営農組合設立、受託1.6ha

第5節　山間農業地域における集落営農の展開—岐阜県加茂郡白川町の事例—

1　白川町の農業の特徴

　白川町は岐阜県中央部の中濃地域にあり、東西約24km、南北約21km、面積237.89km²であり、その約87％を山林が占めている。また、町内すべての集落が、農業地域類型区分の山間農業地域に分類されている。町には6つの小規模・高齢化集落がある（2005年）。

　標高は150mから1,223mと高低差がある。平野部はわずかで、可住地面積は全体の5％程度である。町の西端を木曽川水系の飛騨川が流れ、それにそそぐ、佐見川、白川、黒川、赤川が扇状に東側に伸び、それらの流域に集落が点在している。気候は内陸性であり、朝夕と日中の寒暖差が大きく、茶の栽培に適している。

　農家総数は1,283戸、販売農家が598戸（47％）、自給的農家が685戸（53％）と自給的農家が過半を占めるようになった（2010年）。経営耕地面積は463haで、1戸当たりのそれは平均36aと小さい。農業産出額は8.0億円で、耕種6.0億円、畜産2.0億円である（2014年）。米2.0億円、野菜1.8億円、工芸農作物1.4億円が主な作目である。効率的・安定的な農業経営は複合経営であり、水稲＋αの場合の経営面積指標は、0.6〜2haである（表9-7）。

　町では自己完結的な農業が営まれてきたが、農協ライスセンターのある地

表9-7 効率的・安定的農業経営の指標（白川町）

営農類型	経営面積(ha)	農業経営の指標	
水稲＋茶	2.00	水稲 0.5ha	茶 1.5ha
水稲＋花卉	1.50	水稲 0.8ha	花卉 0.7ha
水稲＋トマト	1.35	水稲 1.0ha	夏秋トマト 0.35ha
水稲＋養鶏	0.60	水稲 0.6ha	養鶏（種鶏）6,200羽
水稲＋肥育牛	0.60	水稲 0.6ha	肥育牛 150頭
茶＋養豚	0.30	茶 0.3ha	養豚 135頭
茶	2.00	茶 2ha	

資料：白川町『農業経営基盤強化促進基本構想』2010年より作成

域を中心に徐々に受託組織が形成されてきた。そして水田経営所得安定対策を契機に稲作の共同経営にまで踏み込み、また集落営農組織連携により新たに大豆用機械の共同利用も実施し、遊休地を解消してきている。こうした集落営農の組織化は、一部の地域にとどまっているが、経理一元化などの緩やかな組織化の形態で徐々に広がりを見せてきている。

　水田経営所得安定対策の実施を契機として、経理の一元化に取り組み、集落営農として展開してきている。そして集落営農間の連絡・調整を図る機関として白川町集落営農組合連絡協議会が2007年に設立された。

2　白川町における集落営農の展開

(1) 集落営農の展開

　白川町集落営農組合連絡協議会に加入する集落営農は、「地域の農地はみんなで守る」を基本理念とし、「地域を担う農業者の育成に努める」、「地域の環境に配慮した農業を推進する」、「安心・安全な農産物生産に取り組む」、「集落ぐるみの営農組合事業を通じて、健康で明るく活力のある地域づくりにつとめる」などを目標として活動を行ってきている。

　2007年に4組織で協議会が結成された。2011年には8組織まで増えている。1組織あたりの作付面積は水稲7.7ha、大豆2.8haと比較的小さい（**表9-8**）。また過去5年の保有米比率が86％になる。米の食味値の平均は78.1と高い。

　ライスセンターの利用単位で集落営農が組織され、それぞれ地区ごとに佐

第9章 小規模・高齢化集落の農業と集落営農　205

表9-8　協議会加入集落営農組織の作付面積の推移

単位：集落営農、ha、kg/10a、%

| 年 | 組織数 | 合計 | | 1組織平均 | | 水稲反収 | 保有米割合 | 大豆反収 |
		水稲作付面積	大豆作付面積	水稲作付面積	大豆作付面積			
2007	4	35.0	10.2	8.8	2.6	451	81	167
2008	5	46.3	15.2	9.3	3.0	507	74	143
2009	6	54.8	18.0	9.1	3.0	442	91	126
2010	6	59.5	18.6	9.9	3.1	448	96	61
2011	8	62.0	22.3	7.7	2.8	481	90	163
平均						466	86	132

資料：白川町集落営農組合連絡協議会2011年資料より作成
注：協議会発足は2008年10月

表9-9　白川町の集落営農の概要（連絡協議会加盟）

単位：名、ha

| 組織名 | 地区 | 構成員 | 経営面積 | 作付面積 | | | 構成員1人当たり経営面積 | 設立年月 | 備考 |
				水稲	大豆	野菜ほか			
N	白川	35	9.2	6.1	2.7	0.4	0.26	2007年4月	農事組合法人 2009年2月
O	佐見	39	11.1	8.6	2.5	0.0	0.29	2007年3月	特定農業団体
Ku	佐見	45	12.2	8.2	3.6	0.4	0.27	2007年5月	特定農業団体
Mi	蘇原	77	14.2	10.1	3.9	0.3	0.18	2007年2月	
A	佐見	82	17.3	13.0	4.3	0.0	0.21	2008年3月	
Ma	黒川	47	11.2	8.9	2.4	0.0	0.24	2009年3月	農事組合法人 2011年4月
Ko	佐見	26	6.2	4.3	1.9	0.0	0.24	2010年5月	
U	白川北	20	4.1	2.7	1.1	0.3	0.21	2010年9月	
合計		371	85.7	62.0	22.3	1.4	0.23		
平均		46.4	10.7	7.7	2.8	0.17	0.24		

資料：白川町集落営農組合連絡協議会2011年資料より作成、実績は2011年度

見4、黒川1、蘇原1、白川1、白川北1の組織がある（**表9-9**）。

一組織当たりの構成員数は46名、経営面積は10.7ha（水稲7.7ha、大豆2.8ha、野菜他0.17ha）である。オペは平均8.4名おり、草管理、水管理は地権者が実施している。ただし、法人化した集落営農Nでは、草管理の80％は地権者が担当しているが、水管理の地権者担当率は10％であり、組織によって水管理が行われている。

黒川地区では、休耕地（遊休地）に新たに大豆を作付けしたことで、それ

が大幅に減少している。すなわちその面積は、2009年344a（36筆）から2010年39a（3筆）へと激減した。

　米・大豆は全ての組織で栽培されているが、面積が限られているため、組織で全ての農用機械を保有しているわけではない。高価となる収穫機械は組織間で共同利用されている。組織単独でコンバインを保有しているのは、稲作用が4組織のみであり、大豆用は2組織のみである。

（2）集落営農連絡協議会の活動状況

　Mi集落営農の構成集落は5集落であるが、それ以外の集落営農は1集落が構成集落であり、規模が小さい。そこで連絡協議会を設けて各種調整を行ってきている。協議会は自ら農業生産を行わないが、大豆用農業機械の共同利用を行い、会員組織の機械費用削減に寄与している。

　また、同協議会はJA育苗センター、JAライスセンターの利用及び機械作業を、総合的に農協の機械化銀行と計画・調整を行い、加入組織の機械・施設の効率的な利用に寄与している。これにより、運営資金の少ない組織が集落営農を設立した場合でも、機械導入費用が軽減されるため、新たな集落営農の設立にも寄与することになる。各営農組合の作物の生育状況をお互いに確認し合うなど、生産意欲の向上にも務めている。

　さらに、地域水田協議会から配分される町の生産目標面積を達成するために、協議会は各会員組織との調整を行っている。そして生産調整の転作作物として、町が推奨する大豆の作付けに協議会全体で取り組んでいる。大豆作は、新たな担い手としての集落営農の道標にもなっている。

　大豆用機械には県、町からの助成措置がある。協議会では施肥播種機2台、コンバイン2台、中耕培土機1台が保有されている（**表9-10**）。協議会では安価な利用料金で各営農組合に貸し出す。作業前に計画的に効率良く作業が出来るよう調整している。

　大豆栽培では、全組合で農薬や化学肥料の使用量を3割以上減らす「ぎふクリーン農業」で行っている。大豆は加工、製品化され、道の駅で販売され

表9-10 大豆用機械の保有状況

単位：台

	会員組合保有	協議会保有	小計
施肥播種機	2	2	4
コンバイン	0	2	2
中耕培土機	2	1	3
小計	4	5	9

資料：白川町集落営農組合連絡協議会2011年資料より作成

るほか、学校給食でも利用され、6次産業化につながっている。集落営農が4組織設立された佐見地区では、町が運営する加工施設「美濃白川佐見とうふ豆の力」が整備された。ここで豆腐をはじめとする大豆加工品が製造され、町を挙げて販売に取り組んでいる。地域の女性を中心に新たな雇用が生み出されている。

3　農家の階層変動と集落営農

(1) 大規模経営体の成立による階層変動の進行

集落営農は、佐見地区の3組織（O、Ku、A）が近年法人化し、また新たに法人が1組織、任意組織が1組織設立された。2015年の集落営農は10組織となり、その集積面積は134ha（経営耕地115ha、作業受託19ha）となった。経営耕地面積に占めるその割合は34.4％である。

この10年間で経営耕地面積は4％の減少であるが、農業経営体数は32％減少し、同経営体当たりの同面積は0.54haから0.77haへと43％増加した（表9-11）。規模別にみると10ha以上層が0から7経営体と急増した。これは集落営農であり、内訳は10〜20haが6経営体、20〜30haが1経営体である。これらの集落営農のある地域では経営体数が大きく減少する。特に、0.5〜1ha層の減少率が－41％と最も大きい。

これらの集落以外では、農業は自己完結的に営まれており、そこでの営農組織はそれを補完する機能にとどまっている。

表 9-11　経営耕地面積規模別農業経営体数と経営面積の推移（白川町）

単位：経営体、ha

	経営耕地面積規模別農業経営体数							経営耕地面積	一経営体当たり経営耕地面積
	計	0.5ha未満	0.5～1	1～2	2～3	3～5	5～10	10ha以上		
2005 年	743	411	289	39	3	0	1	0	403	0.54
2010 年	622	325	248	38	4	1	0	6	427	0.69
2015 年	503	285	171	31	4	3	2	7	389	0.77
増減数	−240	−126	−118	−8	1	3	1	7	−14	0.23
増減率（％）	−32	−31	−41	−21	33	―	100	―	−4	43

資料：農水省『農業センサス』より作成
注：増減数、増減率は、2005 年と 2015 年の比較。

（2）小規模・高齢化集落と集落営農

　町が2012年に全農家2,076戸を対象として実施した「地域農業と将来（人と農地の問題）に関するアンケート調査」結果（回収率50％）によれば、集落・地域の農業（人と農地）の10年後で「問題を生じている」との回答が71％を占めた。「問題ない状態」との回答は11％にとどまった。多くの農家が集落の農業の将来に不安をかかえていることがわかる。

　またこれに先立ち、2011年に岐阜大学で集落代表者に集落営農等に関するアンケートを実施し、「集落の今後の農作業の受け手」の意向などについて把握した[10]。それによると「近隣の集落と一緒に広域的な受託組織などを作るべき」が28.6％と最も高い結果が出た。次いで「集落で受託組織、または個人の受託者を育てていくべき」が19.6％、「集落の農家が参加して、共同型の営農組織を作るべき」16.1％の回答を得た。また「当面、受託組織などは必要ない」が17.9％、「現状維持」8.9％、「その他」8.9％となった。

　このように集落営農が組織されていない地域でも、農家は何らかの営農組織の必要性を感じていること、また集落を越えた取組の必要性も実感してきていることがわかる。これは小規模高齢化集落でも同様であり、N、T、H集落の3集落では「近隣集落と広域的な受託組織を作るべき」と回答し、S集落のみ「集落で受託組織または個人の受託者を育てるべき、共同型の営農組織を作るべき」と回答した。小規模・高齢化集落の場合、組織の重要性は

感じつつも、その中心となる人がいないためそれがいる近隣の集落との連携により、広域的な組織への期待が大きいといえる。

第6節　まとめ

　中山間地域農業は、圃場が狭隘で傾斜があり、生産条件としては不利である。谷筋に沿い耕地が拓かれているところが多く、農業経営面積は零細である。近くに就労の場が少なく、在宅兼業の機会に恵まれず、他出者が多く、高齢化が進行している。岐阜県は中山間地域の占める割合が高い。小規模・高齢化農業集落は、中山間地域に集中している。

　中山間地の小規模・高齢化において農業は多くが零細な個別経営によって担われている。小型の農業用機械もほぼ保有され、営農意欲もある。しかし、高齢化の進行、後継者難のために、農業経営の継承には多くの課題を抱えている。あと数年で農業は止めるとする農家が多い。高齢化世帯が、農地の出し手となり、借地関係が一定進展している。貸し手の一部は不在地主化しており、粗放的な農地利用や管理作業のみの委託にとどまるところが出てきている。農地の受け手がいない集落では、耕作放棄地が発生している。小規模・高齢化集落のほとんどに、農業のいわゆる「担い手」はいない。

　こうした状況下で、集落の農地・農業の継続的な維持のために、集落での組織的な対応が望まれている。これはアンケート結果からも確認できた。「担い手」がいない集落の農地保全のために、集落営農の組織化は有効である。

　近い将来に農業をリタイアすることを考えている高齢農家が多いが、他面で農用機械を保有しており、あと数年は農業を継続する意向も強い。各農家の状況に応じ、組織への関わりを決定していく必要がある。すなわち、①役員として参加、②オペレーターとして参加、③補助作業（けい畔、水管理など）担当として参加、④土地を提供、⑤参加しないが組合へ作業を委託、などの個人の意向を反映して組織の形態を検討していく必要がある。高齢化の進行の程度に応じ、徐々に組織への集積が進むことになる。

高齢者は、農業への新たな投資には消極的になりがちである。後継者層の意向もふまえながら、保有機械・年齢構成・ほ場条件などの集落農業の状況と課題に応じた、農業投資計画とそれに基づく集落営農の構想を練る必要がある。

集落営農組織作りにあたっては、農家どうしが共同活動、農業に関する話し合いの機会をもつことが大事である。その意味で、本巣市N地区で行われた獣害対策用柵設置の共同作業は、共同化の機運を一挙に盛り上げた、といえる。このような集落での共同作業、話し合いが、集落営農を考えるきっかけともなる。話し合いや共同活動の積み重ねのなかで、リーダー、サブリーダーが形成される。そして関係機関との密な連携が図られることにより、集落営農の組織化が進められる。集落で集落営農の組織化が進んでいるところでは、農業に関する話し合いの機会が多い[11]。

小規模・高齢化集落だけで集落営農が成り立つかどうか、検討する必要がある。一集落で完結する場合、関市T営農などの例が参考になる。高齢者中心の小規模集落営農組織である。野菜・果樹なども取り入れることで、活動の幅は広がる。ただしこの場合、後継者世代への組織の継承が課題となる。

小規模・高齢化集落は、当該集落のみで集落営農が完結している例は少ない。小規模・高齢化集落だけで集落営農が成り立たない場合、近隣集落も含めた検討が必要である。近隣集落も含めれば、オペレーターや役員のなり手は一定名いる。

集落営農の組織を進める範囲を、大字単位・小学校区単位などで検討してみる必要がある。農業集落の領域を超えて、集落営農組織等が農地の受け手として一定成長しており、これら組織が小規模・高齢化農業集落の農地もカバーしてきている。

集落の領域を超えた組織化を図る場合、「2階建方式」が有効に機能する場合が多い[12]。「農地に関する利用調整等を行う1階部分」(農用地利用改善団体等)と、「実際に営農活動を担う2階部分」(集落営農法人等)に、機能・役割を分けて組織する集落営農の2階建方式である。

1階部分は集落の全戸が参加し、農地の利用権を集積するほか、中山間地域協定などの窓口にもなることで2階部分を支える。2階部分はオペレーターを中心に組織し、機械作業などの農業生産を実行する。多角化を目指す集落営農では、加工、販売等などの多様な取組も行っている。2階部分の収益を、1階部分（集落）に還元することも可能となる。

　この方式では、1階部分は世帯主層がまとめ、2階部分は後継者層が担うなど、世代間の役割分担がなされ、後継者育成にもつながる。

　小規模・高齢化集落の場合、1集落の面積も小さく、他集落との連携を視野に入れることも必要である。その際、集落内の地権者のまとまりがあることは、組織運営上も重要な事項となる。機械作業は集落の枠を超えて実施するが、管理作業は集落を単位として取り組む、また経理の一元化も集落を単位として取り組む、などの柔軟な対応も可能となる。

注
（1）こうした課題に対応し、農水省は小規模・高齢化集落支援モデル事業により、中山間地域等直接支払制度に取り組む集落などが、集落間の連携を通じて、小規模・高齢化集落に出向いて水路、農道等の地域資源を保全管理するための活動支援を行ってきている。
（2）橋詰（2015）の推計によれば、「存続危惧集落」は現在の3千集落から2050年には1万3千集落に増加し、山間農業地域では4分の1を超えると見込まれた。また、2000年以降世帯数の減少により小規模集落が急増していることも示されている。
（3）ここでは2011年度に各集落で「集落営農組織化支援チーム」「集落営農組織化委員会」などが編成され、集落営農の組織化に取り組んだ。また同集落には、集落営農サポーターが派遣され、集落農業の支援活動等を行った。その後も、関連機関により継続して組織化支援が行われてきた。
（4）小規模・高齢化集落に関して社会福祉や農村整備の面から研究が進められてきている。それは福祉社会学研究編集委員会（2011）などとして成果が公刊されている。また中山間地再生のあり方を探る視点から、高齢化率50％を超えるいわゆる限界集落のゆくえを整理したものとして大西隆ら（2011）があり参考となる。
（5）ここでの「農業の担い手」は、認定農業者又は集落営農などの任意の営農組織を指す。

（6）岐阜県資料（2010年）による。
（7）詳しくは、荒井ら（2012）を参照のこと。
（8）17組織の農業機械の平均保有台数は、トラクター2.2台、田植機1.6台、コンバイン2.0台である。水田の作業受託面積（14組織平均）は、耕起3.8ha、代掻き3.6ha、田植5.6ha、稲刈8.5ha、計20.9haで、10a当たり作業料金平均額は耕起7,229円、代掻き8,158円、田植8,376円、稲刈1万9,611円である。
（9）中山間地域の水田農業は個別完結性が強い傾向にある。小型機械を個別に保有し、小面積の耕地を経営するのが一般的であった。郡上市旧高鷲村、旧和良村の事例として岐阜県の典型的な中山間地の水田農業の特徴を明らかにしたものとして、荒井（2003）、荒井（2008）を参照。
（10）詳しくは、今井夕希（2012）「中山間地域農業振興における集落営農の役割と課題─岐阜県加茂郡白川町の事例─」、岐阜大学応用生物科学部卒業論文、を参照。
（11）例えば、加茂郡白川町では、年12回以上農業に関する寄り合いを開催する集落は8％であるが、旧村単位で集落営農に取り組んでいる佐見地区ではそれが25％にのぼる（前掲・今井（2012）参照）。
（12）楠本（2006）、森本（2006）などを参照。

第10章

農業構造の変動と集落営農

第1節　雇用型集落営農の労働力―誰をどう雇用するか

1　課題

　いわゆる担い手が不足する地域を中心に、集落営農が全国的展開をみている。オペレーター等への賃金支払いを行っているところは多く、組織での雇用関係も広がりをみせている。しかし、組織での経営規模や栽培作物数などの制約から、年間を通しての雇用には限界がある。ぐるみ型集落営農の場合、構成員の多くが作業に従事し、労働報酬も多くの構成員に分配される。これに対し、オペレーター型集落営農の場合、中心的な担い手が絞り込まれることで、オペ一人当たりの収入は多く、機械のメンテナンスなども含めることにより、年間を通しての雇用が確保されるところもある。

　また、土地利用型部門だけでは所得の確保に限界があることから、米・麦・大豆以外の野菜作などの他部門や、加工・販売などにも事業を展開するところが徐々に増えてきている。集落発のコミュニティビジネスとして、集落営農を基盤として多角的な事業が展開されてきている。ここでの中心は、女性や高齢者である場合が多い。

　そこで、本節ではまず、集落営農統計などで集落営農における主たる従事者やオペレーターの雇用の特徴を抽出し、ついで2つの雇用型集落営農の事例をもとに集落営農における雇用の現代的特徴を整理し、あわせて多角化にともなう集落営農の雇用関係の状況と課題について整理する。

2 集落営農の分類と主たる従事者、オペレーターの状況

　集落営農を経営の類型からみると、枝番管理型（主として経理の共同化のみ）、機械の共同利用型、作業受託型、協業型の4つに分類できる。経理の共同化のみの組織は、作業は基本的には構成農家が行うので生産面での雇用関係は発生しない。また共同利用型の場合も、構成農家が個々の経営面積に応じて機械を操作するため、一般的には雇用関係は発生しない。機械の使用時間・面積に応じて構成員農家が利用料金を組織に支払う。

　これに対し、受託型での場合、大型化した機械を専門的に操作するオペレーターを組織が雇用することになる。受託型の集落営農が、個別経営の補完にとどまる限りでは、集落営農での雇用関係は部分的なものにとどまる。さらに集落営農が協業型にまで進化すると、基本的には機械作業と管理作業も組織の責任で実施することになり、作業は雇用で行われ、賃金が支払われることになる[1]。しかも、構成員の兼業化・高齢化の進行や組織の経営安定の観点から、次第に中心的な担い手は限定される傾向がある。ここに雇用型の集落営農が成立する。この場合も、機械作業や、経営管理などを担う主たる従事者と、管理作業などを担当する補助的な従事者に分化する。これら多様な担い手層が集落営農の雇用労働力を構成する。

　経営体として安定的に集落営農が展開していくために、主たる従事者の確保が重視されている。そこでまず、集落営農における主たる従事者の状況についてみていくことにする。

　集落営農数は、2012年2月1日現在（以下同）で1万4,736であり、うち主たる従事者がいるのは1万1,603集落営農（78.7％）であり、うち8,320（56.4％）には複数の主たる従事者がいる。これを現況集積面積規模と関連づけてみると、主たる従事者がいる集落営農数は、10ha以上の集落営農数1万1,505に、主たる従事者が複数いる集落営農数は20ha以上の集落営農7,739に近似する。これらの統計から推定すると、概ね10ha程度に1名の主たる従事者がいるとみることもできる。

また、「機械の共同所有・共同利用を行う」集落営農数は1万1,434（77.6％）であり、それは主たる従事者がいる集落営農数と近似する。つまり、機械の共同所有・共同利用を行う集落営農では、機械を操作・管理する専門のオペレーターが配置され、それが主たる従事者として位置づけられているケースが多いものと推定できる。オペレーターなどの賃金等に係る収支を共同で経理している集落営農数も1万0,838（73.5％）と、これと近似する。言うまでもなく、オペレーターは、集落営農に雇用され、作業に従事する[2]。

また構成員の参画状況から集落営農は、「オペレーター型」と「ぐるみ型」に分類されている。数は少ないが「オペレーター」型の集落営農の場合は、オペも限定され、オペ1人当たりの年間従事日数も多い。これに対し、「ぐるみ型」の集落営農では、オペレーターに従事する構成員数は比較的多い。しかしながら、このタイプの集落営農でも、最近はオペ数が次第に少なくなる傾向がある。また、経営規模の大きな集落営農では、専任オペが配置され、これらの中心的なオペが年間を通して集落営農での就農が可能なように、管理作業も一手に引き受けたり、また他作物の栽培を開始したりするなどの動きも見られる。例えば、岐阜県の35集落営農を対象としてみると、経営面積とオペ従事者数との間には、明確な相関関係はなく、むしろ経営面積が大きいところではオペ数が少なくなる傾向がある（図10-1）。概して1集落を基

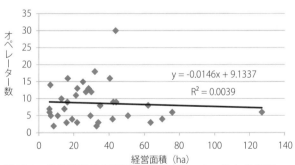

図10-1　集落営農の経営面積とオペレーター数との相関

資料：岐阜県の集落営農35組織（平均経営面積32.6ha、オペレーター数8.7名）
　　　2009年度データから作成

礎とする小さい集落営農は、兼業農家がオペとなり、その従事者数は多い。これに対し、規模の大きな集落営農では、中途退職者や定年帰農者が集落営農の専属オペレーターとして雇用されて、中心的な担い手になっているケースがみられる[3]。

3 事例にみる雇用型集落営農の労働力─誰をどう雇用しているか

(1) 定年帰農者が集落営農を支える─K市Ja営農組合─

　岐阜県の平地農村地域K市にあるJa営農組合は、受託型の旧機械化営農組合などを、共同販売経理を行う組織に統合再編して2006年10月に設立された任意の集落営農である。設立以前は、稲は個人で経営し、機械作業や草刈作業の一部を営農組合に委託していた。また農事改良組合が麦・大豆を経営していた。

　Ja営農組合はJa集落を基礎としている。Ja集落の総世帯数は150戸（うち農家130戸）で、集落営農への参加農家戸数は100戸である。役員は10名である。また集落には施設園芸を営む認定農業者が10戸いる。

　営農組合の経営面積は75.8ha（うち組合長名義の借地4.4ha）で、全てが田であり、特定農作業受委託契約が結ばれている。2008年の作付面積は、米48.3ha、小麦31.5ha、大豆41.0ha（うち8haはJk集落より受託）である。

　農業機械は、トラクター7台、田植機3台、コンバイン4台（自脱型2、汎用型2）、麦播種機3台等を保有している。オペレーター5名（うち役員3名）で機械作業を担当し、これに一般・常用5名が加わり作業を行っている。賃金は時給制であり、オペレーター作業が時給2,000円、一般作業が時給1,650円である。

　水田の水管理は組単位（6組）で担当者を決めて行い、管理料として10a当たり1,000円支払われる。一括管理により水管理が徹底し、単収は上がっている。畔草刈は、道路側は営農組合が行い、水路側は地権者が担当している。ただし、100人の地権者のうち30名分は営農組合のオペが担当している。畦畔草刈は年3回以上実施することを基本とし、担当者には10a当たり3,000

表 10-1　Ja 営農組合の雇用労働従事状況

単位：時間、人

	作業部門	オペ	常用	計・実人数
年間雇用労働時間	水稲	922	698	1,620
	大豆	694	550	1,244
	麦	376	469	845
	草刈	393	798	1,191
	その他	531	216	746
	計	2,915	2,731	5,645
年間雇用人数	水稲	4	9	9
	大豆	5	8	8
	麦	5	7	7
	草刈	3	7	7
	その他	3	8	8
	実人数	5	10	10

資料：Ja 営農組合 2008 年度資料より作成
注：水稲、大豆、麦は本田作業時間。2007 年 12 月 21 日～2008 年 12 月 20 日までの期間。0.5 時間単位の雇用であるが、ここでは整数表示しているので合計値があわないことがある。

円（L字水路の場合6,000円）が支払われる。

　Ja営農組合では、年間で5,645時間（オペ2,915、常用2,731）の人夫雇用を構成員の中から行っている（**表10-1**）。作業の種類ごとには、水稲1,620時間、大豆1,244時間、麦845時間などとなっており、それぞれオペ3～5名、常用7～9名を雇用して作業を行っている。

　オペレーターの年齢構成は、60代4名、70代1名であり、全員が定年後専業農家である（**表10-2**）。オペは全員が常用としても従事している。オペとしての年間雇用時間数は、56～1,345時間（平均583）、常用も含めると684～1,482時間（平均916）となる。

　年間賃金が291万円と最も多い1番農家（65歳）は、役員（作業班長）でもある。元職はT機械工場勤務であり、技術を活かして機械のメンテナンスも行う。その年間雇用日数は約185日になる。このようにJa営農組合では、定年帰農者がオペとして組織から雇用され、中心的な担い手として従事している。これらの者以外にも、オペのなり手はいる。I農機を早期退職した者（58歳）がオペを志願しており、ここでの集落営農のオペは定年退職後の再

表 10-2 Ja 営農組合での雇用者の状況

単位:歳、時間、万円

雇用者番号	年齢	年間雇用時間 オペ	年間雇用時間 常用	年間雇用時間 計	オペの時間比率	年間賃金
1	65	1,345	138	1,482	0.91	291
2	70	756	197	953	0.79	183
3	67	490	261	750	0.65	140
4	62	56	657	713	0.08	118
5	63	0	699	699	0.00	114
6	65	269	416	684	0.39	121
7	65	0	313	313	0.00	51
8	67	0	39	39	0.00	6
9		0	8	8	0.00	1
10	69	0	5	5	0.00	1
合計		2,915	2,731	5,645	0.52	1,027

資料:表10-1と同じ
注:雇用者は全員、会社等の定年退職者であり、現在は農業専業である。

就職先としては有望な職種となっている。なお他集落では、30〜50歳代で会社等を中途退職し、オペとして新規就農するケースもでてきている。

また2008年度の収入合計は9,067万円(うち農産物販売収入6,390万円)、支出合計は6,240万円(うち給料・賃金は1,296万円、役員報酬は34万円)である。利益2,827万円は、全て面積割で分配(10a当たり配当金3万9,000円)される。

(2) 旧村単位の集落営農で青年を通年雇用—O市O営農組合—

O営農組合は、都市的地域の岐阜県O市にある。それは1963年に設立され、旧T村を中心に経営受託事業を展開し、2006年には22集落、345戸、129.6haまでに受託が拡大した(**表10-3**)。これにともない通作距離は5kmまで拡大した。また通年で専業オペ8名と事務員1名を雇用してきた。専業オペの就業条件は農協職員並みで、JA保険にも加入し、定年は60歳と定めている。その年齢構成は、20歳代1名、30歳代2名、40歳代3名、50歳代2名であった。通年雇用が可能なように、水田管理作業もこれらオペが全て担当し、また水稲育苗請負、薬草栽培など多角的な経営を展開してきた。専業オペごとに担当圃場を決めて作業を行っている。これにより評価による技術手当の支給や、賞与への反映を行っている。

第10章 農業構造の変動と集落営農

表10-3 O営農組合の経営と雇用の変化

単位：ha

		2006年	2011年	差
受託農家戸数（戸）		345	285	−60
受託面積		129.6	97.6	−32.0
専属オペレーター(人)		8	6	−2
農業生産	水稲	89.8	71.2	−18.6
	小麦	7.0	0.0	−7.0
	蜜源なたね	2.7	0.0	−2.7
	蜜源レンゲ	19.3	7.6	−11.7
	薬草カミツレ	1.2	0.9	−0.3
	飼料用米	0.0	7.0	7.0
	WCS	10.8	10.9	0.1
	主産物小計	132.0	97.6	−33.2
	飼料用稲ワラ	35.6	27.0	−8.6
部分作業受託	耕起・代かき	18.9	6.7	−12.2
	田植	7.5	2.0	−5.5
	草刈	2.9	1.0	−1.9
	稲の刈取	12.1	4.1	−8.0
	育苗箱数(箱)	24769	23774	−995
農用機械の保有状況（台）	トラクター	10	10	0
	田植機	5	6	1
	コンバイン	9	6	−3

資料：O営農組合2012年2月ヒアリングより作成

　最近の特徴として、水田経営所得安定対策により近隣で集落営農が新設され、O市で16組織となった。このため集落営農どうしが経営地を交換し、エリア化による農地の集積を図った。これにより最長通作距離は5kmから2kmへと縮小した。水田経営の経済条件が厳しくなることを見込み、さらなるコスト削減を進めている。

　そして経営受託は、2011年には285戸、97.6haまで縮小した。条件の良いところに主食用米を減農薬で栽培している。また麦栽培を止め、飼料用米、WCS、ナタネ、レンゲを条件不良地に作付けしている。また面積縮小にともない、専業オペを6名へ減員している。この間2名が定年退職となったが、その後補充を行っていない。専業オペ1名が約20haを管理する体制ができた。こうした経営努力により、10a当たり清算金（≒地代）1万2～3千円を出すことが出来ている。周辺の集落営農は、それはゼロである。

（3）集落営農の多角化と雇用の創出―O市集落営農でのブロッコリー栽培―

またO市ではブロッコリー栽培により集落営農の多角化を進め、新たな雇用を創出してきている。2008年からその取組を開始し、栽培面積は2010年6.5ha、2011年8haまで拡大し、8つの集落営農で取り組まれている。これにより集落営農での50～60歳代の雇用が新規に創出された。作業がピークとなる収穫期には、収穫は男性、調製は女性で役割分担する。補植作業にも従事するので一人当たり年間50～60日の就業となる。時給は800～900円程度である。集落営農では作業班ごとにブロッコリー作業を実施している。

全農から12月に品薄となるブロッコリー生産の提案がN農協にあった。ブロッコリーはクリスマスをターゲットに生産されてきたが、売れ筋なので年が明けても売れ、市場からの要請があった。それは栽培が比較的容易で、収穫時期が冬場なので害虫も少ない。軽量で高齢者・女性も作業が楽であり、また、麦刈取後、翌年の田植までの期間を活用することで、二毛作助成が交付される。

2008年の生産開始時には栽培経験者はなく、JA直売所の生産者がいるAs地域へ奨め、この地域で30名が作付けした。しかし直売所出荷者は高齢者が多く、厳しい選別作業には対応できず、Ah地区の集落営農へ話しを持っていき、4つの営農組合がそれを1ha栽培した。「がんばろう集落営農組織自立支援推進事業」を活用して、畝立機、定植機、マルチを各2台、Oブロッコリー生産部会がN農協からリースし、それを各営農組合へ再リースした。これにより赤字リスクを軽減している。

全農は市場外流通で、大手量販店とシーズン値決め取引方式で契約している。出荷量・先・時期により販売単価がやや異なるが、ブロッコリー価格は1個概ね100円で安定し、生産者にとり安心感がある。10a当たり3,000株（シキミドリのみ3,500株）の苗が植え付けられる。10a当たり売り上げは約25万円になる。

販売サイトからの信頼が不可欠であることから、選別基準を徹底し品質維持に務めている。女性が検品作業を厳密に行い、収穫物の約70％のみ箱詰め

される。これにより産地評価を高めている。集落営農の中で良いコミュニケーションがとれ、地域の活性化にもつながっている。各支店に1つのブロッコリー団地の設立が目標である[4]。

このように集落営農は、多部門を兼営し、多様な構成員への就労の場を提供する役割も果たすようになってきている。集落営農ができたことにより、水田作の農業従事日数は大幅に減少する農家が多く、余裕が生じた時間を野菜等の他作物栽培、その販売や加工、さらには農家レストランの兼営などにも取り組むところがでてきている[5]。こうした事例では、女性や高齢者が中心的に活動しているケースが多い。

4 むすび

集落営農での協業型への進化が進み、集落での作業が雇用で行われてきている。集落営農の規模が小さい場合、オペなどの作業従事者は概して多数の兼業従事者によって担われている。これに対し、規模が大きい集落営農では、専業的なオペが配置され、圃場管理、機械メンテナンス、多作物栽培などを通じて、年間雇用が可能な作業体制が組まれてきている。岐阜県の場合、60歳代の定年後の帰農者が専属オペとなる例が多い。こうした専業オペなどの中心的な担い手がいる集落営農では経営基盤も確立し、集落内にオペの就業希望者もいる。集落の領域を超えたさらに大きな集落営農では、青年の専任オペレーターの通年雇用も確保できている。こうした青年専業オペの確保という観点から、集落営農の組織のあり方を考えることも必要であろう。

また、集落営農の多角化による雇用の創出は地域活性化効果をもつが、これには労働力の確保が課題である。集落営農において雇用関係は今後さらに拡大していくと思われるが、その経営の安定と並び、賃金水準も含め雇用の安定も求められているといえよう。

第2節　農地管理主体として存在感を増す土地持ち非農家

1　背景と課題

　土地持ち非農家の多くは農村内に居住し、所有耕地の多くを貸し付けするも、屋敷まわりの耕地に自家用程度の作物を栽培して生活している[6]。その所有農地の一部は、借り手がつかず、耕作放棄となっている。農地貸借の進展にともない土地持ち非農家が増加している。2010年の土地持ち非農家数は137万戸にのぼる。今後、その数のさらなる増加が見込まれている[7]。

　2005年から2010年にかけては、集落営農の組織化が進んだ地域において借地が顕著に進展し、同時に土地持ち非農家が顕著に増加している。水田経営所得安定対策の対象に集落営農が位置づけられ、それが経営体化し、農地貸借関係がこれらの地域に広がりをみせた。そのなかで、集落営農の構成員が、農家から土地持ち非農家へと移行している。

　他方、人口減少や高齢化の進行等により、農村では集落機能が低下し、農村コミュニティーが失われつつあることが問題化してきている。特に、過疎化が著しい中山間地域等では、「共同作業等を前提として成り立ってきた農業生産が維持できなくなる」ことが危惧されている。特に、こうした地域において、農地管理主体として土地持ち非農家への期待が高まっている。

　本節では、まず土地持ち非農家形成の地域特徴等について整理し、ついで平地農村の集落営農における土地持ち非農家の役割を明らかにする。また、都市的地域・中山間地域の農地貸付者の状況についても紙幅の範囲内で紹介する。もって、土地持ち非農家の地域農業での役割について総合的に考察する。

2　土地持ち非農家の動向と地域特性

（1）農地貸借の進展による土地持ち非農家の増加

　借入耕地面積は1990年の43.1万haから、2010年106.3万haまで増加し、貸借

表10-4 土地持ち非農家数等の推移

単位：千戸、％、千ha

年	総農家数	土地持ち非農家数	総農家数＋土地持ち非農家数	土地持ち非農家比率	総合農協・正組合員戸数	正組合員戸数／（総農家数＋土地持ち非農家数）	借入耕地面積
	A	B	C=A+B	B/C*100	D	D/C	
1990	3,835	775	4,610	16.8	4,859	1.05	431
1995	3,444	906	4,350	20.8	4,729	1.09	539
2000	3,120	1,097	4,218	26.0	4,574	1.08	672
2005	2,848	1,201	4,050	29.7	4,350	1.07	824
2010	2,528	1,374	3,902	35.2	4,068	1.04	1,063

資料：農業センサス、総合農協統計表より作成
注：借入耕地面積は、2000年までは旧定義（販売農家＋農家以外の農業事業体）、2005年以降は新定義（農業経営体）。

による農地の流動化が一定程度進んだ（表10-4）。これに対応し同期間に、総農家数は384万戸から253万戸へと131万戸減少し、かわりに土地持ち非農家数は、78万戸から137万戸へと59万戸増加した。土地持ち非農家数の伸びは、借入耕地面積の伸びでほぼ説明できる（相関係数0.972）。そして土地持ち非農家比率（土地持ち非農家数／（総農家数＋土地持ち非農家数））は、1990年16.8％から2010年35.2％に上昇してくる。

また2010年の総合農協の正組合員戸数は407万戸であり、総農家と土地持ち非農家の合計数390万戸をやや上回る。土地持ち非農家の多くは、農事改良組合等の集落農家の自治組織の構成員でもあり、また総合農協の正組合員でもある。

（2）農地貸借が進んでいる地域で土地持ち非農家も増加

農地貸借が進んでいる地域で土地持ち非農家も増加している。借入耕地率（借入耕地面積／経営耕地面積：2010年全国29.3％）の高い北陸43％、九州38％、東海34％などで、土地持ち非農家比率も、北陸45％、九州40％、東海36％などと高い（表10-5）。土地持ち非農家比率を県別にみると、佐賀54％、石川53％、富山52％の3県は50％を超えて高く、土地持ち非農家数が農家数を上回っている。

表示はしないが、2010年の都道府県別の借入耕地率と土地持ち非農家比率

表10-5 地域別土地持ち非農家、借入耕地等の状況（2010年）

単位：千戸、％、a

地域名	総農家数	土地持ち非農家数	土地持ち非農家比率	経営耕地面積に占める借入耕地の面積割合	借入耕地面積に占める組織経営体の割合	土地持ち非農家1戸当たり所有耕地＋耕作放棄地面積	うち耕作放棄地面積の割合
全国	2,528	1,374	35.2	29.3	28.5	56	24
北海道	51	20	28.4	21.7	19.9	467	11
都府県	2,477	1,354	35.3	32.4	30.9	50	25
東北	406	189	31.8	29.6	38.2	75	21
北陸	176	142	44.6	42.9	40.9	65	10
関東・東山	567	274	32.6	28.4	18.5	51	32
東海	277	159	36.4	33.6	27.0	36	29
近畿	256	125	32.9	31.7	23.8	36	21
中国	254	136	34.8	31.1	31.6	38	39
四国	155	74	32.4	23.2	18.7	33	44
九州	363	241	39.9	38.2	32.2	48	25
沖縄	22	15	40.3	33.0	9.8	41	32

資料：農業センサスより作成

の相関係数は0.678であり、両者にはかなりの相関がある。耕地の借入れが進んでいる地域において土地持ち非農家が多く形成されていることがわかる。また、同年の都道府県別の借入耕地率と、借入耕地面積に占める組織経営体の割合にもかなりの相関がある（相関係数0.481）。組織経営体による借入耕地が多い地域において借入耕地率が高いことも同時にわかる。概して、圃場条件が良好な地域において、この間、集落営農などの組織経営体が形成され、それが広範囲に農地の借入れを行っている。いわば、これらの地域において貸借による農家の階層変動が比較的進み、土地持ち非農家が多く形成されている[8]。

（3）土地持ち非農家の農地の所有・利用状況

　土地持ち非農家は、所有耕地58.8（うち貸付地56.1）万ha、耕作放棄地18.1万haを保有している。その1戸当たりの農地保有面積は56aである。それは、北海道467a、東北75a、北陸65aなどで相対的に大きい。

　またその内訳は、経営面積2a（4％）、貸付耕地面積41a（73％）、耕作放棄地面積13a（23％）である。うち耕作放棄地面積の割合は、四国44％、中

国39％、関東・東山32％などの条件不利地等を抱える地域において高くなっている。

　このように土地持ち非農家は、かつては概して小規模な農家であり、自ら農地を耕作していたが、労働力等の限界から、その耕地のほとんどを貸し付けて現在に至っている。所有農地の4分の1程度は借り手がつかず、耕作放棄されている。また2a程度の農地を主として自家用に耕作している。

　土地持ち非農家はこうした一般的特性を持つが、貸付地の態様、農村コミュニティーの状況等により、地域農業のおける役割は一様ではない。次に若干のタイプの異なる岐阜県での事例から土地持ち非農家の役割をみていく。

3　平地農村地域の集落営農における土地持ち非農家の役割─岐阜県海津市の事例─

（1）集落営農構成員と農家・土地持ち非農家

　岐阜県海津市平田町は、岐阜県南部の平地農村に位置する。平坦で肥沃な輪中地帯にあり、水田率が高い。農業の機械化・兼業化と並行して圃場整備が進んだ。この過程で様々な農業生産組織が形成され、それは次第に集落を基礎とするものへと展開してきた。そして、集落営農の形態も、受託型から協業型へと次第に進化を遂げてきた。この過程で個別経営は、経営レベルでは集落営農組織に包摂されてくる[9]。それにより、農業センサスでは農家から土地持ち非農家への移行が進んだ。町の2010年の土地持ち非農家数は478戸と、総農家数の430戸（うち販売175）よりも多くなっている。

　町には15集落があり、うち11集落に集落営農組織がある。いずれも水田経営所得安定対策で組織再編され、経営体化が図られた。米＋麦＋大豆の2年3作体系で、集落営農により水田が高度に利用されている。1組織平均の構成員世帯数は48戸、作付面積は米22ha＋麦17ha＋大豆14haになる（**表10-6**）。2007年から実施された水田経営所得安定対策への対応として、組織を再編・統合し、任意組織のまま経理の一元化を図った。集落内の構成員の農地は、組織に「供する」ことが規約に明記され、主として特定農作業受委託契約に

表10-6 集落営農のタイプ別にみた集落毎の土地持ち非農家等の状況（海津市平田町）

町・集落の区分	集落営農のタイプ	該当集落数	総農家数	土地持ち非農家数	総農家数＋土地持ち非農家
平田町	計	15	430	478	908
該当集落における1集落当たり平均値	計	15	28.7	31.9	60.5
	集落営農あり	11	30.7	37.5	68.2
	うちぐるみ型集落営農	10	29.8	33.1	62.9
	うち全戸加入型	4	30.5	30.5	61.0
	うちオペ型集落営農	1	40.0	81.0	121.0

より集落営農が経営を主宰することになった。

　これにより農地のほとんどを集落内に有している構成員農家は、屋敷周りの農地（主として畑地）のみを自ら経営するにとどまることになり、土地持ち非農家に移行することになる。集落営農のある11集落のうち10集落は「ぐるみ型」集落営農である。この10集落の集落営農の構成員戸数は平均51戸であり、土地持ち非農家数33戸と自給的農家数20戸の合計数に近似する。また、うち4集落は集落のほぼ全戸が加入する集落営農であり、ここでの構成員数は平均63戸である。これは総農家数30.5戸と土地持ち非農家数30.5戸の合計数61戸を上回る。これら集落では、農家と土地持ち非農家に加え、5a未満の零細な耕地所有者も若干名が集落営農の構成員になっている。例えば、構成員91名からなるK集落営農では、うち3戸が5a未満の農地保有者である。

（2）水田管理作業の担い手としての集落営農構成員・土地持ち非農家

　平田町では、それぞれの集落営農の申し合わせにより、農地の管理作業を行っている。ぐるみ型の集落営農では、概して、収量・品質に直接的な影響の出る水管理作業はオペレーターや役員などの管理技術に長けた特定の者が担当している。集落営農の収益を確保するためもあり、水管理は経営責任にて行っている場合が多い。これに対し、圃場の草刈作業は地権者が担当するケースが一般的である。各集落営農では構成員の7～10割が、草刈作業を担当している。これらの集落では、土地持ち非農家とされている世帯の多くが農業生産活動に関わり続けている。集落営農の経営成果としての配当を受け

単位：集落、戸、％、ha

土地持ち非農家比率	集落営農構成員戸数	組合員戸数／(総農家数＋土地持ち非農家)	集落営農の作物作付面積		
			水稲	麦	大豆
52.6	524		239.8	181	155.6
52.6					
54.9	47.6	0.70	21.8	16.5	14.1
52.6	51.2	0.81	22.0	16.1	13.3
50.0	62.8	1.03	22.5	14.7	12.5
66.9	12.0	0.10	20.0	20.5	22.5

る前提として農作業への従事を義務づけているところも多い。

　ここでの集落営農の構成員は、農家の自治組織である農事改良組合の構成員でもある。農業統計上は、土地持ち非農家とされた世帯でも、地域のなかでは「農家」である。同時に、これら世帯は、農協の正組合員でもある。

　労働力の限界等から構成員が草刈を担当できない場合、金銭を支払い集落営農にそれを代行してもらう。その数は徐々に増える傾向にある。江ざらいなどの農業用水路の管理作業も同様である。これに出役できない場合、出不足金が課せられる。こうした農地管理作業にも関わらない構成員も徐々にふえている。

　オペレーター型の集落営農があるＩ集落では、土地持ち非農家化が顕著である[10]。ここでの土地持ち非農家数は81戸にのぼり、また土地持ち非農家率が66.9％と高い。これに対し、集落営農の構成員は12名である。水田の管理作業は、水管理が２名、草刈作業が構成員８名に加えて、員外の地権者８名が分担して担当している。これらの地権者以外の農地貸付者は水田管理作業に直接関わることはない。

4　農地貸借における地権者の状況

（１）都市的地域における土地持ち非農家の状況

　岐阜県羽島市では水田農業の担い手が不足し、ＪＡ出資農業生産法人が市内全域から農地を借入れている。農地には利用権が設定され、水田の管理作業は法人が全て行っている。うち３地区の地権者62名（うち５a未満５名、

土地持ち非農家35名）へのアンケート結果によれば、47名（うち土地持ち非農家27名）が農業生産を行っている。うち2戸の土地持ち非農家は農産物販売もしている。

また貸付農地の管理状況については常に関心を払って生活している[11]。法人が農地を借入れなくなった場合には、「耕作放棄となる」とみる世帯が38戸ともっとも多いが、「粗放的な対応をする」世帯も10戸（うち土地持ち非農家6）ある。借り手から農地を返還された場合、レンゲ作付けなどの粗放的な対応をしていくことも考えているのである。

（2）中山間地域における農地管理主体としての土地持ち非農家

岐阜県中山間地域では過疎化が進み、農地の管理主体として土地持ち非農家に期待がかかる。農地の貸付者も水田管理作業に関わっている例が多い[12]。郡上市（有）K（30戸、8.4ha利用権）は、水管理・畦畔管理のどちらもが地権者が担当している。高山市（農）M（16集落、70ha利用権）は、水管理作業は法人が行うが、畦畔管理はその多くを地権者が行っている。また（株）W（5集落・15ha利用権）は、特殊地については水管理・畦畔管理のどちらもが地権者が担当している。

5 まとめ

農地貸借の伸びに比例して土地持ち非農家が増加している。農業統計上で土地持ち非農家とされた世帯も、多くは農業生産に従事している。経営体化した集落営農の構成員は土地持ち非農家とされるが、水田管理作業への従事が一般的に義務化されている。これら土地持ち非農家は、農事実行組合員でもあり農業者である。

都市的地域における農地の貸付者も、多くが農業生産に従事し、農地の管理状況に関心をもっている。農地貸借契約が解消された場合、一部では粗放的な作付対応も検討している。さらに過疎化が進む中山間地域では、土地持

ち非農家に農地管理主体としての期待がかかり、利用権設定田における水管理・畦畔管理などの役割の一部も負っている。

　このように土地持ち非農家はどの地域においても農地管理等において一定の役割を果たしており、その数の増加とともに存在感を増している。地域ごとの特性に応じ、それを多様な担い手の一つとして位置づけることが必要である。

注
（1）この場合も、年数回ある畦畔の草刈などの管理作業を構成員に義務づけている集落営農もある。この部分については、通例、組織からの賃金支払いはなく、配当金の一部として後に還元される。管理作業に従事できない場合は、組織がそれを肩代わりし、出不足金が徴収されることになる。
（2）集落営農活動実態調査結果（2010年3月1日）によれば、「集落内の営農を一括管理・運営している」集落営農の主たる従事者の年齢構成は、39歳以下4.4％、40～64歳57.6％、65歳以上38.0％であり、またその男女別構成比は男91.3％、女8.7％である。そしてその一人当たりの年間所得金額は、100万円未満59.2％、100～200万円22.8％、200～300万円12.4％、300万円以上5.3％などとなっている。組織形態別にみて、それが100万円未満の割合は、法人58.6％、任意組織59.4％とほぼ同じである。
（3）海津市の場合、集落営農の経営面積が50haを超える場合、このような専業的オペが複数配置されている。これに対し20ha台の集落営農では兼業従事者が主としてオペとなっている。詳しくは、荒井（2010a）を参照されたい。
（4）O市とは対称的に、中山間地に位置するG市(農)K集落営農（1985年設立8.4ha経営）では、2006～10年に1haのブロッコリーの栽培に取り組んだが、高齢化・労働力不足のためにそれを取り止めた。地元での雇用の確保ができなくなったためである。集落営農の多角化にあたっても、雇用労働力確保が鍵となる。
（5）紙幅の都合上、これについては詳述できないが、関ら（2012）、高橋ら（2011）などでいくつかの事例紹介がされている。また、集落営農活動実態調査結果（2010年3月1日）によれば、集落営農での農業生産以外の事業への取組状況を、現在取り組んでいる活動内容別集落営農数割合（全国・複数回答）でみると、「現在取り組んでいる」のは26.7％で、農業生産関連事業が26.2％、農業生産関連事業以外の事業が0.6％である。組織形態別では、法人での取組割合が45.5％と高く、任意組織は20.1％と低い。農業生産関連事業への取組の内訳は、「農産物の加工」5.4％、「消費者等への直接販売」22.1％、「農家レストラン」0.8％、「都市住民との交流」4.3％、「その他」0.7％である。集落営農

での農業生産関連事業以外の事業や農家レストランの取組はごく一部にとどまっているものの、農産物の加工や都市住民との交流は徐々に広がりをみせ、消費者等への直接販売に至っては4分の1近くで実施されるまでに至っている。
(6) ここでいう「土地持ち非農家」とは、「農家以外で耕地及び耕作放棄地をあわせて5a以上所有している世帯」、である。
(7)「農業構造の展望」(2005) のなかでは、規模縮小に伴う農家からの移行等により、土地持ち非農家数は2015年には150～180万戸程度になるものと見込まれた。
(8) 内田 (2012)、橋詰 (2012) を参照。
(9) 詳細は荒井他 (2011) 所収の拙稿「集落営農の再編強化による兼業農業の包摂」を参照。
(10) 小林 (2004) では、いち早くこの点を指摘している。
(11) 農地管理の満足度を5段階で評価すると、満足12、やや満足21、どちらとも言えない17、やや不満6、不満3であった。張・荒井 (2013) を参照のこと。
(12) 荒井編 (2012) を参照。

Ⅳ部

農業構造改革による水田農業と集落営農の新展開

第11章

集落営農における地代と労賃の衝突と法人化
―岐阜県平地農村地帯の事例分析―

第1節　課題と方法

　旧品目横断的経営安定対策を契機として設立・再編された集落営農が、法人化期限を迎え、また農地中間管理事業への対応などのために、近年その法人化が進んでいる。特に担い手経営への農地の利用集積が進んでいる平地農村地域ではその動きは活発である。集落営農の法人化に際し、常時従事者の確保、収益性の確保など、経営が安定的に継続する仕組みが作られるかどうかが焦点となる。特に、青壮年層が集落営農の中心的な担い手として常時従事するには、他産業並みの所得の確保が求められている。そのためには一定の経営規模、事業規模の確保とともに、地代と労賃の適切な調整も課題の一つとなってきている[1]。

　共同利用型、受託型の集落営農は自作農家の経営の補完として機能してきた。それが協業型へと進化をとげ、農地の貸借関係までに発展してきた。農作業料金は切り売り労賃をベースとして算出されてきた。また現実の地代を規定するのは、同じく切り売り労賃をベースとする場合が多かった。米価低下により収益性は低下しているものの、高い生産性と切り売り労賃をベースとすることにより集落営農では一定の剰余が生み出されてきた。そしてそれは土地面積に応じて配分されているところが多い[2]。結果として集落営農においては相対的に高い地代が形成されることになる。かつて磯辺が指摘したように、「転作奨励金や農民相互の互助方式による上積みも全て地代と

ってしまう」[3]こともしばしばある。このように集落営農では、土地所有の論理が先行し、地代が優先的に確保される傾向があった。

　集落営農の法人化により出資配当制限がかかることになる。これにより従来の土地面積に応じた剰余の配当に制限がかかる。これは土地所有への制限とみることもできる。それが集落営農での労賃確保の契機となりうるか検証する必要がある。

　そこで本章では、近年、法人化が急速に進んでいる岐阜県海津市の集落営農の事例分析を中心として、法人化にともなう集落営農における労賃と地代の衝突の様相を措定し、経営体としての内実化、労働力自立化について展望する。

　ここでは、まず、岐阜県平地農村の典型例としての海津市の農業構造変動の特徴と組織経営体成長の状況を整理する。次に、集落営農の再編と法人化の状況を、現地ヒアリングと集落営農へのアンケート結果より整理する。そして、典型的な集落営農法人のヒアリング調査結果から法人化にともなう分配メカニズムの変化、地代と労賃の調整の方法などを整理し、組織における労働力自立化の展望について考察する。

第2節　海津市の農業構造の動向

1　米・麦・大豆2年3作体系の確立

　岐阜県海津市は、岐阜県の最南部に位置する典型的平地水田地帯である。2005年に海津郡の3町（海津町、平田町、南濃町）が合併して市となった。旧海津町と旧平田町は、長良川と揖斐川に囲まれた輪中地帯を構成し、平坦な地形であり、大区画整備事業が実施されてきた[4]。水田の全てが整備済みであるが、用排水が未分離のものが12.6％ある。残りは用排水分離がなされており、うち標準区画50a以上が77.7％、同20a～50a未満が9.6％である（2008年）。汎用化が可能な大区画圃場が整備されている。

　岐阜県40市町村のうち平地農業地域に位置するのは4市町であり、その一

表 11-1 農業地域類型別担い手への利用集積率（岐阜県 2015 年）

単位：ha、%

農業地域類型	市町村数	うち2015年中間管理機構実績有り	耕地面積	担い手利用面積	担い手への利用集積率
山間農業	12	10	16,427	5,505	33.5
中間農業	8	8	10,814	1,658	15.3
都市的	16	12	20,386	5,820	28.5
平地農業	4	3	7,500	4,849	64.7
計	40	33	55,127	17,832	32.3
（海津市）			3,720	2,676	71.9

資料：岐阜県農畜産公社 2015 年度農地中間管理事業報告書より作成
注：担い手への利用集積率は機構利用 33 市町村のみの数値

つが海津市である。岐阜県での担い手への農地集積率は32％と低いが、平地農業地域は65％まで進んでおり、中でも海津市は72％と最も高くなっている（表11-1）。市の耕地面積3,720haのうち2,676ha、（72％）が担い手に集積されている。

市の水田率は83％と高く、田の面積は3,110haである。うち水稲の作付面積は1,890ha（60.8％）である。水田を中心に転作作物として小麦948ha（30.5％）、大豆980ha（31.5％）が作付けされている。米・麦・大豆での田の利用率は123％になる。この間、水稲の作付面積は－130ha（－6.4％）と微減している。これに対し、小麦＋60ha（6.8％）、大豆＋88ha（9.9％）は微増傾向にある。10a当たりの過去10年の平均反収は、水稲486kg、小麦384kg、大豆179kgである。その変動係数は、水稲2.0、小麦15.1、大豆23.6であり、小麦・大豆の収量変動が大きい。

2　農家数の大幅減、大規模経営体への高い農地集積率

農家戸数の減少は2000年までは比較的緩やかであったが、2000年以降は急速になってくる。共同組織が作業受託などで農家を補完していた間は農家の減少は少なかったが、それが協業組織にまで展開してくると、戸数減少が顕著となってくる[5]。2005年から2015年にかけても、農家戸数は－37.1％減となっている（図11-1）。販売農家数が－64.1％と大幅に減少し、自給的農

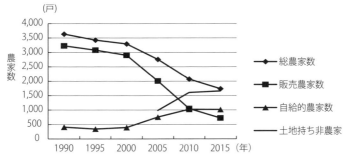

図11-1　農家戸数の推移（海津市）

資料：農業センサスより作成、2005年までは海津郡の数値。

家＋34.9％、土地持ち非農家＋68.0％が大幅に増加している。

　農業経営体数も、同期間に2,098から797経営体へと、−62.0％減少している。組織経営体数は33であり、うち法人が17経営体ある。経営耕地のある農業経営体数は776、経営耕地総面積は2,680.8haで、一経営体当たりの経営耕地面積は3.45haと比較的大きい。規模拡大が進展していることがわかる。うち借入耕地のある農業経営体数は189（24.3％）、借入耕地面積は1,977.1ha（73.8％）である。借地による規模拡大が進んでいることがわかる。

3　集落を基礎とする大規模な組織経営体への農地利用集積の進展

　2005年から2015年にかけて経営耕地面積別経営体数が増加しているのは、30ha以上層に限られる。30〜50ha層は8から9経営体へと＋1、50〜100ha層は6から7経営体へと＋1、100ha以上層は3から5経営体へと＋2の経営体数の増加がある（表11-2）。30ha未満層は軒並み減少している。1〜2ha、0.5〜1haの中間層の減少率が特に高い。10〜30ha層も17経営体から6経営体と激減している。規模の小さい組織経営体がいくつか統合されたためである。中規模農家や小規模組織経営体の農地を取り込んで30haを超える経営が展開しているのが特徴である。

　また、経営耕地面積のシェアを2010年から2015年にかけてみると、5ha

表 11-2 経営耕地面積規模別農業経営体数の推移（海津市）

単位：経営体

	計	0.5ha未満	0.5～1.0	1.0～2.0	2.0～3.0	3.0～5.0	5.0～10	10～30	30～50	50ha以上
2005年	2,098	434	829	680	92	18	11	17	8	9
2010年	1,117	333	390	279	59	12	7	9	14	14
2015年	797	260	261	177	45	16	11	6	9	12
増減数	−1,301	−174	−568	−503	−47	−2	0	−11	1	3
増減率（％）	−62.0	−40.1	−68.5	−74.0	−51.1	−11.1	0.0	−64.7	12.5	33.3

資料：農水省『農業センサス』より作成
注：増減数、増減率は、2005年と2015年の比較。

表 11-3 水田農業の担い手経営の状況（海津市）

組織形態		経営体数(経営体)	水田実面積(ha)	平均面積(ha)
個人経営		6	164	27.3
集落営農	任意組織	4	186	46.5
	特例・有限会社	4	846	211.5
	株式会社	2	128	64.0
	農事組合法人	19	1,211	63.7
	小計	29	2,371	81.7
合計		35	2,534	72.4

資料：JAにしみのの資料（2016年6月現在）より作成
注：担い手経営とは、海津市営農協議会会員を指す。

以上層のシェアは71.3％（2,358ha）から75.2％（2,016ha）へと増加し、うち20ha以上層のシェアは68.4％（2,260ha）から71.9％（1,926ha）へと増加している。

市の水田農業の担い手は、個人6戸、組織経営体が29組織である。個人6戸の平均水田経営面積は27.3haであり、組織経営体29組織の平均水田経営面積は81.7haである（表11-3）。組織経営体はいずれも集落を基礎とした組織である。集落営農への農地の集積が進んでいる。

第3節　集落営農の再編と法人化の進展

1　集落営農の再編と集積の高まり

　海津市の集落営農数は2007年35組織から2015年31組織へと微減している。規模別には20ha未満層が5から1、20〜50ha層が20から14へと減少し、50〜100ha層は4から8へと増加し、100ha以上層も6から8へと増加している（**表11-4**）。この限りでは、50haが市での集落営農の経営体数の増減の分岐である。小規模集落営農が解散し、中大規模の集落営農へと統合・再編されていることが読み取れる。

　集落営農の農地の集積面積は、同期間に2,016haから2,332haへと＋316ha

表11-4　海津市における集落営農組織の動向

単位：組織体、ha

		2007年（2月）	2015年（2月）	増減
集落営農数		35	31	−4
うち法人		4	8	4
うち有限会社		4	6	2
非法人		31	23	−8
農業生産法人計画策定済み		27	21	−6
経営安定対策	加入	30	31	1
	加入予定	1	0	−1
農業集落数	1集落	21	18	−3
	2集落	6	5	−1
	3集落以上	8	8	0
構成農家数	29戸以下	5	12	7
	30〜69戸	18	10	−8
	70戸以上	12	9	−3
経営耕地		466	2,332	1,866
農作業受託面積		1,550	0	−1,550
経営耕地＋農作業受託面積		2,016	2,332	316
構成農家数		2,365	1,866	−499
1組織当たり集積面積		57.6	75.2	17.6
1組織当たり構成農家数		67.6	60.2	−7.4
現況集積面積規模別集落営農数	20ha未満	5	1	−4
	20〜50ha	20	14	−6
	50〜100ha	4	8	4
	100ha以上	6	8	2

資料：農林水産省「集落営農実態調査」より作成
注：集積面積＝経営面積＋作業受託面積。

（16％）の増加がある。1組織当たり集積面積も、57.6haから75.2haへと＋17.6ha（31％）の拡大がある。その集落内の総耕地面積に占める割合が80％以上となる組織が19組織（61％）、50～80％が11組織（36％）あり、50％未満は1組織（3％）のみにとどまる。集落営農への農地の集積率は高い。

これに対し、構成総農家数は、2,365戸から1,866戸へと－499戸（21％）の減少である。構成員の土地持ち非農家化、地主化が進んでいると思われる。

2007年には35組織のうち29組織（83％）が品目横断経営安定対策に加入した。また2015年には31組織のうち29組織（94％）が水田・畑作経営所得安定対策に加入しており、経営所得安定対策には31組織（100％）が加入している。

2　集落営農の法人化の急速な進展

集落営農の経営規模別組織数動向を2008年と2016年を比較してみると、20～30ha層の2組織（旧海津町1、旧平田町1）と30～50ha層の1組織（旧平田町1）が解散し[6]、これとは別に旧南濃町で30～50ha層の1組織が新設されている（表11-5）。これ以外に階層規模を下げた組織はなく、20～30ha層では5組織のうち1組織（20％）が、30～50ha層では12組織のうち2組織（12％）が、50～100ha層では7組織のうち2組織（29％）が、上位の階層に上昇している。

近年、集落営農の法人化が進んでいる。2007年は35組織のうち法人は4組

表11-5　集落営農の経営規模の変動（海津市2008年と2016年の比較）

単位：集落営農

		2008年の経営面積					
		100ha以上	50～100ha	30～50ha	20～30ha	0	計
2016年の経営面積	100ha以上	3	2				5
	50～100ha		5	2			7
	30～50ha			9	1	1	11
	20～30ha				2		2
	0			1	2		3
	計	3	7	12	5	1	28

資料：JAにしみのの資料より作成

表11-6　法人化計画策定集落営農の経営の変化（海津市）

		2008年	2016年	増減	増減率（%）
経営規模別集落営農数	100ha以上	3	5	2	67
	50～100ha	7	7	0	0
	30～50ha	12	11	−1	−8
	20～30ha	5	2	−3	−60
	0	0	2	2	−
	計	27	27	−2	−7
経営耕地面積計(ha)		1,411	1,525	113	8
平均経営面積(ha)		52.3	61.0	8.7	17
作付面積(ha)	稲	763	832	69	9
	麦	507	707	200	39
	大豆	525	679	154	29
	合計	1,795	2,218	423	24
	平均	66.5	88.7	22.2	33
経営耕地利用率（%）		127	145	18	14

資料：JAにしみの資料より作成
注：1）法人化策定集落営農とは、2008年時点で法人化計画を策定していた非法人の集落営農。
　　2）経営耕地利用率とは、経営耕地面積に対しての稲・麦・大豆の作付面積合計の割合

織（11%）にとどまっていた。いずれも特例有限会社である。それが2015年には31組織のうち8組織（26%）が法人となっている。その内訳は特例有限会社4、株式会社2、農事組合法人2である。

　また、2007年の非法人31組織のうち27組織（87%）が法人化計画を策定していた。この27組織のうち、既述のように3組織は解散した。また1組織が2011年に新設された。2016年6月時点まで継続し、非法人で法人化計画を策定している組織は25となった。この非法人で法人化計画を策定している集落営農（2007年・27組織、2016年25組織）の2008年と2016年時点での経営を比較すると、経営耕地面積合計は1,411haから1,525haへと＋113ha（8%）増加している（表11-6）。1組織当たりの平均経営面積は52.3haから61.0haへと＋8.7ha（17%）拡大している。また、稲・麦・大豆の作付率は、127%から145%へと＋18%の増加がみられる。この間に、2年3作体系が完全に確立したことがわかる。

　またこのうち2015年「調査日」までに法人化した組織は4組織にとどまり、23組織が非法人のままであった。この23組織のうち21組織（91%）が法人化計画の策定を済ませており、2016年中に法人化する計画である。うち2015年

2月～2016年5月までに17組織が法人化した。全て農事組合法人である。

3　法人化による集落営農の経営動向

2008年時点で法人化計画を策定していた27集落営農のうち2組織は解散し、2016年6月時点まで継続しているのは25組織となった。この25組織に経営の実態と意向に関するアンケート調査を2015年10月に実施し、18組織から回答（回答率72％、うち法人16）を得た。

またこの2年間で急速に法人化が進み、25組織のうち21組織（84％）が法人となった。この21組織（株式会社2、農事組合法人19）に対しては、法人化に関するアンケート調査も実施し、21組織のうち16組織（株式会社2、農事組合法人14）から回答（回答率76％）を得た。

（1）法人化の動機

法人化の動機について3つまでの複数回答での結果は、「法人化期限」13（81％）、「農地中間管理事業への対応」10（63％）、「組織の継承」8（50％）、「担い手の確保」3（19％）、「資金の確保」2（13％）、「内部留保の活用」2（13％）、「独自の経営展開」2（13％）、「収入保険への対応」0であった。「法人化期限」、「農地中間管理事業への対応」、「組織の継承」が法人化の主要な動機である。

なお、海津市の2015年中間管理事業での機構の借受面積は974.7haにものぼる。岐阜県でも最大面積である。法人となった集落営農が、特定農作業受委託などで経営していた農地などを、機構を通じた賃貸借へと付け替えられた。うち転貸面積も974.7haであり、100.0％が転貸されている。

（2）法人化前後の経営状況

法人化の前後で、構成員人数は、58.0名から54.8名へと3.2名減少している（表11-7）。経営面積は、67.9haから69.7haへと＋1.8ha拡大している。栽培作物などの増減が有ったのは3組織のみであり、13組織は変化がない。変化有

表 11-7　集落営農の法人化前後での報酬等の変化（海津市）

			法人化前	法人化後	増減	増減率（%）
構成員人数		（名）	58	55	−3	−6
経営面積		（ha）	68	70	2	3
役員報酬		（万円）	33	114	80	241
労賃単価	オペレーター	（円／時）	1,980	1,960	−20	−1
	一般	（円／時）	1,692	1,746	54	3
管理作業報酬	水管理	（円／10a）	1,250	1,335	85	7
	畦畔草刈	（円／m）	58	61	3	5
標準地代		（円／10a）	20,000	19,667	−333	−2

資料：岐阜大学 2016 年 10 月実施アンケート調査結果より作成

りの内容は、「JAの要請によりジャガイモ1.5haの拡大」、「経営規模の拡大（1.他営農組合よりの吸収合併、2.隣接の他市よりJAを通じて委託の増加、3.個人経営の方よりの委託の増加）」、「畑作付けの開始」などである。

また「2016年に新たに始めようとしていること」として、「大豆の作付け」、「委託畑に対しての作物栽培」、「加工野菜（キャベツ、ブロッコリー、玉ねぎ）の栽培」などが計画されている。

水田管理作業の実施方法は、水管理作業では、「構成員が管理」が9組織、「組合等が指定した者が管理」が7組織で、10a当たり管理料は平均1,573円である。

また、畦畔草刈作業は、年間で平均5.1回されている。1m当たりの標準的な草刈料金の平均額は61.4円である。その作業の実施内訳は、「構成員が実施」が10組織、「組合が実施」が3組織である。

（3）組織の中心的な担い手の状況、今後の意向

現在の営農組織の中心的な担い手数は、平均で青壮年2.4名、定年帰農2.5名、自営農家1.6名、その他0.6名で、計7.1名である（**表11-8**）。その5年後の見通し・目標としては、青壮年2.2名、定年帰農3.0名、自営農家1.4名、その他0.8名、計7.4名と、定年帰農者の増加が見込まれている。

また営農組織の中心的な担い手の確保のために、「みんなで作業をし、農業の実態を理解する」、「定年退職しそうな方に勧誘、他」、「オペレーターの確保」などに取り組んでいる。

表 11-8 集落営農の中心的な担い手の状況（海津市）

		現在	5年後見通し	増減
実数(名)	青壮年	2.4	2.2	−0.2
	定年帰農	2.5	3.0	0.5
	自営農家	1.6	1.4	−0.2
	その他	0.6	0.8	0.2
	計	7.1	7.4	0.3

資料：岐阜大学 2016 年 10 月実施アンケート調査結果より作成

　営農組織の経営安定・発展のために必要と思われることとして、「天候が安定し作物のできが良いこと」、「増収を図る為多品目栽培、中心的な担い手確保、生産コストの削減」、「作業面積の拡大」、「後継者作り、作業の効率化、オペレーターの育成、生産物（野菜など）販売ルートの確立」、「地域集団で機械設備の投資計画をすること」、「オペレーターの育成確保」の回答があった。オペレーターや後継者の確保、規模拡大、新規作物導入などを経営発展の課題として捉えられている。

（4）法人化にともなう地代・労賃等の変化
1）労賃・報酬・地代の変化
　法人化の前後で役員報酬総額は、33.3万円から113.7万円へと大幅に増額となった。これに対し、労賃単価（時給）は、「オペレーター」が1,980円から1,960円へ、「一般」が1,692円から1,746円へとわずかな変化にとどまった。また管理作業報酬も、水管理が10a当たり1,250円から1,335円へ、畦畔草刈が1m当たり58円から61円へと若干増えているが、ほぼ同額であった。さらに10a当たり標準的地代も、2万0,000円から1万9,667円へとほぼ同額となった。
2）経営者としての意識の変化と意向
　経営者としての意識の変化については、「ある」5、「多少ある」3、「あまりない」5、「ない」1と回答が分かれた。「ある」と回答した組織では、「事業拡大と収益に注力」、「後継者育成、収益、地域に貢献」に取り組んでいる。「あまりない」と回答した組織では、「構成員の法人（組織）運営に係る認識

の不足。役員においても同様の課題がある」との指摘がある。
3）会計責任者

　2006年の集落営農実態調査結果によれば、経理事務の外部化の状況別集落営農数では、「経理事務を集落営農組織内で行っている」31、「経理事務に外部の者が関与している」4であった。非法人の集落営農では組織内で経理事務が行われていた。

　それが法人化前には、「構成員のみで処理」5、「一部農協経理支援利用」9、「一部税理士委託」1と徐々に経理事務の外部化が進んだ。そして法人化後（重複あり）には、「構成員のみで処理」は0となり、「一部農協経理支援利用」7、「一部税理士委託」15となり、全ての組織で経理事務の外部化が進んだことがわかる。

4）利益の配分

　アンケートに回答した16組織のうち法人化前に従事分量配当を行っていたところはない[7]。法人化後に8組織がそれを実施した。従事分量配当の対象労働は、「管理作業も含める」が8組織、「管理作業は含めない」が1組織で、ほとんどの組織が管理労働も含めた従事分量配当を行うことになった。また従事分量配当の対象者は、「構成員労働のみ」が6組織、「構成員家族も含める」が4組織である。従事分量配当の対象者は、本来は構成員に限られる。しかし、畦畔草刈作業は世帯を単位として行われており、家族がそれに従事することもあるためこのような回答になったと推定できる。

（5）タイプ別の集落営農の特徴

1）ぐるみ型・農事組合法人

　海津市の集落営農の多くはぐるみ型の農事組合法人である。営農の基礎となる集落の構成員の多くが組織に加入する。A、B法人がその典型である。経営面積はいずれも100haを超え、米・麦・大豆作を中心に、野菜作にも最近取り組んでいる（表11-9）。組織の構成員数は、68名、108名と多いが、オペ作業・一般作業の従事者数は数名に限定される。ただし、畦畔草刈作業

表 11-9　タイプ別集落営農の経営概況

			A法人	B法人	C法人	D法人
法人形態			(農)	(農)	(株)	(株)
タイプ			ぐるみ型	ぐるみ型	オペ型	オペ型
経営面積		(ha)	108	103	42	86
作付面積	米	(ha)	55	55	24	50
	麦	(ha)	50	49	18	36
	大豆	(ha)	50	49	18	36
	(うち飼料米)	(ha)	13	14	10	8
組織の構成	構成員数	(人)	68	108	2	5
	役員数	(人)	10	9	1	4
	オペレーター数	(人)	3	4	2	3
	一般作業者数	(人)	5	7	0	2
	150日以上従事者数	(人)	3	2	2	5
	畦畔草刈実施者数	(人)	58	53	5	5
	同上1人当たり面積	(ha)	1.9	1.9	8.4	17.2
中心的担い手数(人)	現在	青壮年	1	0	2	1
		定年帰農	0	1	0	0
	5年後の目標	青壮年	3	1	2	3
		定年帰農	0	5	1	0

資料：岐阜大学 2016 年 10 月実施アンケート、ヒアリング結果等から作成

には50数名が従事している。法人化以降、A法人では後述のようにこれも従事分量の配当となってくる。一人当たりの畦畔草刈面積は2ha弱であるが、平地の大区画圃場のため比較的容易に実施できる。一人当たりの役員報酬は年間10～20万円程度である。

2）オペ型・株式会社

　組織数は少ないが、構成員を中心的な担い手に限定したオペ型の集落営農がいくつかある。組織形態としては株式会社となる場合が多く、C、D法人がその典型である。組織は数名で構成され、そのほとんどがオペレーター作業、畦畔草刈作業に従事し、ほぼ通年で農業に従事する。雇用者も含めて畦畔草刈作業を行い、一人当たり8～17ha程度の作業を実施する。一人当たりの役員報酬は年間300万円程度である。青壮年が組織の中心を担い、地域の他産業並みの報酬が得られている。

第4節　法人化による剰余配当の転換—ぐるみ型・(農) A集落営農法人の事例—

1　A集落営農法人の経営概要

A集落営農の前身は、1988年に設立された。品目横断的経営安定対策が実施された2007年に経理の一元化を図るなどして新組織となり、そして2015年6月に法人化された。2016年の水田実面積は104haで、主食米42.6ha、飼料用米12.5ha、麦49.3ha、大豆49.3haを作付けしている。作付面積は水稲が横這いで、麦・大豆が増加傾向にある（**図11-2**）。経営面積に対しての水稲の作付率は約60％で、残りの約40％に大豆を作付けする。経営面積は、水稲と大豆の合計栽培面積にほぼ等しい。大豆は、麦跡に作付けするため、ほとんど麦の作付面積と等しくなっている。最近は経営耕地の利用率は約140％となっている。米・麦・大豆の2年3作型の作付体系が完成していることがわかる。

A法人は3つの集落を基礎として組織されている。構成員は68名で、集落内に限定されている。構成員の保有水田は88ha（81％）で、10a当たり1万円が出資される。これとは別に農用機械購入などのために預り金を、過去8

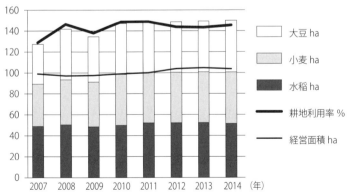

図11-2　A集落営農の栽培面積・土地利用率の推移

資料：A集落営農総会資料より作成。

年では3回、配当金から10a当たり計3万5千円徴収している。

役員10名、オペ3名はいずれも男子である。一般作業者は5名のうち1名が女子である。畦畔草刈作業は年5回実施され、構成員が担当している。実際の、草刈実施世帯は58世帯（85％）である。これも従事分量配当の対象としている。

2　経営収支の特徴

A法人の収入は、経営面積の微増にともない増加傾向にある。ただし、収入に占める売上げ割合は低下傾向にあり、補助金・助成金の割合が高まり、ほぼ同額となってきている（**図11-3**）。他方、費用としては、物財費も増加し、売上金額とほぼ同額になってきている。結果として、剰余・利益配当金は微増傾向にある。2007～14年の間の8年間のそれは平均5千3百万円となる。預り金差し引き後10a当たり平均額は6万1千円となる。うち地代分2万円が内金として分配され、残りが清算後、追加配当される。

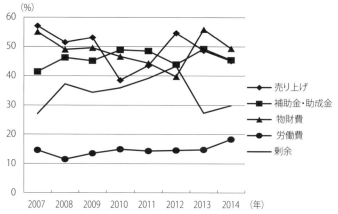

図11-3　収入・費用合計額に占める各項目割合──A集落営農──

資料：A集落営農総会資料より作成

3　法人化による従事分量配当の実施

2015年6月に法人が設立されたため、同年は任意組織と法人が並行して事業を実施した。同年の任意組織の利益配当金は1,921万円となり、10a当たり2万1,830円の配当があった。また、法人組織は当期利益金として3,537万円を計上した。それは利益準備金535万円、従事分量配当金3,000万円、次期繰越利益2万円として処分された。従事分量配当金は、草刈作業（58名）とオペ・一般作業（3＋5名）とで折半した。組合員68名のうち58名が草刈作業に従事している。

草刈を要する畦畔の長さは2万6,149mとなる。作業料金は、形状により1m当たり100円、50円、25円に区分されている。100円が2万2,794m（83％）、50円が1,479m（6％）、25円が1,876m（7％）である。5回の草刈労働に対し年間1,199万円が支給された。一人当たり平均で451m、21万円である。その内訳は、10万円未満が9名、10～20万円が24名、20～30万円が17名、30～50万円が5名、50～100万円が3名であり、最低が1万円、最高が67万円と幅がある。金額が多い者は未実施構成員と構成員外の圃場の作業を実施している。これを法人に委託している構成員は10名で、うち5名は高齢世帯、残りの5名は後継者が同作業をしない世帯である。家族が代わりに畦畔草刈作業を行っても構成員が行ったことと同等と見なし従事分量配当の対象となる。

4　地代と労賃の衝突と法人化

法人化の前後で土地所有と労働への配分がいかに変化したかをみるため、予算ベースではあるが、同規模の計画があった2014年度予算（任意組織）と2016年度事業計画（法人）との比較考察を行ってみる。

収入は、2014年1億5,880万円、2016年1億5,637万円とほぼ同規模である（**表11-10**）。売上げ、経営安定交付金は減額しているが、消費税還付金980万円が加わることで、それをカバーしている。費用では、物財費が2014年・8,600万円、2016年・8,763万円とほぼ同額であるが、労務費は2014年・2,700

表 11-10　予算構成にみる地代と労賃－A 集落営農－

単位：千円

		2014年度予算	2016年度計画
費用	物財費	86,000	87,630
	労務費	27,000	40,000
	社会保険費		1,300
	福利厚生費		450
	員外地代	4,000	4,000
	構成員借地料		20,000
	支払利息	300	250
	利益配布金	41,500	
	支払報酬		700
	農業経営準備金		2,046
	計	158,800	156,376
収入	農産物売上げ	81,240	76,000
	作業料金等収入	6,730	5,100
	地代収入	530	450
	補助金	6,300	5,000
	経営安定交付金	64,000	60,000
	消費税還付金		9,800
	繰越金など	0	26
	計	158,800	156,376
費用比較	地代相当	44,800	24,000
	労働費相当	27,000	41,750

資料：A集落営農総会資料より作成
注：2014年度は、利益配当金から70万円（16年度の支払報酬額）を控除したものを地代相当とみなした。

万円から2016年・4,000万円へと大幅に引き上げられた。この労賃4千万円には、従事分量配当分が考慮されている。収入から費用を差し引いた2014年度の利益配付金は4,150万円であるのに対し、2016年度のそれは支払報酬70万円（配当）、農業経営準備金204万円と縮小している。土地所有から労働への剰余の分配度が高まっている。

これを地代：労賃の比で整理・考察してみると、2014年は、員外地代400万円＋利益配付金4,150万円（－支払報酬70万円）：労務費2,700万円＝4,480万円：2,700万円となる。これに対し、2016年は、員外地代400万円＋構成員借地料2,000万円：労務費等4,175万円＝2,400万円：4,175万円となる。地代と労賃の関係が逆転し、地代優先から労賃重視への転換が図られ、結果として労働評価が高まっている。

第5節　まとめ

　岐阜県の平地農村では集落営農が水田農業の主たる担い手となり高い農地集積率を達成している。経年と共に集落営農への参加率が高まり、また組織の解散・統合による再編が進んでいる。法人化がそれを促進した。小規模集落営農が中規模集落営農に統合されている。こうした組織経営体への集積の進展の結果、地域での標準的とされる経営規模も拡大し、そこでの収益が地代形成の基礎となってくる。海津市では高い収益性に支えられて10a当たり2万円の地代が継続している。それは岐阜県の10a当たり平均地代8,131円（米生産費調査2014年産・10a当たり主産物収量492kg）と比較して高い。2万円の小作料相場は、高い収益の一部が地代へと転化していることを意味する。任意組織時代にはこの2万円を超える利益分も基本的には土地に帰属してきた。

　岐阜県の農業労賃（2013年時給・全国農業会議所調査）は、オペレーター賃金がトラクター1,545円、田植機1,548円、コンバイン1,750円であり、農業臨時雇賃金が水稲（機械作業補助）男1,199円、女986円である。海津市の集落営農での労賃はこれと比較してやや高めである。現業系の大工1万6,335（時給換算2,041）円/日、左官1万5,068（同1,883）円/日、土木工1万3,490（同1,686）円/日に相当する水準である。

　これに従事分量配当分が付加されれば他産業並み水準に近づく。県の事業所規模5人以上・一般労働者（フルタイム雇用）現金給与総額月36万1,920円（毎月勤労統計調査2013年）までは及ばないものの、パート（31.9％）を含めた全平均27万5,909円には到達する。

　集落営農において年間就業体制が可能となる栽培体系が組めれば、他産業並みの所得を得る担い手が確保される。集落営農の法人化は、配当制限により地代を制限し、労働評価を高め、その契機を作ったものと評価できる。同時に法人化は、集落営農を形式的ではあるが、家の結合体から個人の集合体

への誘導を図り、中心的な担い手の確保に向けた努力をあわせて、労働力自立を促すものとなる。

集落を基礎とした組織が農地を利用集積することで、農業構造問題の問題性が緩和され、またその止揚の芽が育まれている。基本は集落内の大宗が加盟するぐるみ型の農事組合法人の集落営農である。土地持ち非農家化した世帯も含めた個人に支えられて組織が成立している。組織と個人・世帯とが支え合う関係性が保たれている。

高齢世帯や無関心層の増加により、集落営農の構成員は減少している。また集落機能の弛緩により、法人化をきっかけにいっきに、ぐるみ型からオペ型に転換する集落営農もある。

(株)C法人（水田実面積43.6ha　主食用米15.9ha、飼料用米9.6ha、麦18.1ha、大豆18.1ha）がそうである。法人化前に40名の構成員が2012年の法人化後に2名となった（前掲**表11-9**）。役員は1名で他産業並みの役員報酬を得ている。法人化前の100万円から大幅引き上げである。また、（株）D法人（水田実面積84.4ha　主食用米39.1ha、飼料用米8.7ha、麦36.6ha、大豆36.6ha、馬鈴薯）は、役員4名のみの組織で他産業並みに近い報酬を得ている。

このように海津市では、集落のタイプにおうじた集落営農が形成され、それぞれの組織において他産業並みの所得を確保しうる担い手の形成が図られてきている。

注
（1）例えば海津市と隣接する平地農村地域にある輪之内町の集落営農の経営分析を行った徳田も、「生産性が高くても、役員報酬や出役労賃は低く抑えられており、現状の水準では中核的な農業専従者を確保することは難しい。高い地代水準が形成されると、兼業農家が大多数を占める中で、その水準引き下げの合意を得ることは容易いことではない」（徳田（2011）、89ページ）と同様の指摘をしている。
（2）2006年の集落営農実態調査結果によると、全国1万0,481集落営農のうち実数で3,503（33％）が利益の配分を行っている。配分の方法は、出資（提供）面積が2,123集落営農、出役時間1,895、出資（提供）農地で生産された生産物の量652、出資金比率223である。出資（提供）面積に応じた利益の配分が最も

第11章 集落営農における地代と労賃の衝突と法人化

多い。
（３）磯辺（1983）、401ページ。
（４）海津市農業の特徴の詳細については、本書第５章を参照。
（５）この点に関しては、海津市平田町での集落営農の事例で明らかにしている。詳しくは本書第２章、第５章を参照。
（６）例えば、第２章で取り上げた旧平田町の小規模集落営農である者結営農組合（水稲作7.8ha）は、単独で法人がすることが難しく、隣接する蛇池営農組合に編入され2015年に解散した。従前より蛇池で者結集落分の大豆を栽培しており、営農組合の運営方法も同じ内容であった。者結営農組合の25名の組合員のうち５名だけが、新組織へと異動し組合員となった。うち１名だけが草管理を自ら行い、４名はそれを組織に委託している。残りの20名は非組合員となり、農地を貸付けるだけとなった。法人化した新組織の構成員は、従前の103名に者結の５名が加わることで108名となった。新役員６名のうち１名は者結から選出される。営農組合の資産引継ぎ、清算には３年くらいかかるようである。非農家も含めた地域保全管理組合は、蛇池集落、者結集落それぞれで組織されている。また、幡長（水稲作24.5ha）についても解散し、近隣の集落営農と、有限会社・平田パイロットに分割・管理された。
（７）2008・2009年にかけて海津市で実施した18集落営農の調査結果によると、均等割りのみの組織が２つあり、いずれもオペ型である（荒井2010a・51ページ）。残りの16集落営農は土地面積に応じて分配しているが、うち２組織は配当の２割程度の範囲内で従事分量配当を併用していた（荒井2010a・50ページ）。
　なお、2006年集落営農実態調査結果によれば、海津市で「利益の配分を行っている」集落営農は、35組織のうち27組織（77％）であった。その全てが「出資（提供）面積に応じて配分」27組織されており、「出資金比率に応じて配分」、「出資（提供）農地で生産された生産物の量に応じて配分」、「出役時間に応じて配分」している組織は皆無であった。

第12章

都市的地域での集落営農の急増による
農業構造の大きな変動
―大垣市の事例―

第1節　課題と方法

　大垣市は都市的地域に位置し小規模農家が多い。また湿田も多い低反収地域でもある。そのため米価低下により経営の採算割れとなる農家が早い時期からあらわれてきた。これを受け貸借による農地の流動化が急速に進んでいる。近年、都市化の影響が少ない地域を中心に、集落営農など組織経営体の展開により、集落の領域を超えて農業構造が大きく変動してきた。こうした集落営農の経営について2008年・2009年に調査した今井は、「自立的借地経営・組織においては地代低下と選別的借地化の傾向が強まり、経営の合理化・効率化と地域の全農地の維持・管理との矛盾が深まっていきている」[1]と指摘した。同時に、貸付希望農家が続出するもとで、土地管理型の集落営農組織の必要性が増していること、収益性の低下のもとで地代支払が、これら組織の経営的自立の阻害となってきていること、そして地域営農組織としての再編成が課題であることを指摘した。
　そこで本章ではこれら諸論点をふまえ、都市的地域に位置し、小規模経営群の滞留という特質をもっていた大垣市において、集落営農などの組織経営体の展開で農業構造がどう変化したかを明らかにする。まず、2005年・2010年・2015年農業センサス資料を旧村単位で分析して、組織経営体の展開が経営耕地の大規模経営への集積を促進していることを明らかにする。次いで、

大規模経営への農地集積にあたっては集落営農が重要な役割を果たしていること、そして次第に経営体としての内実を高めていることを関連統計、集落営農18組織へのアンケート調査結果より明らかにする。また集落の領域を超えて経営を展開しているメガファームの2事例（うち集落営農1事例）の分析により、今井が指摘した地域営農組織としての課題への対応の状況を明らかにする。

第2節　大垣市の農業構造の特徴

　大垣市は岐阜県南西部に位置し、2006年3月に大垣市、上石津町、墨俣町市の1市2町の合併により誕生した人口16万人の岐阜県第2の都市である。大垣地域は東部が揖斐川に接し、輪中堤に囲まれた海抜4m程度の低湿地にある。水田の整備は済んでいるが、用排水未分離のものが71%（2008年）ある。用排水分離がなされたもの29%の全ての標準区画が20a以上50a未満であり、50a以上の区画はない。

　市は、旧大垣市を含め14の旧村からなる[2]。その農業地域類型ごとの旧村数は、都市的8、平地農業1、中間農業2、山間地域3であり、農業経営体の経営耕地面積の81%は都市的地域に位置している。2015年の経営耕地面積は2,990haで、うち田が2,770ha（93%）である。14旧村全てが水田型地域に区分される。農業産出額は25.9億円（2014年推計）で、その内訳は耕種が20.4億円（79%）、畜産が5.6億円（21%）である。作目別には米12.7億円、野菜3.0億円、花き3.0億円などと、米の割合が高い。主な作物の作付面積（2013年）は、水稲1,679ha、麦199ha、大豆93ha、飼料作物104ha、蜜源作物296haなどである。10a当たり平均収量（2006～15年）は、水稲457kg、小麦240kg、大豆109kgといずれも低く、しかも小麦・大豆のそれは低下傾向にある。蜜源作物、さといも、ブロッコリー、マコモタケ、加工用キャベツ、たまねぎが産地交付金の振興作物加算の対象となっている。

　2015年の総農家数は2,923戸、うち販売農家数が1,581戸（54%）、自給的農

表 12-1　経営耕地面積規模別農業経営体数の推移（大垣市）

単位：経営体

	計	0.5ha未満	0.5～1	1～2	2～3	3～5	5～10	10ha以上
2005年	2,893	861	1,421	533	43	17	9	9
2010年	2,181	658	1,066	358	34	26	18	21
2015年	1,614	508	737	275	26	20	19	29
増減数	−1,279	−353	−684	−258	−17	3	10	20
増減率（％）	−44	−41	−48	−48	−40	18	111	222

資料：農水省『農業センサス』より作成
注：増減数、増減率は、2005年と2015年の比較。

家数が1,342戸（46％）である。土地持ち非農家数は2,510戸であり、それに総農家数を加えると農事改良組合員数5,098戸（2013年度）に近接する。また農業経営体数1,614経営体のうち組織経営体は31経営体ある。農業経営体数の減少率は大きく、2005年2,893経営体から−44％減少している。3haが分解基軸となっており、3ha未満層が減少（−40〜−48％）、3ha以上層が増加している（**表12-1**）。大規模層ほど増加率が高くなっており、10ha以上層では9経営体から29経営体へと大きく増加している。うち20ha以上層は、6組織から17組織へと増加している。これにより2015年の5ha以上層の経営耕地面積シェアは47.8％、20ha以上層シェアは35.4％と高まっている。

2015年に市には31の農業組織経営体がある。8旧村にはそれがあるが、6旧村にはない。組織経営体の有無により、農地の集積状況には顕著な差がある。組織経営体の有る7旧村（旧大垣市を除く）の1経営体当たりの経営耕

表 12-2　組織経営体の有無別農地集積の状況（大垣市・旧村別2015年）

組織経営の有無の状況	旧村数	1経営体当たりの経営耕地面積	経営耕地面積の集積割合	
			5ha以上	20ha以上
	村	ha	％	％
組織経営体なし	6	0.90	21.2	0.0
組織経営体あり(旧大垣市)	1	1.42	45.5	39.0
組織経営体あり(旧大垣市以外)	7	1.75	59.1	39.9
計	14	1.43	47.8	35.4

資料：農水省『農業センサス』より作成

第 12 章　都市的地域での集落営農の急増による農業構造の大きな変動　　*255*

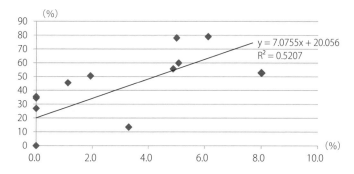

図12-1　組織経営体数比率と5ha以上層への経営耕地集積率との相関（2015年大垣市旧村）

資料：農業センサスより作成

地面積は1.75ha、5ha以上の経営体への経営耕地の集積率は59.1％であるのに対し、それが無い旧村では、それぞれ0.90ha、21.2％にとどまる（**表12-2**）。特に、20ha以上の経営体への集積率には、その有無により39.9％、0％と顕著な差が見られる。

　地域における組織経営体の活動程度を図る指標として農業経営体数に占める組織経営体数の比率（組織経営体数比率）を横軸に、5ha以上層への経営耕地集積率を縦軸にとり相関をみると、$R^2=0.52$ と「かなり相関がある」ことがわかる（**図12-1**）。また組織経営体がなくても20％程度は5ha以上へ経営耕地が集積されており、それを超える分については組織経営体数比率に比例して高くなってきている。組織経営体への経営耕地の集積により大規模

1旧村当たり		組織経営体数	旧村当たり経営耕地総面積／組織経営体数
経営耕地のある経営体数	経営耕地総面積		
経営体	ha	経営体	ha
43	39	0	―
890	1,263	10	126.3
66	115	21	38.4
115	164	31	74.2

経営へ経営耕地が集積されてきていることがわかる。

　組織経営体の無い6旧村の平均経営耕地面積は39haであり、それが有る7旧村（旧大垣市を除く）の115haと比較して小さい。これらの旧村では、組織経営体が展開するに十分な経営面積の確保に課題があるものと推測できる。組織経営体による経営耕地の集積程度を図る一つの指標として、旧村領域で経営耕地総面積を組織経営体数で除してみた。旧大垣市のそれは126ha、旧大垣市を除く6旧村のそれは38haとなった。旧大垣市を除く6旧村のそれは組織経営体の平均的な経営面積とほぼ同じ程度となった。これらの地域では、組織経営体への農地集積が進み、集積率が高くなっているものと推測できる。

　また、旧大垣市には10の組織経営体があるが、それだけでは十分にカバーしきれない状況があることがみてとれる。こうした旧大垣市のように組織経営体が十分に確保されていない地域の農地の受け手として活動を広げているのが後述する（株）西濃パイロットである。

第3節　大垣市の集落営農の動向

1　集落営農の活動領域の拡大

　市の31組織経営体のうち18が集落営農である。集落営農数は、2006年11組織から2015年18組織へと7組織増加した[3]。うち法人は1組織から4組織（農事組合法人3、株式会社1）へと3組織の増加である（表12-3）。また、その現況集積面積は、2006年352haから2015年645haへと83％増加し、構成農家数は、2006年1,251戸から2015年1,729戸へと38％増加している。1集落営農あたりの構成農家数は114戸から96戸へと16％減少しているが、1集落営農あたりの現況集積面積は、2006年32haから2015年36haへと4ha増加している。それは集落営農を構成する農家の1戸当たり面積が徐々に大きくなっているためである。構成農家1戸あたりの現況集積面積は0.28haから0.37haへと拡大している。

第12章 都市的地域での集落営農の急増による農業構造の大きな変動　257

表12-3　大垣市における集落営農の動向

			2006年	2015年	増減数	増減率（％）
形態別組織数 （集落営農）	法人	農事組合法人	1	3	2	200
		株式会社	0	1	1	—
		小計	1	4	3	300
	非法人		10	14	4	40
	計		11	18	7	64
現況集積面積 （ha）	経営耕地面積		352	645	293	83.2
	農作業受託面積		0	0	0	—
	計		352	645	293	83.2
1集落営農あたりの現況集積面積(ha)			32.0	35.8	4	12.0
構成農家数（戸）			1,251	1,729	478	38.2
1集落営農あたりの構成農家数（戸）			114	96	−18	−15.5
構成農家あたりの現況集積面積（ha）			0.28	0.37	0.09	32.6

資料：農水省『集落営農実態調査結果』より作成

　市調べによる18集落営農の経営面積の平均は36.4haである（2015年）。主な作物の栽培組織数は、主食用米15組織、飼料用米10、小麦13、大豆3、蜜源レンゲ9、ブロッコリー7などである（表12-4）。該当組織の平均作付面積は、主食用米23.5ha、飼料用米7.8ha、小麦11.3ha、大豆6.6ha、蜜源レンゲ4.6ha、ブロッコリー0.7haなどである。

　2015年に集落営農の法人化が一挙に進み、18組織のうち法人が8組織（農事組合法人7組織、株式会社1社）、任意組織10組織となった。その経営面積平均は、法人が50.6haとやや大きく、任意組織は25.0haとやや小さい。法人は全て主食用米を栽培しているが、任意組織のうち3組織は米以外の1作物（麦2組織、レンゲ1組織）のみ栽培している。

　タイプ別にはぐるみ型が15組織、オペ型3組織（4、5、13番）である。ここでの1集落営農あたりの平均構成員数は80名（法人101名、任意組織63名）であるが、タイプ別にはぐるみ型のそれは平均95名、オペ型が5名である。

　今井は、2008年時点での市の15組織を3つのタイプ（「圃場整備後の作業受託型営農」2組織：米＋麦＋レンゲ、「水田転作の団地化対応型集落営農」5組織：麦、「新集落営農」8組織：米＋麦＋レンゲ）に分類した[4]。これと比較すると、2015年には「水田転作の団地化対応型」のうち2組織は稲作

表12-4 大垣市集落営農組織の状況 (2015年度)

単位：人、ha

組織形態	組合番号	組合員数	経営面積	主食用水稲	飼料用米	小麦	大豆	主な作物 みつ源レンゲ	ブロッコリー	その他
法人	1	300	99.8	67.9	10.1	12.6		8.1	0.2	キャベツ0.5
	2	216	97.9	71.9	13.3	16.5	5.4	5		WCS7.1 野菜0.5
	3	133	51.5	23.2				5.4	0.9	
	4	3	43.9	18.9	23.8			1.2		
	5	6	40.8	23.7		10.6				地力レンゲ6.0 キャベツ0.2
	6	46	30.9	20		10.1	9.6	8.7	0.8	
	7	78	21.7	3.9	2	6.4				
	8	28	18.0	2.8	7.7	6.9	6.4	0.2		
非法人	9	63	52.2	33.1	1.7	17.4			1	さといも0.1
	10	119	44.8	32.8	2			5	0.1	
	11	84	40.2	17.6	4.2	10.7	4.9	1.7		ひまわり1.2
	12	93	29.5	17.1	2.7	9.7				
	13	7	28.7	17.7	10				0.9	
	14	76	13.6			13.6			0.9	
	15	64	12.5			12.5				
	16	48	11.2	0.2		11				
	17	24	10.8	2.3		8.4				
	18	52	6.5					6.5		
合計		1,440	654.5	353.1	77.5	146.4	26.3	41.8	4.8	
該当数		18	18.0	15	10	13	4	9	7	
該当平均		80	36.4	23.5	7.8	11.3	6.6	4.6	0.7	

資料：大垣市役所資料より作成

注：4番は株式会社、それ以外の法人は農事組合法人

も行っており、また、新たに「新集落営農型」が3組織増加している。さらに野菜作などに新たな作物に取り組む組織が増えているのが特徴である。集落営農の経営内容が拡充してきていることがわかる。

そこで、次にこれら組織の運営の特徴についてアンケート結果からみていくことにする[5]。

2 集落営農の法人化の状況と今後の意向

(1) 組織運営体制

組織の役員数は平均8.0名（15組織）で、その世代構成は65歳以上が76%と大半で、39歳以下は皆無である。オペレーター数は平均5.6名で、その世代構成は65歳以上が63%、40～64歳が29%、39歳以下が8%である。一般作業も含めた農作業従事実人数は平均16.1名（14組織）で、従事日数別には29日以下8.8名、30～59日3.0名、60～149日2.7名、150日以上1.6名である。農作業に150日以上従事する者がいる組織は43%である。

水管理は、構成員が行っている組織が5、組織が指定した者が行っている組織が10、両者とも行う組織が1である。その10a当たり管理料の平均額は約5千円であるが、差が大きい。草刈作業は、年平均で4.1回実施されている。それを構成員が実施している組織が4、組織が実施している組織が6、両者とも行う組織が4、未回答が1である。10a当たり地代の平均額は約3千円であり、ゼロにしている組織が7つある[6]。

営農組織の中心的な担い手数は平均13.6名で、内訳は、青壮年2.7名、定年帰農5.1名、自営農家3.5名、その他2.3名と、定年帰農者の割合が高い（**表12-5**）。その5年後の確保の見通しでは、青壮年がやや増加、それ以外がやや減少の見込みである。担い手としての青壮年の確保は希望数も含んだものと思われ、現実的には定年帰農希望者にかける期待が大きい。会社での定年延長にともないその人材確保には苦慮するようになってきているようでもある。

表 12-5　集落営農の中心的な担い手の状況

単位：人／組織

	現在	5年後の見通し	増減
青壮年	2.7	3.3	0.6
定年帰農	5.1	4.9	−0.2
自営農家	3.5	2.1	−1.4
その他	2.3	2.2	−0.1
計	13.6	12.5	−1.1

資料：大垣市集落営農組織アンケート調査結果（2016年11月実施、16組織中14組織が回答）より作成

（2）法人化による経営の変化

　法人化した8組織の法人化の動機として、3つまでの複数回答で、順に「組織の継承」5、「法人化期限」4、「農地中間管理事業への対応」3、「内部留保の活用」3、「資金の確保」2、「独自の経営展開」2、「収入保険への対応」1という回答が得られた。組織継承が強く意識されて法人化が図られた。

　法人化による経営者としての意識の変化については、「ある」5、「多少ある」1、「あまりない」1である。法人化により積極的な経営展開を図ろうとしている意識が確認できる。法人化とともに組織の構成員数、経営面積は微増している。作付面積拡大に加え、新作物の導入、直売も含めた販路の拡大、農地の集約化・有効活用、若手の確保、農業生産基盤の整備などについて検討を開始している。構成員への配当支払なども意識されている。

　オペ型組織では他産業並み所得が役員報酬で確保されている。ぐるみ型のそれは、法人化前は平均で年間数万円程度であり、報酬無しが過半数あった。言わば村仕事の一つとして集落営農の役員を務めてきたところが多かった。法人化後それが一挙に数倍に増額され、報酬無しが2組織あるが、年平均で30万円程度の報酬を受けることになった。労賃単価、作業料金には変化がない。4組織が従事分量配当を実施している。いずれも配当の対象労働に中間管理作業を含めており、構成員分のみ配当の対象としている。

　また任意組織8組織は全て法人化を計画・検討している。現状を基盤とし

た計画が7、合併・統合を考えてのものが1組織ある。法人化での課題については、3つまでの複数回答（回答7組織）で、「常時従事者の確保」6、「収支の確保」6、「組織での機械整備」3、「経理担当者の確保」2、「組合員への配当の圧縮」2、「オペレーターの確保」1という回答を得た。収支の確保と、組織の中心的担い手の確保が法人化にあたり強く意識されている。

第4節　土地利用型メガファーム経営の新動向

　大垣市では貸借により大規模経営への農地集積が進んでいる。2005年から2015年にかけて30ha以上の経営体は3から10経営と急増した。2015年のその階層内訳は、30～50ha層が5経営、50～100haが3経営、100ha以上層が2経営である。100haを超えるメガファームも形成されており、集落の領域を超えた事業展開が行われている。こうした大規模経営が、上述のように最近法人に組織換えした。

　そこで2つのタイプの法人の事例から法人化にともなう経営の変化の特徴を考察していく。一つは、複数の集落を基礎として早くから事業展開してきた農事組合法人大垣南であり、もう一つは、集落を基礎とせず市全域から農地を借り入れ、近年急速に事業規模を拡大している株式会社西濃パイロットである。

1　替え地による農地集約・効率化と法人化―（農）大垣南―

　（農）大垣南の前身である大垣南営農組合（組織番号2）は、名神高速道路建設にともない実施された土地改良事業を契機として1963年に設立された。旧大垣市南西部に位置し、県の大型機械化実験地区に指定され、農協が主体となり多芸島集落を中心に入方地区の3集落を基礎として組織化が進んだ。その後事業エリアは8集落に拡大し、受託戸数、全面受託面積は年々増加してきた。2006年には348戸（正組合員277名、准組合員71名）から129.6haを全面受託していた[7]。

この時期に本組織への経営調査がいくつか行われ、規模拡大にともなう農地の分散の問題点を指摘している。まず梅田は2005年時点での調査結果から、「従来の委託依頼優先による受託地の拡散という状況から抜け出し、地域内における農地集積を働きかける担い手としての存在へと転化しなければならない時期を迎えている」[8]と受託地集積の必要性を指摘した。また2008年調査結果に基づき今井は、本組織の経営課題として「現状以上の受託面積の増加は、地域の農家からの依頼や希望はあるが、圃場条件は用排分離無く小区画水田が多い、また地域のまとまりが悪くブロックローテーションなどの地域的な土地利用調整が困難」[9]なことを指摘した。圃場の分散による作業の非効率性、団地的土地利用の困難性などが課題となっていたことがわかる。

　2012年11月に法人登記され、組織は農事組合法人大垣南となった。2012年度（第50期）総会で旧組織財産が清算され、新組織へと継承された。組織の法人化に先行し替え地による農地の集約が進められた。多芸島地区内に受託農地を限定するようにし、作業範囲は半径5kmから2kmに縮小した。この過程で、同地区内に受託農地をもつ隣接する担い手経営との話し合いにより替え地を進めることで集約化がいっそう図られた[10]。法人化初年度の2012

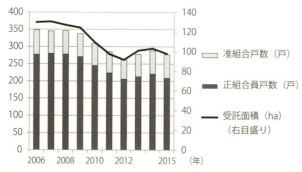

図12-2　組合員戸数・受託面積の推移（大垣南）
資料：（農）大垣南総合資料より作成。以下同

第12章　都市的地域での集落営農の急増による農業構造の大きな変動　　263

年には受託農家数は263戸へと、受託面積は91.7haへと減少した（図12-2）。2006年からの6年間で受託農家数は−85戸減少し、受託面積は−37.9ha減少した。この間の農地の集約化により年間の燃料費は400万円台から200万円台に減少した。法人化後は、受託戸数、面積ともやや増加しているが、大きな変化はない。

　受託面積の減少にともない作物の栽培面積も減少してきている。主食用米は、2007年に93.5ha栽培していたが、その後漸減し2011年には71.2haに急減した（図12-3）。小麦は2006年で栽培を中止した。蜜源レンゲは2007年には21.9ha作付けしていたが、2010年に10.8haへと急減し、2015年には5.0haにまで減少している。蜜源ナタネも2009年には4.8ha栽培していたが、2015年は栽培を中止している。WCSも2008年18.2haをピークとして2015年には7.1haまで減少している。飼料用稲ワラ生産も2007年の45.5haをピークとして2015年には16.0haまでに減少している。

　かわって飼料米生産を2011年7.0haから開始し、2015年には13.4haまで栽培を拡大している。また、薬草カミツレ栽培は1.2haの規模で継続し、2015年にはそれを2haに拡大しており、経営の柱の一つとして位置づけてきている。

　このように本営農は、法人化を契機として、地域外農地の他の担い手への移譲、管内農地との替え地による農地の集約化を通じ、分散農地を解消し、

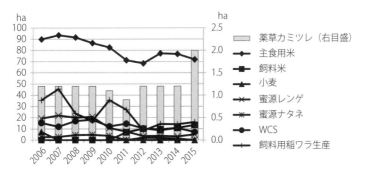

図12-3　栽培面積の推移（大垣南）

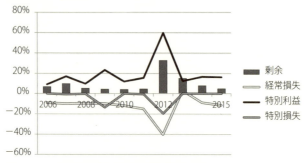

図12-4 売上高損益等比率の推移(大垣南)

経営の合理化・効率化を図ってきた。2006年と法人化前年の2011年とを比較すると、組合員戸数、受託面積、栽培面積のいずれもが減少していることがわかる(前掲表10-3)。この間、飼料用米栽培面積のみが増加し、その他は全て減少傾向にある。専属のオペレーターも同期間に8名から6名へと2名減少している。本営農は60歳定年をとっているが、定年退職者2名を不補充にして対応している。これにともないコンバインの保有台数も8台から6台へと減少させている。

　こうした農地集約化による経営の合理化・効率化により経営収支はやや改善されてきている。大規模経営であるが、水稲単収が10a当たり424kg（10年平均）と低く[11]、経常損益は一貫してマイナスとなっている(図12-4)。それを助成金などの特別利益で補うことで剰余[12]が生じている。それは2006〜11年にかけては、売上高に対して平均で13.5％となる。また法人化後には、それは2014年度23.5％、2015年度16.1％と高まっている。替え地などで経営の合理化が図られたことにより、経営が効率化され剰余が生じやすい経営環境が整えられている。剰余は、法人化前は精算金などとして組合員に農地面積当たりで分配されてきた。それは2006年から2011年の6年間平均で10a当たり約1万円となり、地代見合いとして地権者に帰属した。米価低下による稲作収益の低下によりこの精算金は年々低下してきている。2012年は例外的に、従前任意組織の清算により多額の精算金が生じている。法人化後

は、それを組合員に分配されることはなく、利益準備金積立などとして内部留保されている。これにより経営基盤が強化されている。

このように法人化を契機として、(農)大垣南は拡大してきた分散耕地を相当程度解消し、地区内に農地を集約化することで、栽培作物の団地化をはかり経営が効率化された。

2 市全域で担い手の不足する地域の農地を借入―(株)西濃パイロット―

(株)西濃パイロットの社長木村嘉孝氏(49歳・2016年11月現在)は、地元のJA職員で農機の修理を担当していた。そこを退職し、1996年に28歳の時に個人事業として西濃パイロットを設立し農業を始めた。保有地30aからのスタートであった。農家のポストに宣伝チラシを投函するなどして農地の借入れを募り、経営面積は30a→1ha→3ha→5haへと年々拡大し、大垣市全域に及ぶことになった。それに加え、隣接する養老町からも農地を借入れている。2016年にはそれは154haまでに達している。近年は毎年新たに10ha程度の借地が加わっている。2014年から2016年にかけてもその面積は21.1ha(15.8％)増加している(**表12-6**)。

養老町の2地区を含め18地区から農地を借入れている。それは担い手がいないか不足している地域からの借入れである。1地区当たりの平均借入れ面積は8.6haである。最小0.9haから最大21.2haまでと地区ごとの面積はまちまちである。ほぼ全ての地区で2年前と比較して「管理農地」面積は増加している。集落営農(組織番号3・52ha)のある静里地区からも新たに借り入

表12-6　(株)西濃パイロットの地区別農地管理面積の動向

		2014年	2016年	増減	増減率(%)
農地管理面積	(ha)	133.1	154.2	21.1	15.8
地区数	地区	17	18	1	5.9
平均面積	(ha)	7.8	8.6	0.7	9.4
最大面積	(ha)	18.2	21.2	3.0	16.5
最小面積	(ha)	1.0	0.9	−0.1	−10.0

資料：(株)西濃パイロット資料より作成

れることになった。借入農地は、約1,700筆（うち市内は約1,400筆）である。10a未満の狭小な圃場もある。

　2016年の栽培面積は、水稲126.7ha（ハツシモ94.2ha、あさひの夢32.5ha）、小麦36.7ha、大豆16ha、ブロッコリー11haである。ハツシモのうち7.2haは特別栽培レンゲ米、15.3haは飼料米として作付けしている。あさひの夢とあわせ飼料米栽培面積は47.8haに及ぶ。売上げは2億円に達する。2014年に株式会社となった。これまで米は全量をJAに出荷してきたが、レンゲ米など一部を地権者向けに販売を始めている。そのために1億5千万円を投資して乾燥・調製施設を整備した。天日干しを再現できるとされる遠赤外線乾燥で仕上げている。地権者にはレンゲ米が玄米1俵1万6千円（慣行栽培米は1万4,500円）で販売している。なお、市内の地代はゼロである。

　ブロッコリーは、9月～10月上旬に機械定植する。社員5名を含め10～20名が連日作業に従事する。農業経験がない者もパート、臨時職員として雇用し、収穫・箱詰め作業に従事してもらっている。農地の借入れは300haを目標としており、大垣市全域に加え養老町でも農地中間管理事業での農地の借入希望を出している。将来的には二男（大学4年）が経営を継承することを検討している。

第5節　むすび

　都市的地域に位置する大垣市では、都市化の影響もあり農地の利用集積は後れをとっていた。しかし、米政策改革以降、農地の出し手は急増し、これを組織経営体が受けるという関係が広がってきた。地域での営農組織作りが進められ、集落営農は18組織までに増加した。集落営農が組織されていない地域の農地を市全域から借り入れる担い手経営が成長してきた。それは法人化して（株）西濃パイロットとなり、年々、経営規模を拡大してきている。同社の農地借入は18地区に及び、一地区平均8.6haになる。しかし圃場は概して分散しており、全体で借入筆数は約1700筆と非常に多い。

第12章　都市的地域での集落営農の急増による農業構造の大きな変動　*267*

　1960年代から集落の領域を超えて事業を展開してきた大垣南は、米政策改革以降さらに受託面積が拡大してきた。しかし、それにより耕地が分散し、また集団的土地利用の継続にも影響がでるなど課題をかかえてきた。周辺に集落営農など担い手が形成され、これら担い手と利用権設定地の替え地の話し合いを進めるなど、農地の集約化を図ってきた。こうした経営努力と並行しながら組織の法人化を図り、経営基盤を確立してきた。米価低下の影響を受け、メガファームといえども経常利益を計上することは難しく、構成員への配当（地代相当）も目減りを余儀なくされている。

注

（1）今井（2011）、109ページ。
（2）うち4旧村は市への合併にあたり、分村して編入されている。
（3）『大垣市農業ビジョン（2012年）』（大垣市）では、都市化の進行などにより「西濃地域の他市町と比較すると営農組織をはじめとする担い手農業者への農地利用集積率が、最も低くなっております」（74ページ）として、地域ぐるみでの営農組織の設立などを課題としてあげ、2015年までに集落営農数を20とする目標を掲げている。また「複数の担い手により借り受けた農地が混在している地域においては、効率的な作物作付けが図られるよう、受託区域の再設定を促進します」（同90ページ）と、担い手間の農地の利用調整にも取り組むことが明記されている。
（4）今井（2011）前掲稿。
（5）小規模な2組織（任意組織11.2ha、6.5ha）を除く16組織からアンケートの回答（回答89％）を得た。
（6）大垣市の2015年農地賃借料情報によれば、大垣地域は10a当たり平均額が6,480（4,000～1万）円、上石津地域4,000円である。
（7）10a以上の委託者を正組合員、10a未満の委託者を准組合員としていた。正組合員のみ総会の参加資格がある。なお、法人化後は、正組合員のみ構成員とし、准組合員は員外利用者となった。
（8）梅田（2010）、9ページ。なお本組織に関わり、既にいくつかの論考が発表されている。梅田（2002）では、同地区内地権者アンケート調査結果より、稲作農業の継続意欲は持っているものの展望が描けないことが示されている。荒井聡（2008）「集落を基礎とした営農組織等の機能と地産地消の展開条件―大垣南営農組合を中心として―」（『大垣市の地産地消推進に関する提言と調査結果』大垣市地産地消推進研究会、所収）、今井（2010）では、2006年、

2007年の事業実績をもとに同組織の経営課題をまとめている。
（9）今井（2011）、99ページ。なお、2008年時点では同組織は、法人化には消極的であった。解散にともなう資産損失、委託地返還、不採算部門の廃止・受託地返還などの可能性が危惧されたためである。詳しくは今井（2011）、99ページを参照。また、名和（2012）では、同組織の代表理事の立場から、法人化にあたっての経営課題が詳細に整理されている。
（10）名和（2012）によれば、「平成16年に政策が見直されたことで個人農家の農業離れが徐々に進み始め、当時はまだ広い範囲の中で受託契約を結んでおり、散在している圃場が当たり前の様に有ったが、受託面積が増えて行く中で作業時間の労力や経費等の負担も掛かるようになった為に作業の見直しが必要不可欠になり、初めて一部の担い手（地元の生産者）同士で話し合いを持ち、替地をすることで…（中略）…個々にどのくらいの経営規模で出来るかを検証（施設・機械・資材）し、その上で面積と地区割りを検討し、棲み分けを図り行政指導と共に集落ごとに座談会を開いて地権者の理解と協力」（17ページ）を求めたようである。
（11）大垣南では、水稲栽培のほとんどを減農薬・減化学肥料での特別栽培レンゲ米を栽培しているため水稲単収が低くなっている。2015年は水稲71.8haのうち53.0haがレンゲ米栽培を行っており、その10a当たり単収は400kgと低い。その多くがJAを介して東海コープ事業連合へと販売される。レンゲ米は慣行米と比較して1俵当たり800円高く売買されるものの、低単収のため慣行米と比較して収益差はそれほどなくなる。
（12）ここでの「剰余」は、精算金と税引前当期純利益の合計額である。精算金は任意組織時代に組合員に配当として分配されてきたものである。なお、2012年の法人設立総会にあたって組織財産も精算金として清算されたのでこの年度の剰余額が例外的に大きくなっている。この精算金の相当額が新法人の資本金として充当され経営基盤を形成している。法人化後は、精算金の制度がなくなっている。

第13章

担い手空洞化地域における
JA出資農業法人による農地の集積
―サポートいび―

第1節　課題と方法

　米政策改革以降、米作収益が低下するなかで地域を問わず農地の出し手は増加している。農地の引き受け手が不足する地域を中心に、JA出資農業法人が、その最後の砦として機能してきている(1)。それは都市的地域に多く、中山間地域でも活動が実施されてきている。担い手経営が展開していた地域でも、担い手農家や集落営農の中心的な担い手の高齢化にともない経営の継承が滞る場合が見られるようになってきた。こうした地域においてJA出資農業法人が活動し、その事業実績は急速に伸びている。

　ここでは地域の集落営農など担い手経営の動向との関わりで、JA出資農業法人による農地の利用集積の意義について考察することを目的とする。岐阜県でも、こうした担い手が不足・空洞化する地域が広がりをみせ、JA出資農業法人が最近、急速に事業を伸長させている。そこでここではまず岐阜県におけるJA出資農業法人の動向を整理し、次いで、最も事業の伸長が著しいサポートいびを事例として分析していく。

第2節　岐阜県におけるJA出資農業法人の動向

　岐阜県内には7つの総合農協があり、そのうち6農協が10社のJA出資農業法人を設立している。それらの組織形態は、いずれも特例有限会社である。

270　Ⅳ部　農業構造改革による水田農業と集落営農の新展開

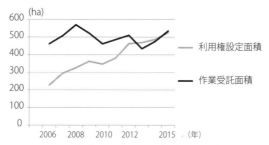

図13-1　JA出資法人の農地利用集積の推移（岐阜県）

　JAめぐみのには、旧農協単位で5つの出資法人がある。JA出資農業法人への農地利用集積面積[2]は、2006年690haから2015年1,061haへとほぼ一貫して増加している（**図13-1**）。それは2015年の岐阜県の農業経営体経営耕地面積3万5,724haの3.0％に相当する。「作業受託」[3]面積は2008年度の570haをピークとして減少傾向にある。これに対し、利用権設定面積は増加傾向にあり、2013年度以降は作業受託面積と同程度となる。2015年の10社合計の利用権設定面積は526ha、特定農作業受委託面積は108ha、農作業受託面積は1,280haである。

　JA出資農業法人の1社当たりの平均利用集積面積は106haで、規模別には20ha台、30ha台、40ha台が各1社、50～100haが5社、300ha程度が2社である。利用集積面積に占める利用権設定面積の割合は平均で49.6％であるが、それは法人毎に0～99.9％とまちまちである。利用権設定が中心（利用権設定面積の割合74％以上）の法人が3社、利用権と作業受託との併用（同38～59％）が4社、作業受託中心（同23％以下）が3社である（**図13-2**）。①農家から作業を受託しその経営を補完する法人、②農家から農地を借り受けて代わりに経営を行う法人、③それを併用する法人と3つのタイプに分かれる。

　ここでは②タイプの利用権設定を中心として、最近、事業面積を急速に拡大してきたJAいび川が運営主体となったJA出資農業法人「サポートいび」の事例から、特に都市的地域の担い手が不足してきた地域での同法人の活動の成果と課題について考察していくことにする[4]。

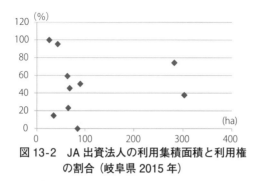

図 13-2　JA 出資法人の利用集積面積と利用権の割合（岐阜県 2015 年）

第3節　担い手不在地域でのサポートいびの事業展開と集落営農

1　揖斐地域の農業構造の特徴

　JAいび川は、岐阜県西北部に位置する揖斐郡3町が事業エリアとしている。地域の北西部は山間地帯で、揖斐川の源を発している。地域の中心を川が南流し、流域沿いに南部は平坦地を形成している。山岳地帯をかかえる北部の揖斐川町は山間農業地域、南部の大野町、池田町は大垣地域と接し、都市的地域に区分される。JAいび川の主な農産物の販売額は、柿5.2億円、米5.1億円、荒茶2.1億円、大豆1.4億円、麦1.0億円などである（2015年度末）。

　3町の経営耕地面積は3,200ha、農業経営体数は1,972経営で、1経営体当たりの面積は1.62haである（**表13-1**）。揖斐川町、池田町では大規模層への農地集積（5ha以上層の集積率：ともに55％）が比較的進んでおり、経営体当たり面積も1.88ha、1.67haと比較的大きい。経営安定対策に加入し米・麦・大豆のいずれかの作物を栽培する担い手経営数は95経営で、うち25が組織経営である。担い手経営数は揖斐川町58、大野町21、池田町16と差がある。揖斐川町には48名の個人担い手がいるが、大野町は14名、池田町は8名にとどまる。組織数はそれぞれ6〜10組織であり、一定数の組織経営体の事業実績がある。集落営農の合計数は40集落営農で、経営耕地に占めるその集積割合は24.0％になる。池田町のそれは19.7％と最も低く、かつそのほとんどが作

表 13-1 岐阜県揖斐郡3町の農業構造の特徴（2015年）

	農業経営体			経営安定対策加入者数(注)		集落営農数	経営耕地面積に占める集落営農の集積面積割合		農業地域類型
	経営耕地面積	経営体数	1経営体当たり面積		うち組織経営			うち経営耕地面積分	
	(ha)	(経営)	(ha)	(経営)	(経営)	(集落営農)	(％)	(％)	
揖斐川町	1,417	753	1.88	58	10	18	24.8	19.3	山間農業
大野町	963	727	1.32	21	7	13	26.4	18.4	都市的
池田町	821	492	1.67	16	8	9	19.7	1.0	都市的
計	3,200	1,972	1.62	95	25	40	24.0	14.3	

資料：農業センサス、集落営農実態調査結果、JAいびヒアリング結果（2016年12月）より作成
注：経営安定対策加入者数は、米・麦・大豆のいずれかを栽培する経営体のみ。

業受託のため経営耕地の集積率は1.0％と小さい。

このように池田町では、他2町と比較して個人の担い手経営が少なく、また集落営農も事業内容が作業受託にとどまるなどの特徴を確認できる。それは米政策改革以降、地域での担い手不足として顕在化し、JA出資農業法人がその農地の受け手として活動領域と実績を拡大してくることになる。

2 営農組織の解散とサポートいびの事業の急伸

サポートいびが2002年に事業を開始してから、順調に実績は伸び、利用権設定面積は2015年には214.4haに達した。内訳は池田町が165.4haともっとも多く、大野町42.3ha、揖斐川町6.6haである（図13-3）。担い手が不足する地域で、担い手とバッティングしないようエリア分けを行い事業を展開している。高齢の担い手などが、怪我、病気などで対応できなくなったところを一時的に預かることもある。水管理・草管理も基本はサポートいびが担当する。熟練者に手間賃を支払い、水管理を依頼している。地代は区画面積で一律決まる。10a当たりの地代は、10a未満区画がゼロ、10～30aが3千円、30a以上が5千円である。ごく一部だが、10a当たり1万円の管理料をもらうところもある[5]。

作業受託延べ面積も順調に伸びていたが、2009年135haをピークとして減少し、2015年には78.6haとなった。作業受託はほとんどが麦・大豆作の全作業受託である。2015年のその面積は麦全作業40.0ha、大豆全作業29.9haである。水稲の部分作業受託は耕起1.7ha、代かき3.0ha、田植2.1ha、収穫1.9haとあま

第13章　担い手空洞化地域におけるJA出資農業法人による農地の集積　　273

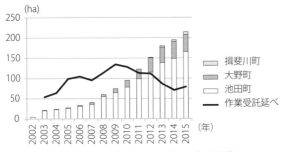

図13-3　サポートいびの利用権等面積の推移

りない。

　池田町でのサポートいびの事業の伸長は、同町において担い手不在地域が徐々に広がりをみせたためである。同町では個人経営が中心に水田農業が担われ、営農組織も補助金の受け皿機能にとどまる傾向があり、集落を基礎とするまでには至らない場合が多かった。そのため、特に2008年以降、個人の担い手農家のリタイアや集落営農など営農組織の解散にともなう担い手不在地域が散見されるようになってきた。補助事業を活用しながら、2008年には18の営農組織が町内で活動していたが、7組織は中心的担い手の高齢化等にともない既に解散している[6]。7組織の合計経営面積は83ha程度になる。その地域に担い手がおらず解散する場合がほとんどなので、近隣の法人や個人がそれを受け持つことになる。しかし、近隣にもそうした受け手がいない場合、サポートいびがそこを受け持つことになる。7組織のうち2組織は他の法人が、1組織は個人が受け持つこととなったが、残りの4組織はサポートいびが受けることになった（**表13-2**）。

　1番営農が立地していたのは宮地地区である。地区には6つの集落がある。その一つの宮地集落の販売農家戸数は、2000年52戸から2015年11戸へと激減している。この地域ではO氏（2005年65歳）が担い手となり、約30戸の農家から約15haの農地を借り入れて米・麦・大豆作などを栽培していた。しかし、その後急逝し、子弟も経営を継承することはなく、サポートいびがその農地を借入れることになった。

表13-2 営農組織の解散にともなう新たな担い手の状況（池田町）

単位：ha

解散営農組織番号	経営実面積	農業生産面積			農作業受託延べ面積	新たな担い手経営
		水稲	麦	大豆		
1	33.3	14.2	18.3	19.1	16.8	サポートいび、個人N、M経営
2	19.7	19.7			27.6	サポートいび
3	15.2	15.2			1.5	法人S経営
4	5.3	5.3			21.2	法人E経営
5	4.3	4.3			3.0	サポートいび
6	3.4	3.4			3.4	サポートいび
7	2.1	2.1			0.0	個人M経営
合計	83.3	64.2	18.3	19.1	73.5	

資料：JAいびへのヒアリング結果などから作成、経営数値は解散した営農組織の2008年のもの、新たな担い手は2016年時点。

このように、集落営農を含む営農組織の解散などにより担い手不在地域が広がりをみせるなか、地域の中小農家の貸付希望の高まりともあいまってサポートいびの事業が急伸をみせる。

3 地域農業システム理念とサポートいびの機能

米価の低下傾向のもとで農業機械投資ができず、後継者の確保も困難な状況が広がり、農地の貸付希望者が急増してきた。これに対し、受け手は不足し、貸し手の希望を十分満たすことは困難な地域が徐々に広がってきた。都市的地域に位置する池田町では、中核的な担い手農家の高齢化も進み、その経営継承が滞ることもしばしば起こってくる。営農組合にも同様な傾向があった。

そこでJAとしては、受け手が不足している地域の農地をカバーするだけではなく、JAの意向を受けた出資法人が行うことにより、「その地域と融和を図りながら農業を守る」[7]ことを目標とした。サポートいびでの農地の借入れは、農地中間管理事業、農地利用集積円滑化事業を活用する。この借入地において、より有利な栽培方法、品種、資材を選定し、地域の農家との関わりを綿密に行うことで、「地域における農業の先導的役割」を果たそうとした。

「JA及び「サポートいび」が最終的に目指す姿は集落一農場方式である」[8]

とする。JAの意向を受けた法人であり、地域の営農組合と競合を避けている。地域の営農組合のエリアとは分け、「営農組合が効率的に作業をできる姿となることを第一に考え」(9)ている。ただし、法人化計画を策定していない営農組合に対しては「サポートいび」が受け皿となることを考えている。

地域の中核的農家との農地の交換などによりお互いの経営効率の向上を図ってきている。また、これら農家が保有していない機械に関わる作業の一部を受託することもある。このようにして、JA出資法人は地域の中核的農家と協調しながら、その育成強化も含め地域の中の担い手不足を補ってきた。

第4節　産地体制強化とJA出資法人の役割

1　組織構成と栽培作物

（1）組織構成

「サポートいび」の出資金300万円のうちJAからの出資金は290万円（97％）である。代表取締役はJAいび川組合長が務め、社員数は6名（うちJA出向3名）、パート従業員は17名（事務1名）である(10)。パートの多くは年金受給者である。

設立当初、農用機械はJAリースを活用した。現在は自己資金で、トラクター22台（26PS～100PS）、コンバイン9台、田植機6台、乗用管理機4台、汎用コンバイン5台、車両15台他を保有している。事務所は2ヶ所（本店、池田）、格納庫は4ヶ所（池田、池田東、大野、大野西）にある。

こうした人員と機械を配備することにより、借入農地に多様な作物を栽培し、地域農業のモデル経営となり産地体制の強化に努めている。さらに、機械リース需要にも対応し、地域農業支援組織としても機能してきている。

（2）栽培作物

2016年の栽培面積は、水稲が、主食米70.9ha（ひとめぼれ、こしひかり、ハツシモ、もちみのり）、備蓄米6.9ha（ひとめぼれ）、飼料米41.0ha（ひとめ

ぼれ、あさひの夢、祭り晴れ）である。また転作物として小麦76.8ha（イワイノダイチ、うち19.8ha作業受託）、大麦40.7ha（さやかぜ、同14.7ha）、大豆75.8ha（フクユタカ、同22.0ha）、そば1.8ha（信濃1号）を栽培している。また通年雇用の確保のためキャベツ3.7ha（銀次郎、夢舞台、湖月SP）、南瓜0.4ha（ロロン、ながちゃん）、さつまいも0.2ha（べにはるか、べにあずま、鳴門金時）、里芋0.1ha、野菜・いも類と地力レンゲ6.0haも栽培している。

育苗ハウスを有効利用（水稲：3下～6月、キャベツ：7～8月、玉ねぎ：10～12月）し野菜苗を生産している。この他、保全管理が3.0ha、砂利採取が2.7haあり、あわせて329.9haが利用されている。5～6月期は、野菜の収穫（タマネギ・5月、6月採りキャベツ）と、田植、麦収穫などと重なる繁忙期であり、人手が不足する。野菜を主とした土地利用での所得向上を考えている。水田活用の野菜生産には、産地資金により10a当たり1万円が交付される。

JA出資法人によるこのような大規模で広範な農業生産は、品種選択、栽培技術の高位平準化などを通じた「売れる米作り」、JA利用率の向上、小麦・大豆の品質向上などの産地体制の強化の課題にも応えるものであった。そのため地域営農の見本となることを目指している。

2　産地体制強化とJA出資法人の役割

（1）売れる米作り、JA利用率の向上

農協管内では、高温障害を回避するための田植時期を遅らせて、早期栽培ハツシモの面積減少を進め、また「コシヒカリ」「ひとめぼれ」の作付け拡大を進めている。農協には栽培指針があり、米の品質確保にはその実践が必要である。しかし個人零細農家は休日作業を、大規模農家は作業効率を主とし、その指針通りに栽培されない傾向がある。そこで栽培指針の地域への徹底を図るべく、出資法人と他の3法人組織が地域のリーダーとしてそれを実践し、「売れる米作り」の地域全体への波及を行ってきている。

また、米を個別に出荷している担い手経営体数は、揖斐川町10（米生産者

第 13 章　担い手空洞化地域における JA 出資農業法人による農地の集積　　277

数52）、大野町8（同19）、池田町8（同13）である[11]。特に、池田町のその割合は高い。個別出荷している生産者は、生産資材や施設利用のJA利用割合も低い傾向がある。そこでJA出資法人が生産を担うことで、JA利用率の向上も期待できた。

さらに営農組合への機械リース需要に応えれば、その面からJA利用率の向上にも繋がると考えられた。特に、稼働率の低い田植機、コンバインの効率的な活用が課題であった。そんななか2014年6月に揖斐郡就農支援協議会が立ち上がり、また営農組織43団体からなる担い手営農連絡協議会も設立され、農業後継者の育成と組織強化に取り組んでいる。

（2）小麦・大豆の品質向上

2000年度からの水田農業経営確立対策を契機に管内では排水対策の徹底が図られ、小麦・大豆の品質向上は徐々に向上してきている。しかし、個人農家による作付けが多く、しかもその技術レベル格差が大きいことから、これが品質に影響を及ぼしてきていた。そこで、同一の技術レベルで生産することが求められ、そのためにはできるだけ少人数の耕作者で取り組むことが望ましいとされた。担い手がいない地域では、JA出資法人が早急に対応する必要があった。これにより小麦・大豆の集約的な栽培が可能になり、品質も確保されてきた。

第5節　JA出資農業法人による農地集積の成果と課題

米政策改革以降、稲作収益の低下にともない、中小農家の農地貸付意向は急速に高まってきた。これまでこうした貸付希望農家の農地を担い手農家や、営農組織が借受けることで農地の流動化が進んできたが、池田町のような都市的地域においては、そのような担い手経営が高齢化し、しかも継承者があらわれず、担い手空洞化の状況が次第に広がってきた。その一部は、他地域の担い手経営がカバーしてきているが、全てを受ける状況にはなく、JA出

資法人が担っていく必要性が生じた。

　そうした地域からの要請に基づき、サポートいびの事業は池田町を中心とした担い手不在地域で急速に伸びてきた。その一部は、集落営農など営農組織の担い手が高齢化し解散した地域が含まれる。これにより地域農地の耕作放棄を防ぐとともに、JA出資法人が大規模に広範囲で農業生産を行うことにより、技術の高位平準化のモデル経営となり、産地体制の強化が図られてきている。同時に、各営農組織と連携して保有農用機械の管内での有効活用を通じて、生産費の低減も図っている。さらに、新規就農研修機能も担おうと計画しており、まさに地域農業支援システムの中核的な機能を有してきている[12]。

　これからの課題として6点指摘している。第一は、農地貸付者への対応である。家庭菜園程度の畑のみを残し農地を貸し付ける農家が増えているが、これら農家に直売所への出荷を奨励し、収益を上げてもらうことである[13]。地産地消の振興にもつながり地元の消費者にも歓迎される。

　第二に、地域に担い手が育つための「橋渡し」の役割を果たすことである。JA出資法人の経営展開を通じて個人経営の育成はできていないものの、営農組織への農機レンタルを通じてその安定化を支援すること、第三に、揖斐川町など中山間地域での農地の集約化には十分に取り組めていないことである。

　第四に、飼料用米の生産拡大にともないブロックローテーションに基づく集団転作に影響が出始めていることである。

　第五に、野菜の周年出荷体制の確立による通年雇用の体制確保である。12月から3月にかけての農閑期の作業が少なく、この時期のハウス利用の野菜生産による冬場の作業確保が必要とされている。

　第六に、経営の改善・効率化である。営業外収益に支えられ経常収支は黒字を計上しているものの、営業利益の黒字化は実現していない。農地管理枚数は1,500筆を超え、管理業務が煩雑になっており、GPS、ICT技術を活用した農地情報システムの導入が進められている。

注

（1）JA出資農業法人の始動期のこれらの機能については、谷口・李（2006）で明らかにされている。ここでは最近の特徴をさらに深める。
（2）利用集積面積＝利用権設定面積＋特定農作業受託面積＋農作業受委託面積÷3、岐阜県農協中央会資料。
（3）作業受託面積＝農作業受委託面積÷3。
（4）岐阜県内のJA出資農業法人の事例分析として、同じく利用権設定主体の事業展開をしているJA出資法人・援農ぎふ羽島支店の事例を分析したものとして張・荒井（2013）、作業受託を中心としたものとして張ら（2012）の研究成果がある。
（5）李（2016b）では、JA出資型農業生産法人による農地の条件不利（零細・不整形）性・分散性への対応の状況についてまとめている。
（6）ただし、『集落営農実態調査結果』での集落営農数は、2008年から2015年まで9と変化がない。ここでの集落営農の定義にあてはまらない営農組織が解散したとみることもできる。
（7）JAいび川営農経済部資料（2016年12月）、5ページ。
（8）同上資料、6ページ。
（9）同前。
（10）以下の数値は、2016年9月現在のもの。
（11）揖斐川上流域に位置する揖斐地域は、土質も良く、寒暖差があり、米の品質には定評がある。そのためもあり、個人販売を行う生産者が比較的多い。揖斐川町では、消費者へ直接販売や名古屋の小売業者へ直接販売を行っている農家がいる。これらについては、K法人の事例については本書第2章、個人農家の事例については荒井聡「『米政策改革』の推進と水田農業における担い手の経営展開—岐阜県揖斐郡揖斐川町—」、『平成16年度・構造改善基礎調査報告書』東海農政局、2005年を参照。特に、揖斐川最上流に位置する旧坂内村では、高品質米が生産されている。近年では、食味値84以上のものを「龍神米」として高値でブランド販売している。
（12）JA出資法人の新規就農者育成機能に関する研究として、李（2016a）がある。
（13）JAいび川管内には4つの農協直売所がある。2015年度のその販売額は4.9億円になる。

281

終章

要約と結論

第1節　米政策改革以降の稲作収益の動向

1　米価と稲作所得の大幅な低下、不十分な所得補てん

　組織経営も含めた大規模経営への農地利用集積が進むなかで、米生産費算定の基準となる水田経営面積の規模も年々拡大してくる。それは2000年の148aが、2014年には217aへと69a拡大（＋47％）した（**図終-1**）。この間の年次推移と経営面積との回帰式を算出すると、$R^2=0.95$という高い相関関係が得られる。これによる年平均増加面積は5.5a、年平均増加率は3.7％となった。14年間では50％の増加となる。

　経営面積の拡大にともない同期間に10a当たり費用合計は、－1万6,889円（－12.8％）低下した。同様に年次推移との回帰式（$R^2=0.64$）からは、年平均－920円（－0.7％）の費用低下となり、14年間では－1万2,884円（－10.2％）

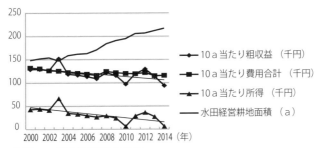

図終-1　米作所得等の推移
資料：米生産費調査より作成
注：直線は、粗収益、所得のそれぞれの線形近似線。

の低下となる。一方、同期間の10a当たり粗収益の低下額は、－3万5,013円（－27.2％）である。それは費用の低下額・率を大幅に上回っている。同様に年次推移との回帰式（$R^2=0.34$）からは、年平均－1,837円（－1.4％）の粗収益の低下となり、14年間では－2万5,719円（－20.4％）の低下となる。費用価格を遙かに超える米価の下落がその要因である。すなわちこの間、米60kg当たり粗収益は1万4,291円から1万0,674円へと－3,617円（－25.3％）の大幅な低下である[1]。

このようにこの間、水田経営面積の拡大でスケールメリットが発揮されることにより、費用は－10.2％低下しているものの、米価の低下はそれ以上の勢いで進み、粗収益は－20.4％もの低下がみられた。その結果、所得は大幅に低下してくることになる。すなわち10a当たりの所得低下額は、この間に－3万6,439円（－84.9％）と大幅になった。同様の回帰式による粗収益の低下額は、年平均で－2,266円（－5.3％）、14年間で－3万1,721円（－76.3％）の大幅な低下となる。この間の米価の急速な低下が稲作所得を大幅に引き下げることになった。

「米価低下による水田農業経営の困難な状況」への対応として進められた「米政策改革」であるが、結果的には米価低下はそれ以上に進行し、所得の面からは「水田農業経営の困難な状況」の度合いは深まった。こうした事態への対応として、稲作経営安定対策（1998～2006年）、水田経営所得安定対策（2007年～）、戸別所得補償制度（2011年～）などで、所得低下に対しての一部補てんが行われてきた。稲作経営安定対策での拠出金と受取金との差額、及び戸別所得補償制度での交付金（奨励金）を粗収益に加算した粗収益を算出し、同様に年次推移との回帰式を求めてみた。それによると、奨励金等加算粗収益の低下額は、2000～2014年平均で－1,411円（－1.0％：$R^2=0.17$）となり、やや緩和された。これらの諸施策が、稲作所得の大幅低下を若干緩和する効果はあるにせよ、全体としての「困難な状況」への対応としては不十分といえる。費用低下の趨勢値をふまえつつ、所得の確保を第一においた補てん制度の拡充が必要である[2]。

2　中小経営の赤字化の拡大

　水田経営面積と米作所得額の対数回帰を求めると高い相関がえられた。10a当たりの所得との相関係数は$R^2=0.83$と高く、1日当たり所得とのそれは$R^2=0.93$とさらに高くなる（**図終-2**）。経営規模が大きくなるほど所得は高くなる傾向が明確に確認できる。経営規模の格差が所得格差に直結している。趨勢値からは概ね2ha以下では、所得はマイナスとなる。また面積当たりの所得の増加は20ha程度で頭打ちとなるが、それ以上層でもわずかに上昇傾向を示す。一日当たり所得でみると、7ha程度の経営が農村雇用労賃並みの所得となり、概ね15haを超える経営は地場の他産業労賃並みの所得が確保されることになる。

　このように米価の低下により、中小水田経営の所得はマイナスとなり、その対象経営規模はおおよそ2haまで上昇している。これは、これらの階層からの農地の貸付が急増する大きな要因となった。10a当たりの作付地の実勢地代は1万3〜4千円程度であるが、これは7ha程度の経営の所得と均衡する。要するにほとんどの農家の10a当たり所得が地代以下となっており、自ら経営して所得を得るより、農地を貸し付けて地代を得たほうが経済的には有利となる。もちろん、こうした関係は、地域毎に程度は異なるが、基本

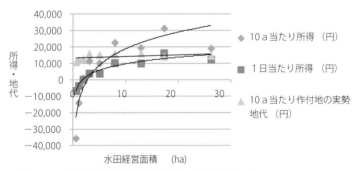

図終-2　水田経営面積規模別所得と地代（2014年）
　　資料：米生産費調査から作成

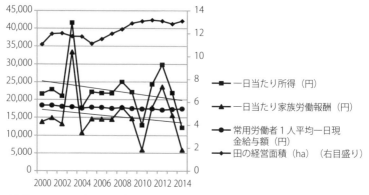

図終-3　5 ha以上層の米作所得等の推移

　　資料：米生産費調査、毎月勤労統計要覧より作成
　　注：直線は、所得、家族労働報酬のそれぞれの線形近似線。

的には共通する。こうした中小規模での稲作経営の採算割れが農家戸数の減少の大きな引き金となり、大規模経営の農地の集積を進めた。つまり米価が低下するほど水田農業の担い手が絞り込まれ、「担い手の明確化」が進むことになる[3]。

　また米価低下は5 ha以上層の大規模経営の所得の低下ももたらしている。『米生産費調査』でのこの階層の水田経営規模は、2000年11.0haから2014年13.1haへと19％増加している（**図終-3**）。回帰式による増加率の趨勢値は、年率1.2％にとどまっている。米作一日当たり所得は、年次による変動が大きいが、概ね常用労働者1人平均一日現金給与額[4]を上回っている。しかし、この間の米作一日当たり所得は減少傾向にあり、その差を縮めている。表示はしないが、回帰式による趨勢値からは、2000年には米作一日当たり所得は、常用労働者1人平均一日現金給与額を40％上回っていたが、年率1.6％でそれは低下し、2014年には19％上回るのみとなった。これらの階層でも米作所得を維持するには、規模拡大を相当のテンポで進めることが求められることになる。

　こうした稲作収益の動向をふまえつつ、農業地域類型毎に各章を再構成し、

水田農業の担い手の現段階の特質、そこで集落営農の果たす役割について考察してみる。農業地域類型毎に水田農業の担い手形成の状況がやや異なっている。

第2節　平地農村地域の水田農業の担い手と集落営農

1　集落営農法人への発展論理―海津市―

（1）協業型集落営農の成立（第1章　旧海津郡平田町―2002年時点―）

　平田町では兼業化・機械化の進展に対応し、古くから組・集落を基礎とした受託組織が形成された。そして大区画圃場整備にともない機械は大型化し、受託組織も再編強化された。同時に、兼業化・高齢化の進展は管理作業にも従事できない層を生み出すことになった。これを個別に受ける担い手は、組織のある集落では充分に成長することはなく、受託組織の内部で請け負うことになる。こうしたことを契機として受託型集落営農から協業型集落営農の展開が1980代後半から1990年代前半にいくつかの集落で進んだ。集落営農形成の成否は、集落の農業構造、むらの結束力、リーダーの有無などにあった。

　受託型営農にとどまる集落でも、経営委託を余儀なくされる層があらわれ、組織内部にこれを請け負う機能を設けるところがでてきた。こうした経営を請け負う機能のない集落及び受託組織すらない集落の経営受託、作業受託の担い手として、全町的に活動するパイロット組合が結成され、その受託実績を伸ばしてきている。これは兼業深化による恒常的な他産業への従事、園芸作・畜産業への専門的従事などのため土地利用型の専業的担い手が相対的に失われてきたことの裏返しでもある(5)。

　集落営農組織の形成により、米麦作の省力化・低コスト化が図られ、兼業化にも対応しやすくなるとともに、園芸・畜産の専業的担い手の成長を促した。米麦作の省力化によって生じた労働力は農業内的には野菜作等に向けられた。折しも、町内に直売店が開設され、地場産品を供給できる体制が整えられた。これにより地産地消も推進されている。その中心は女性・高齢者で

ある。平田町において多様な形態で展開している集落営農組織は、基本的には個別経営を補完する目的で形成されてきた。それは同町における総農家数の変化に端的に示されている。すなわち、それは1970年999戸から2000年838戸へとわずか、16.1％（都府県41.1％減）の減少にとどまっている。

（2）協業型集落営農の標準化（第5章　海津市旧平田町—2009年時点—）

　水田経営所得安定対策により、海津市の集落営農組織は受託組織から協業組織へとドラスチックに転化し、事業内容が作業委託から経営委託へと進化した。任意組織でも一部では、役員名義で利用権の設定が進んだ。再編された営農組合は、経営をほぼ完全に主宰することとなり、農作業の合理的計画的実施が可能となり生産力が向上した。仮畦畔が除去され連坦作業が可能となり、農協を仲介に集落間の入作・出作が解消され交換耕作により労働生産性が向上した。これに加え、特定の熟練した管理者による適期作業の実施・周密管理、高単収品種の作付け増加による単収増として土地生産性の向上にもつながっている。さらに、集落農地の計画的な利用により一部にあった耕作放棄地は解消され、また麦・大豆の新規作付けに取り組むなど生産量の増加にも寄与することになる。

　これにより、営農組織の構成農家は、定義上は、組織からの依頼を受けて管理作業に従事する土地持ち非農家、若しくは自給的農家に転化することになった。しかし、現状の組織のままでの法人化には消極的なところがほとんどである。それは、それにより厳密な経営管理や中心的な従事者に他産業並の所得を保障するなど、新たな負担が求められることになるからである。それは、配当にも影響が出てくるとみられている。

　このように、旧平田町では集落営農組織が受託組織から協業組織へと展開し、経営の主宰が個別経営から組織経営へ移行することにより、組織は兼業農業を補完する関係から包摂する関係へと転化した。集落営農組織が水田農業の担い手となっているものの、約7～8割が兼業の傍ら管理作業に従事しており、農業への関わりを持ち続けている。その後、図1-3に示したとおりに、

集落営農の法人化が図られてきた。

（3）集落営農法人への移行（第11章　海津市―2016年時点―）

　市では集落営農が水田農業の主たる担い手となりさらに高い農地集積率を達成している。経年と共に集落営農への参加率が高まり、また組織の解散・統合による再編が進んでいる。法人化がそれを促進した。法人化期限、農地中間管理事業への対応が法人化の主たる動機である。この過程で小規模集落営農が中規模集落営農に統合されている。こうした組織経営体への集積の進展の結果、地域での標準的とされる経営規模も拡大してくる[6]。任意組織時代には地代2万円を超える利益分も基本的には土地に帰属してきた。土地面積に応じた配当の圧縮が法人化にあたっての課題であったが、法人化によりその変更を余儀なくされた。

　集落を基礎とした組織が農地利用調整機能を発揮し、かつ法人化により土地障壁を緩和・除去することで、農業構造問題の止揚の芽が育まれている。集落内の大宗が参加する「ぐるみ型」の農事組合法人が市での集落営農の基本型である。土地持ち非農家化した世帯も含めた個人に支えられて組織が成立している。組織と個人・世帯とが支え合う関係性が保たれている。

　高齢世帯や無関心層の増加により、集落営農の構成員は減少している。また集落機能の弛緩により、法人化をきっかけにいっきに、ぐるみ型からオペ型に転換する集落営農もある。海津市では、集落のタイプにおうじた集落営農が形成され、それぞれの組織において他産業並みの所得を確保しうる担い手の形成が図られてきている。また、これらの集落営農は1～2集落を基礎として成り立っているが、数集落から旧村を基礎とした4つの営農組織が比較的早い時期に有限会社化し大面積耕地を経営している。平均で200ha規模に達しており、最大規模は300haを超える[7]。

2　旧村を基礎とした集落営農への集積の高まり―揖斐郡揖斐川町旧K村（第2章・2003年からの変化）

　米政策改革に端を発した水田農業ビジョンにより旧揖斐川町では担い手の絞り込みが進み、特に農業生産法人が設立された地域ではドラスチックな変化が起きている。従来の受託型集落営農は家族経営の補完的位置付けであったが、その家族経営での老齢化が進み作業委託から利用権への移行が漸次進んできた。K営農組合は受託組織の限界を克服すべく法人経営へと展開し、特色ある栽培に取り組み、利用権設定面積も急増してくる。同時に、集落ぐるみ型組織のため、法人化後も個別経営は並存し、管理作業などを引き続き担当している。

　中心的担い手には欠けるものの経営は大規模でありかつ農地は面的に集積され、政策が描く経営像と規模的にはほぼ一致する。しかし、労働評価を低く抑えても営業利益はマイナスである。また、集落ぐるみ的に地域一体となって中間管理作業に従事している。基幹的な従事者は配置されつつも、他産業並の所得を得るほどの中心的な担い手の確保は容易でない。基幹的従事者を数名確保しつつ、補助的管理作業を地域参加で担っていく姿が最も永続性がある組織形態であると思われる。

　旧K村の2000年の総農家数は107戸、うち販売農家数が92戸であった。K営農組合が2001年に設立され、そこへの農地の利用集積が進むことにより、2015年には総農家数は45戸、うち販売農家戸数が29戸へと激減した。総農家数は－58％の減少、販売農家戸数は－70％の大幅な減少である。またK営農組合の栽培面積は、2003年から2016年にかけて水稲26→43ha、小麦27→42ha、大豆27→42haへと拡大している。このように米政策改革が提起された時期に法人化を進めた旧K村では、その後、K営農組合への農地集積度を大きく高めていることがわかる。

3 ゾーニングによる農地利用集積の促進―養老郡養老町(第8章・2012年からの変化)

　養老郡養老町では人・農地プラン作成にあたり、その後関連機関の提案を受け、担い手同士が話し合いでゾーニングを決定し、農地の利用集積を図ってきている。町の23地区で人・農地プランが作成され、76経営体が中心的経営体に位置づけられている。1地区あたりの中心経営体数は3.3経営体と多いが、話し合いでエリア分けを行い、圃場境界まで線引きを行っている。これと並行し、町では農地の出し手(リタイア、規模縮小意向農家)の募集等も実施して、出し手の掘り起こしを行ってきた。そして貸付希望農地は、ゾーニングに基づきマッピングされ、担い手経営に面的に集積されてきている。同一地域内では、地代を統一化するなどして、担い手間の借地の交換も進められている。

　笠郷地区(耕地面積455.3ha)では、中心的経営体が7(法人3、個人4)と多いが、プランに基づいてリタイア農地の配分、担い手間の利用権の交換を行ってきた。地域の中心的な担い手が話し合いをリードしてきた。2015年度の農地中間管理事業での担い手への貸付面積は211haになり、うち新たな集積面積は19haある。また利用権交換による集約化面積は46haに及び、農地の利用集積が大きく進んだ。

　このように、人・農地プランの作成の中で、担い手間の話し合いを進めてエリア分けを行い、これと並行して農地の出し手の掘り起こしを徹底したことが、農地の面的な利用集積を大きく促進した。これは行政、JA、担い手等の全ての関係者の一体的な取組によって支えられている。

　養老町の総農家戸数は2005年1,624戸から2015年766戸へと10年間で−53%と大幅に減少した。10haが分解基軸である。同期間に10ha以上の農業経営体数は、16から43経営体へと急増した。特に、30〜50ha層が2から8経営体へ、50ha以上層が1経営体から5経営体へと規模の大きい経営の増加が顕著となった[8]。これらはいずれも集落を基礎とする営農組織である。未整備田が多い圃場条件の下でも、作付体系の中に飼料米を早くから取り入れ

るなど独自の合理的な水田利用方式を築き上げてきた[9]。2015年の5ha以上層のシェアは68.8％、うち20ha以上層のシェアが52.9％まで高まっている。

第3節　都市的地域における水田農業の担い手形成

1　作業受託から利用権設定へ―第6章　岐阜市・2006年からの変化―

　岐阜市では個別農家が稲作の基本的な主体であり、それを営農組織が補完する関係にある。しかし法人化まで展開できる営農組織は少数にとどまる。そのほとんどが任意組織で、経営安定対策にも加入せず、組織を維持している。市としては、こうした組織が農地の維持・管理に果たす役割は大きいと考えている。すなわち、組織規約は有るが主たる従事者の所得目標も無く、また機械作業はオペレーターが従事するが管理作業は地権者が行い、収穫物の販売名義も地権者とするような組織である。そこでは法人化計画は当面無く、農用地の利用集積目標は作業受委託で設定する。また農用機械は更新しないとするなどの集落内合意形成を目標とする。

　こうした作業受託組織とJA出資法人とが連携し、地域の作業委託の要望に応えてきている。自己完結型の小規模兼業稲作農家が多い岐阜市において、このような組織への期待は大きい。それは耕作放棄を防ぎ、農地の維持管理をサポートする機能がある。

　他方、法人化した営農組織は、その後、経営規模を急速に拡大している。例えば、小学校区の6集落を事業領域としている（有）M法人は、子弟が後を継ぎ、経営面積を2003年20haから2014年には57haへと大幅に拡大している[10]。米・麦・大豆のほかタマネギ栽培もはじめた。部分作業受託は少なくなった。水管理は熟練者6名に委託し、畦畔草刈はパート3名を雇用しほぼ毎日従事してもらっている。経営者には他産業並みの所得が確保されている。

　岐阜市の農業経営体数は、2005年4,383から2015年3,129経営体へと－29％の減少にとどまる。2haが分解基軸である。5ha以上層の経営耕地面積シ

ェアは23.9％、うち20ha以上シェアが16.7％にとどまる。

2　組織経営体への農地利用集積（第12章　大垣市・2016年）

　都市的地域に位置する大垣市では、都市化の影響もあり農地の利用集積は後れをとっていた。しかし、米政策改革以降、農地の出し手は急増し、これを組織経営体が受けるという関係が広がってきた。地域での営農組織作りが進められ、集落営農は18組織までに増加した。また1960年代から集落の領域を超えて事業を展開してきた大垣南営農組合は、米政策改革以降さらに受託面積が拡大してきた。しかし、それにより耕地が分散し、また集団的土地利用の継続にも影響がでるなど課題をかかえてきた。周辺に他の集落営農など担い手が形成され、これら担い手と利用権設定地の替え地の話し合いを進めるなど、農地の集約化を図ってきた。こうした経営努力と並行しながら組織の法人化を図り、経営基盤を強化してきた。また集落営農が組織されていない地域の農地を市全域から借り入れる担い手経営が成長してきた。それは法人化して㈱西濃パイロットとなり、年々、経営規模を拡大し157haの大規模経営となっている。

　このように大垣市は都市的地域にありながら集落営農組織が形成され、この10年で20ha以上層は、6組織から17組織へと急増している。3haが分解基軸であり、2015年の5ha以上層の経営耕地面積シェアは47.8％、20ha以上層シェアは35.4％と比較的高い。

3　担い手空洞化地域でのJA出資農業法人などへの農地集積（第13章　池田町2016年）

　米価の低下傾向のもとで農業機械投資ができず、後継者の確保も困難な状況が広がり、農地の貸付希望者が急増してきた。また、米価低下は受け手の経営にも作用してその空洞化が進み、貸し手の希望を十分満たすことは困難な地域が徐々に広がってきた。都市的地域に位置する池田町では、中核的な担い手農家の高齢化も進み、その経営継承が滞ることもしばしば起こってく

る。営農組合にも同様な傾向があった。同町では個人経営が中心に水田農業が担われ、営農組織も補助金の受け皿機能にとどまる傾向があり、集落を基礎とするまでには至らない場合が多かった。そのため、特に2008年以降、個人の担い手農家のリタイアや集落営農など営農組織の解散にともなう担い手空洞化地域が散見されるようになってきた。2008年には18の営農組織が町内で活動していたが、うち7組織は中心的担い手の高齢化等にともない、その後解散した。その7組織の合計経営面積は83ha程度になる。7組織のうち2組織は他の法人が、1組織は個人が受け持つこととなったが、残りの4組織はJA出資農業法人が受けることになった。

　池田町の農業経営体数は、2005年947から2015年492経営体へと－48.0％の大きな減少を示した。5～10ha層が分解基軸である。同年の5ha以上の面積シェアは55.4％、うち20ha以上のシェアが42.1％と比較的高い。

第4節　中山間地域における水田農業の担い手と集落営農

1　戸別所得補償制度モデル対策による中山間地域での小規模集落営農の設立（第7章2010年・2011年1市3町）

　戸別所得補償制度モデル対策の実施により集落営農数の増加率は高まった。なかでもその加入要件である共同販売経理に取り組む集落営農が特に増加した。新しく設立された集落営農は概して規模が小さく、また集積面積目標ももたず、法人化計画も策定していないものが多い。水田・畑作経営所得安定対策の加入要件に満たない集落営農が多かった山間地域などで、戸別所得補償制度モデル対策への加入が契機となり多く設立されている。

　前身組織を持たずに設立された集落営農は、活動内容が共同販売経理のみにとどまるところが多い。これに参画する個別経営の実体もまだ残っている。しかし、この取組を通じて、コスト削減が進み、集落単位で作業受委託が行われるなど、生産・流通の効率化が図られてきている。また、小規模農家でも新たに特別栽培米に取り組むなど、米作りの意欲が高まっている。さらに

将来の集落農業の担い手確保を念頭においた集約化の取組が始まってきている。新設集落営農は、経営体としての内実は未熟であるが、これらが地域農業の担い手として発展していく可能性を秘めている。出来るところから共同化を進めていこうとしている。

2　小規模・高齢化集落と集落営農（第9章2011年4市1町）

　中山間地域農業は、圃場が狭隘で傾斜があり、生産条件としては不利である。谷筋に沿い耕地が拓かれているところが多く、農業経営は零細である。近くに就労の場が少なく、在宅兼業の機会に恵まれず、他出者が多く、高齢化が進行している。小規模・高齢化農業集落は、中山間地域に集中している。

　中山間地域の小規模・高齢化集落において農業は多くが零細な個別経営によって担われている。しかし、高齢化の進行、後継者難のために、農業経営の継承には多くの課題を抱えている。あと数年で農業は止めるとする農家が多い。貸し手の一部は不在地主化しており、粗放的な農地利用や管理作業のみの委託にとどまるところが出てきている。小規模・高齢化集落のほとんどに農業の「担い手」はいない。

　こうした状況下で、集落の農地・農業の継続的な維持のために、集落での組織的な対応が望まれている。担い手がいない集落の農地保全のために、集落営農の組織化は有効である。小規模・高齢化集落は、当該集落のみで集落営農が完結している例は少なく、近隣集落の営農組織が受け手となっている場合が多い。近隣集落も含めれば、オペレーターや役員のなり手は一定数いる。小規模・高齢化集落の場合、1集落の面積も小さく、他集落との連携も視野に入れることが必要である。

第5節　結論―水田農業の担い手の展望と集落営農―

1　農業経営体の階層変動の特徴

　米政策改革以降の農業経営体の階層変動の特徴は、いわゆる分解基軸を境

に、それ以上の階層のみ経営体数が増加し、それ以下の階層はおしなべて減少していることである。この過程で、土地持ち非農家化、離農世帯が急増し、総農家戸数、特に販売農家戸数は大きく減少している。米価低下により中小経営の採算割れが顕在化し、この動きを加速している。最近10年の岐阜県での農業経営体の階層変動の分解基軸は5haである。それは農地の受け手の状況により地域によって異なり、平地農村地域では大きく、都市的地域、中山間地域では小さい。例えば、それは平地農業地域の海津市で30ha、養老町で10haと大きく、都市的地域の岐阜市で2ha、大垣市で2ha、中山間地域の白川町で2haなどと小さい。こうした階層変動に即した農業生産の担い手の明確化が進んだ。

　米価の低下は、大規模経営にも影響し、所得の低下を引き起こした。上層経営が所得を保つためには、継続的に一定のテンポで規模拡大を進める必要性が増してきた。稲作経営安定対策等による所得補填は、所得低下を緩和する効果はあるものの十分とはいえない。それが水田経営の困難性を高め、また農業構造改革を加速化することになった。価格の低下をコストダウン程度にとどめ、担い手の所得の確保を図るような仕組みが必要である。また、水田の汎用化を図り、麦・大豆・飼料・野菜を複合的に栽培し、年間就業を確保する必要がある[11]。

　農業経営体の階層変動が進んだといえども、岐阜県では経営耕地面積の56％は1.5ha以下の経営によって担われている。これらの経営の多くが共同化、作業委託などの必要性を感じている。しかし、概してこれらの地域では、集落機能が弱く、集団的な対応ができかねる傾向がある。こうした地域の農地の受け手として、JA出資農業法人や、会社法人などが成長してきている。ここでの会社法人なども元農協作業受託部会勤務など農協を出自とするものが多い。またこれらの経営の農地は広域的に分散する傾向がある。これらの地域では、農協を基軸とし、コミュニティー機能の再生などと絡めながら、農業生産の担い手形成を図ることが有効である[12]。

2　農業地域類型毎の水田農業の担い手の特徴

　5ha以上の大規模経営では、階層が上がるほど組織経営体の割合が高まる。5～10ha層では個人経営数の割合が80.3％と高いが、10～20haは個人と組織経営が拮抗し、20ha以上になると組織経営が大半となる。本書では、個人経営については十分取り上げることができなかったが、地域の実情に応じ組織経営と棲み分けしながら農業を営んでいる。その点では、養老町の人・農地プランでの担い手どうしの話し合いを通じたゾーニングの試みは参考になる。これで農地の分散も防がれ、また競合にともなう諸問題も概ね回避できる[13]。

　岐阜県の農業経営体の経営耕地面積に占める組織経営体の割合は28.4％（1万0,157ha）である。うち集落営農分は20.1％（7,177ha）[14]である。耕地の約3割が組織経営体によって担われ、うち2割分が集落営農による。これに集落営農だけでも作業受託分が約1割加わる。よって、少なくとも約4割の耕地が組織経営に集積されていることになる。

　言うまでもなく平地農村地域では個人担い手が成長する条件は十分ある。個人経営の補完組織として受託組織が展開し、それが集団転作を契機に一部協業組織へと転じて、担い手として成長してくる。「ぐるみ型」の集落営農がほとんどであり、構成員の多くは中間管理作業を担当する。次第に、組織が個人を支える関係から、個人が組織を支える関係へと転じているが、個人と組織が連携し合う関係は集落営農が法人化しても継続している。集落機能が保たれている地域においてこうした営農組織が「危機対応的に」形成され、関係農家は組織化にともなう経済的メリットを享受しながら組織に関わっている[15]。ここでは、こうした個人、組織担い手経営が成長しているため、JA出資農業法人の事業展開はほとんどみられない。

　都市的地域では集落での対応がやや難しく、共同化の単位はその下にある組など小さな範囲の場合が多い。ここでは数戸での機械の共同利用、作業受託組織などから、コミュニテイー再編と絡めて進めることが、水田農業の維

持には有効である。また、ここでは集落営農も集落の領域を超え、農協支店単位・旧村単位で組織されているケースもある。それは人・農地プランのエリアと重なることも多く、大規模経営となる。中間管理作業などへの熟練者の協力が求められている。これらの組織に加え個人経営にも受けることができないところ、あるいは空洞化したところを会社法人やJA出資農業法人が最後の担い手として役割を果たしている。

　こうした都市的地域での水田農業の担い手の傾向の多くは、中山間地域にもあてはまる。ここでも水田作業・経営の共同化の必要性は大方が認めるところである。結いの精神が残る共同性の強い集落から順次集落営農が組織化されている。構成集落は1集落を基礎とする場合が多く、その規模は10数ha程度である。小規模であるため組織間での機械の共同利用などが、町、農協の支援を受け進められている。これにより耕作放棄地の解消、新規作物の栽培、6次産業化などへと発展し、その活性化効果は大きい。また集落領域を超えて事業展開する組織経営体も散在し、一定の役割を果たしてきている。詳述はできなかったが、農外企業の参入も増加している[16]。さらにJA出資農業法人も、担い手不在地域の一部で活動しているが、対応できる範囲は限りがある。また地域には条件不利地が多く、その経営の採算性については課題が残る。よって、中山間地域においては集落を基礎としつつ、集落を越えるさまざまな連携の取組が必要とされている。また集落機能の再生とからめて、できるところから小さい協同を積み上げていくことがここでも有効である。

3　集落営農における地代と労賃

　『米生産費調査』（2014年）での10a当たり米主産物収量は全国526kg、岐阜492kg、10a当たり地代[17]は、全国1万5,291円、岐阜8,131円である。その34kgの収量差が7,160円の地代差の基礎となっている。県内の単収が低い地域では、地代ゼロのところもある[18]。また米価低下のため地代をゼロに引き下げたところもある。地代支払いがあるところでも、圃場区画が狭小な

ところはそれをゼロとし、ごく一部で地主による管理料支払（マイナス地代）があるところも散見されるようになってきた。

　地代算出の基礎となる純収益を規定しているのは、地場の切り売り賃金水準が一般的である。集落営農の高い生産性で生み出される純収益の一部が地代となる。それは圃場区画面積、経営規模に比例して高まる。ぐるみ型集落営農では、純収益のうちの地代を控除した剰余部分も、任意組織の時代は、ほとんどが土地面積に応じて地代に上積み配分された。それは農地保有面積に比例して組織への出資金額が決められているためである。出資配当的な意味合いを持って剰余が農地面積に応じて配分される。それには中間管理作業の料金も含まれることもある。それでも30〜50ha規模の集落営農では、中心的な担い手1〜2名に他産業並みの所得を確保する収益が確保されている。法人化により役員報酬は大幅に増額された。出資配当に制限がかかり、また従事分量配当の実施により、労働への分配割合は増加している。それをいかに組織での中心的な担い手の形成につなげていくかがポイントである。

　オペ型では、基本的に中心オペ数名に他産業並みの所得が確保されている。ここでは、地権者は管理作業にも関わらず地代受け取りのみとなる。オペ型集落営農で法人化が会社形態で先行した。

4　水田農業の担い手としての集落営農

　岐阜県の集落営農は、集落の過半数からほとんどの農家が参画する「ぐるみ型」が多い。年々、その参加割合は高くなり、次第に規模の大きい農家が構成員になってきている。中間管理作業を構成員が担っている場合が多いが、その割合は減少傾向にある。また、その中心的な担い手も絞り込まれる傾向がある。役員やオペレーターが組織の中心的な担い手である。平地では一人当たり20ha程度の面積を受け持ち管理している場合が多い[19]。組織に中心的に関わる自然人全てを担い手と捉える必要がある。集落営農が法人化しても、基本的にはこの構図は同じである。都市的地域の大垣市、山間地域の白川町では、集落営農に関わる人数が多い。これら関係者の全てが担い手とい

える。

　集落営農の形成による労働生産性の向上効果はその強みである。それは圃場整備と並行して組織化が進む場合が多く、その省力効果は顕著である。この省力化により生じた労働力を地産地消に結びつける動きも活発である。特に、都市的地域では消費者が身近にいることから、その動きは盛んである。これが農業者どうしの結びつきを再構成する役割を果たしている。水田農業の担い手の明確化と並行して発達してきている、これら新たな担い手についてもコミュニテイー再編の観点からも捉え直す必要がある。

　「ぐるみ型」集落営農への参画率の高まりと並行し、中間管理作業が担当できず地主化し非構成員となる世帯が法人化を契機にふえていきている。特に、合併のため解散した小規模集落営農ではその傾向が顕著である。また集落機能が低下し、「ぐるみ型」から「オペ型」に一挙に転ずる集落もでてきている。集落の領域をこえた集落営農の統廃合が今後予想されるが、そこに集落機能をいかに絡め構成員の参画を促すか、組織運営の鍵となる[20]。

　このように、米政策改革以降、岐阜県の水田農業において集落営農は担い手として重要度を高めてきている。組織形態も共同利用、受託型から順次協業型への進んで経営体としての内実を高めている。特に、平地農村ではそれが顕著である。政策がそれを加速している。集落・地域の特性に応じた営農組織が形成されている。中間管理作業も含めて個人が組織を支えている。しかし、集落機能の弛緩などにより次第に組織から個人参加が後退する傾向があることも否定できない。

　集落機能の再生、コミュニテイー再生と連動して、大小を問わず、新たな集落営農の組織化も進んでいる。集落営農の再編、農業構造の再編は、個人を尊重するコミュニテイーの再編と並行して進められれば、下からの農業構造改革となりえる[21]。水田農業の担い手としての集落営農の役割はその延長上にとらえられるべきである。

注
(1) 佐藤氏は、米価下落の背景として 6 点指摘している。すなわち需要面では米消費減少、大口実需者の台頭、米備蓄の縮小点の 3 点、供給面ではMA米等圧力、自主的生産調整、ふるい下米の主食還流の 3 点である。詳しくは佐藤了「食糧法下の米政策改革・選択的生産調整と米価下落」(佐藤ら (2010) 所収、26ページ)
(2) 磯田氏は、15～30haの最上位層ですら持続性が脅かされていることを明らかにしたうえで、米価支持（暴落阻止）政策と、不足払い型補填の併用が必要であると指摘する。磯田宏「米・水田農業政策の課題の所在をめぐって」(磯田・品川 (2011) 所収、109～110ページ参照)。
(3) 「いまなお明確な判定は下されていない」との「土地利用型農業の構造改善と農産物価格の関係をめぐる論点」(生源寺 (2006)、58ページ) について、この限りではあるが、米価低下が貸し手側の「地代の受け入れ意思額」を低下させて農地の貸付意欲を高め、農地流動化を促進したといえる。
(4) 『毎月勤労統計』産業大中分類別常用労働者 1 人平均月間現金給与額（事業所規模 5 人以上）を労働時間で除し、8 時間当たり換算で算出した。
(5) 海津郡における園芸作と水田農業との関係については荒井 (2001) を参照。
(6) 海津市農業基本構想では、組織経営体の経営目標は100haである。
(7) 最大面積はF営農である。事業領域は旧F村を基礎とし、その経営面積は、2016年には340haに達している。主な栽培作物・面積は、主食米178ha、飼料米44ha、麦119ha、大豆119haであり、タマネギも栽培している。
(8) 農地のゾーニング・利用調整にイニシアをとる（農）K営農が最大規模であり、経営面積は200haを超える。
(9) 養老町では用排水未分離の水田が多いことから飼料米生産に先進的に取り組んだ。養老町を中心とした岐阜県での飼料米の取組について、荒井 (2010b)、同 (2011a) を参照。
(10) M法人は、閉鎖されたJA支店店舗を買い取って事務所としている。活動領域はJA旧支店の範囲である。
(11) 複合化も含めた大規模水田経営の最近の動向については、安藤編著 (2013)、堀口・梅本編 (2015) などを参照。
(12) 2016年の全国のJA出資型法人数は574経営、JA直営型経営数は36経営、合計でJAによる農業経営数は610経営である。詳しくは、谷口・李 (2016) を参照。
(13) 西川 (2015) では、集落営農設立にともなう作業受託地などの「貸し剥がし」などについて報告している。
(14) 『集落営農実態調査結果 (2015年)』による。
(15) 集落営農が農業者にもたらす利益の認識に関しては武藤 (2016) の研究などがある。

(16) 例えば、高山市のW建設会社は、2009年に株式会社W農業法人を設立し、農業に参入した。利用権設定面積は15haになり、5つの集落から借り入れている。事務所からの平均距離は約3kmである。利用権設定地の水管理は組織が行っているが、特殊な場合や遠距離の場合は地権者が有償で担当する。畦畔の管理も組織が行うが、特殊な場合は、地権者で管理し、有償とするが、額は協議して決める。地域内に多い兼業農家の受託先として機能している。公共事業が減少するなか、地域での雇用創出や、耕作放棄地増加への危機感から農業に参入した。収量ではなく、品質・食味を重視した稲作に取り組み、食味コンクールでは全国1位となるなどの成果をあげている。

(17) 自作地地代と支払地代の合計額。

(18) 例えば、2008～2015年の岐阜県の10a当たり水稲平均収量は483kgであるが、岐阜市466kg、大垣市459kg、揖斐川町441kg、池田町454kgなど低いところがある。これらの地域では地代ゼロのケースが多くなってきている。

(19) 例えば、本書第12章にある大垣南がその例である。

(20) 集落の領域を超えた集落営農の組織形成についても多くの研究があるが、直近では小野（2016）が、これらに関する論点整理と平場の明治合併村領域で統合された組織の分析を行っている。

(21) 後藤氏は近著で、「研究者の担い手論は、目指すべき農業を実現するという変革を実現するための担い手論であり、構造分析はそれを実現する担い手を見つけ出すための構造分析である」と指摘する（後藤（2016）、134ページ）。

引用・参考文献

安藤光義編著（2004）『地域農業の維持再生をめざす集落営農』全国農業会議所
安藤光義編著（2013）『日本農業の構造変動―2010年農業センサス分析―』農林統計協会
荒井聡（1999）「農業サービス事業体の現状と機能」『南九州大学研究報告』29（B）
荒井聡（2001）「需給緩和下のトマト作における作業外部化による産地の再編強化―岐阜県海津地区での機械選果機導入の事例を中心に―」『岐阜大学農学部研究報告』（66）
荒井聡（2003）「山間地水田農業の現状」『協同組合奨励研究報告第二十九輯』家の光出版総合サービス
荒井聡（2004a）「兼業深化平地農村における集落営農の展開と担い手の動向」（田代洋一編著『地域農業の主体形成』筑波書房、所収）
荒井聡（2004b）「地域食料確立運動の展開と自給率向上の課題―東海地区にみる」『農業・農協問題研究』（30）
荒井聡（2007）「現代における『農業共同体』の性格と機能」（小野塚知二・沼尻晃伸編著『大塚久雄「共同体の基礎理論」を読み直す』日本経済評論社、所収）
荒井聡（2008）「農業と農家の現状」（白樫久、今井健、山崎仁朗編著『中山間地域は再生するか―郡上和良からの報告と提言―』あおでみあ書斎院、所収）
荒井聡（2009）「品目横断的経営安定対策下の集落営農組織の再編の現状と課題―岐阜県を中心として―」農林水産政策研究所プロジェクト研究［経営安定プロ］研究資料（2）
荒井聡編著（2009）『集落営農組織調査報告書』、岐阜県担い手育成総合支援協議会
荒井聡（2010a）「水田経営所得安定対策による集落営農組織の再編と法人化―岐阜県海津市の事例を中心に―」『日本の農業』（243）、農政調査委員会
荒井聡（2010b）「耕畜連携による飼料用米生産の拡大と水田フル活用―岐阜県の事例を中心に―」『農業と経済』76（1）
荒井聡編著（2010）『岐阜県における集落営農組織の再編と法人化をめぐる状況―実態分析と提言―』平成21年度岐阜県担い手育成総合支援協議会委託事業報告書
荒井聡（2011a）「水田利活用自給力向上事業の実績と課題」（谷口信和編著『民主党農政1年の総合的検証』農林統計協会、所収）
荒井聡（2011b）「戸別所得補償制度モデル対策の集落営農における効果と意味」『農業と経済』77（7）
荒井聡・今井健・小池恒男・竹谷裕之編著（2011）『集落営農の再編と水田農業の

担い手』筑波書房
荒井聡・小池恒男・竹谷裕之・北川太一・徳田博美（2012）「中山間地域における小規模・高齢化農業集落での集落営農の進め方―調査分析報告書―」岐阜県集落営農組織化サポート事業委託業務報告書、岐阜大学
藤澤研二（2007）『集落営農　組織づくりと経営』家の光協会
福祉社会学研究編集委員会（2011）『小規模・高齢化集落の生活・福祉課題と持続可能性』東信堂
後藤光蔵（2016）『農業構造の現状と展望　持続型農業・社会をめざして』日本経済評論社
橋詰登（2012）「集落営農展開下の農業構造と担い手形成の地域性」（安藤光義編著『農業構造変動の地域分析』農村文化協会、所収）
橋詰登（2013）「座長解題　近年の農業構造変化の特徴と展開方向」『農業問題研究』71
橋詰登（2015）「農業集落の小規模・高齢化と脆弱化する集落機能：農業集落の動態統計分析と将来推計から」『農業問題研究』47（1）
橋詰登（2016）「2015年センサス（概数値）にみる農業構造変動の特徴と地域性」『農村と都市を結ぶ』66（5）
細山隆夫（2004）『農地賃貸借進展の地域差と大規模借地経営の展開』農林統計協会
細山隆夫（2008）「農地利用の変化と担い手の実態」（小田切（2008）所収）
堀口健治・梅本雅編著（2015）『大規模営農の形成史』農林統計協会
伊庭治彦（2010）「集落営農に与える戸別所得補償制度の影響」『農業と経済』76（6）
今井健編著（2007）『岐阜市における水田営農および担い手の現状と課題』岐阜市受託研究報告書、岐阜大学
今井健編著（2010）『地域再生と農業』筑波書房
今井健（2011）「都市近郊地域における集落営農組織形成と課題―大垣市を対象として―」（荒井・今井・小池・竹谷前掲書所収）
李侖美（2016a）「近年のJA出資型農業生産法人の設立動向と新たな役割―新規就農研修事業を中心に」『農業経営研究』53（4）
李侖美（2016b）「大規模水田作経営における農地の条件不利（零細・不整形）性・分散性への対応―JA出資型農業生産法人を事例として」『農業経済研究』88（2）
磯辺俊彦（1983）『日本農業の土地問題』日本経済評論社
磯田宏・品川優（2011）『政権交代と水田農業　米政策改革から戸別所得補償政策へ』筑波書房
梶井功（2004）「『基本計画』見直しの論点と課題」『農政調査時報』（552）
北出俊昭（2005）『転換期の米政策』筑波書房
小針美和（2010）「戸別所得補償モデル対策の現場からの課題」『農林金融』63（6）

小林元（2004）「集落型農業生産法人における土地持ち非農家化の問題」『農業水産経済』（11）
小林元（2015）「中国四国：中山間地帯：集落営農法人先行地域と「4つの改革」」（『アベノミクス農政の行方：農政の基本方針と見直しの論点』日本農業年報（61）、農林統計協会、所収）
近藤雅之ら（2003）「経営体としての集落営農の現状と展望」『長期金融』（89）
楠本雅弘（2010）『進化する集落営農』農山漁村文化協会
窪山富士男（2010）「戸別所得補償制度の導入と集落営農の育成」『地上』47（10）
御園喜博編著（1986）『兼業農業の再編』御茶の水書房
森本秀樹（2006）『集落営農 つくってから』農村文化協会
武藤幸雄（2016）「集落営農の効果に関する農業者の理解支援に関する考察」『農林業問題研究』52（2）
永田恵十郎・波多野忠雄編著（1995）『土地利用型農業の再構築と農協』農村文化協会
中野真里（2011）「島根県における戸別所得補償制度と集落営農」『レファレンス』61（10）
名和正（2012）「地域農業の担い手としての水田農業経営の課題」『農業・食料経済研究』58（1）
西川邦夫（2015）『「政策転換」と水田農業の担い手 茨城県筑西市田谷川地区からの接近』農林統計協会
『農業と経済』編集委員会（2016）「次世代の集落営農を考える」『農業と経済』82（1）
小田切徳美編（2008）『日本の農業—2005年農業センサス分析—』農林統計協会
小野智昭（2016）「集落営農合併の統合類型に関する批判的検討」『農業経済研究』88（3）
大西隆・小田切徳美・中村良平・安島博幸・藤山浩（2011）『集落再生「限界集落」のゆくえ』ぎょうせい
佐藤了・板橋衛・高武孝充・村田武（2010）『水田農業と期待される農政転換』筑波書房
関光博・松永桂子（2012）『集落営農』新評論
生源寺眞一（2006）『現代日本の農政改革』東京大学出版会
鈴木宣弘（2005）「コメ改革の政策論理と構造改革の展望」『農業経営研究』42（4）
鈴村源太郎（2008）「農家以外の農業事業体を基軸とした構造変化」（小田切（2008）所収）
高橋明広（2003）『多様な農家・組織間の連携と集落営農の発展』農林統計協会
高橋明広・梅本雅（2011）「集落営農組織の新たな展開」（梅本雅編著『担い手育成に向けた経営管理と支援手法』農林統計協会、所収）

谷口信和（2001）「土地利用型農業の担い手問題の行方―2000年農業センサスの地平から―」『農村と都市をむすぶ』（593）
谷口信和（2005）「都市近郊における米麦作大規模借地経営の軌跡」（戦後日本の食料・農業・農村編集委員会編『農業経営・農村地域づくりの先駆的実践』農林統計協会、所収）
谷口信和（2013）「「人・農地プラン」の歴史的地位」（『動き出した「人・農地プラン」：政策と地域からみた実態と課題』日本農業年報（59）、農林統計協会、所収）
谷口信和（2004）「農業生産構造の変化と政策転換」『農業経済研究』76（2）
谷口信和・李侖美（2006）『JA（農協）出資農業生産法人』農村文化協会
谷口信和・李侖美（2016）「JAによる農業経営の展開と農協の役割」『農業・農協問題研究』（60）
田代洋一（2004）『食料・農業・農村基本計画の見直しを切る』筑波書房
田代洋一（2005）『「戦後農政の総決算」の構図　新基本計画批判』筑波書房
田代洋一（2006）『集落営農と農業生産法人』筑波書房
田代洋一（2012）「「人・農地プラン」を地域農業に役立たせるには」『季刊地域』（10）
田代洋一（2016）『地域農業の持続システム48の事例に探る世代継承性』農村文化協会
徳田博美（2011）「大区画圃場整備を契機として設立された集落営農と兼業農家」（荒井・今井・小池・竹谷前掲書所収）
内田多喜生（2012）「経営耕地の集積の動向とその課題」『農林金融』65（11）
梅田美谷（2002）「都市近郊地域における水田の集団的土地利用に関する一考察―岐阜県大垣南部地区の場合―」『農業経済研究』別冊
梅田美谷（2010）「大規模農地受託組織の現代的意義―岐阜県大垣南営農組合を事例に―」『農業問題研究』（64）
山口和宏（2013）「北九州の構造変化と集落営農組織の実態」『農業問題研究』（71）
山本堯・杉山道雄編著（1983）『東海の農業―工業化地帯の農業を考える―』日本経済評論社
矢口芳生（2001）「資源管理型農場制農業の存立条件」『日本の農業219』農政調査委員会
八木宏典（2005）「21世紀日本の農政改革の課題―食料・農業・農村基本計画の見直しの方向―」『東北農業経済研究』23（2）
張文梅・荒井聡・今井健（2012）「地域農業振興におけるJA出資農業生産法人の役割―援農ぎふを例に―」『農業市場研究』20（4）
張文梅・荒井聡（2013）「都市近郊地帯での農地維持管理に果たすJA出資農業生産法人の役割」『農業・食料経済研究』59（1）

あとがき

　本書は、「米政策改革」以降の主として岐阜県の水田農業、集落営農に関する実証的な研究成果をセレクトして、とりまとめたものである。初出は末尾に掲載の通りである。学術論文、著書で公刊されたものは、一部重複部分を除いてそのまま収録してある。学会報告資料、調査報告書にかかわるものは必要な加除修正を加えてある。

　言うまでもなく、この間農業政策はめまぐるしく転換し、また水田農業の構造も変動してきた。本来なら、5年程度で研究成果を取りまとめるのが、この手の書籍では旬かも知れない。しかし、筆者はそのような「生産力」はもちあわせておらず、15年近くにわたる時期をひとつにとりまとめることとなった。結果として、「米政策改革」以降の水田農業と集落営農の変貌を中期的トレンドで通観する機会となった。

　この間、政策は大きく転換したが、水田農業に関するその基本理念は、市場を重視し、競争を促しコストダウンを図り、効率的安定的な経営体を育成することに変わりはない。政策転換はあっても基本理念には大きな変更はない。市場のシグナルを重視することは重要ではあるが、それにも増して生産現場から発せられるシグナルは重みを持つ。「現場に神宿る」がごとく、真実は現場にあるといえる。岐阜を舞台とした現場発の水田農業の担い手形成論が本書の特徴である。

　米をめぐる市場条件が厳しさを増すなか、地域農業を共同の力で持続させ、地域を守りたいという思いが集落営農というかたちをとってあらわれている。岐阜県において集落営農の取組が地域を問わず広がりをみせているのは、第一に機械化・兼業化・集団転作等への対応という時代の要請であるとともに、集落機能が保たれているからでもある。それは小規模兼業農家が多い地域での特徴でもある。こうした地域からの要請もありその研究に従事する機会を何度か得ることになった。

本書は、そうした地域の方々の思いを胸に、共同で創り上げたものと言ってもよい。とりまとめにあたっても大きな示唆をいただいている。多様な担い手が、地域で集落機能・コミュニティーの再生と並行させながら、連携しあってそれぞれが自立化できるような仕組み作りが水田農業の継承・発展にも必要である。そうした視点から水田農業と農村社会の持続的な発展を捉え直し、そこに集落営農を位置づける必要があろう。

　とはいえ、本書が現状を全て正確に捉え・分析し、水田農業の担い手と集落営農の展望を描くことができているかは読者の判断に委ねるしかない。忌憚のないご意見を賜れれば幸いである。

　また、私事になるが筆者は2017年４月に福島大学に転勤する。「儲かる農業」「稼げる農業」「風評被害対策」などが研究のキーワードとなる。福島県は米作・果樹作の盛んな有数の農業県である。本書に福島農業の再生へのメッセージとなるものが含まれていることを願っている。

　本書を取りまとめるにあたり多くの方々にお世話いただいているが３名の方のみご芳名を掲げる。今井健岐阜大学名誉教授には、岐阜大学在職時に岐阜での農村調査全般にわたりご指導を賜った。また田代洋一横浜国立大学・大妻女子大学名誉教授には科研研究会などで、後藤光蔵武蔵大学名誉教授には圃場整備と農地流動化に関する研究会（農地保有合理化協会主宰）などでご指導を賜った。記して感謝申し上げたい。

　本書は筆者にとって、総合的な単著としては初めてのものとなる。ここまで長年にわたり研究生活を支えてくれた家族へも感謝の意を記したい。

　最後になったが、筑波書房社長鶴見治彦氏には、出版事情厳しいなか、しかも非常にタイトな日程で本書の出版を引きうけていただいた。記して厚くお礼を申し上げたい。

　なお、本書の研究は、筆者が代表となっている下記の３つの日本学術振興会科学研究費基盤（C）18580220（2006〜2008年度）・22580243（2010〜2012年度）・16K07893（2016〜2018年度）の助成も受けて実施している。

　また出版にあたっては平成28年度岐阜大学活性化経費（人文社会系活動支

援）の助成を受けている。

　2017年2月13日　岐阜大学の研究室にて

荒井　聡

初出一覧

序章 「農政転換、低米価下における担い手形成と農地利用の動き」農業問題研究学会2016年度春季大会シンポ座長解題資料（2016年3月28日）に加筆。

I部　米政策改革胎動期における水田農業と集落営農
第1章「兼業深化平地農村における集落営農の展開と担い手の動向―岐阜県海津郡平田町を中心に―」（田代洋一編著『日本農業の主体形成』筑波書房、2004年、所収）。
第2章「『米政策改革』下における地域参加型集落営農法人組織の展開論理―岐阜県揖斐郡揖斐川町営農組合を中心に―」『農業・食料経済研究』第51号第2号、2005年。
第3章「新基本計画と中部地域における水田農業担い手形成の課題―東海地区を対象として―」『農業・食料経済研究』第52号第1号、2005年。

II部　水田経営所得安定対策による集落営農再編と水田農業の担い手
第4章「水田・畑作経営所得安定対策による集落営農の再編」（荒井聡・今井健・小池恒男・竹谷裕之編著『集落営農の再編と水田農業の担い手』筑波書房、2011年　第1章所収）。
第5章「集落営農の再編強化による兼業農業の包摂―海津市旧平田町の事例を中心に―」（同上・第2章所収）。
第6章「兼業深化地帯における水田農業の担い手と集落営農―美濃平坦地域を中心に―」（今井健編著『地域再生と農業』』筑波書房、2010年、所収）。

III部　農政転換期の水田農業と集落営農
第7章「戸別所得補償制度への転換による集落営農の新展開―岐阜県中山間地地域を中心に―」構造分析プロジェクト研究資料第2号、農林水産政

策研究所、2012年を圧縮。
第8章「地域農業・農地の新動向と「人・農地プラン」―東海地域を中心に―」『農業・農協問題研究』第51号、2013年。
第9章「中山間地域における小規模・高齢化集落の農業と集落営農―岐阜県の事例―」「中山間地域における小規模・高齢化農業集落での集落営農の進め方―調査分析報告書―」岐阜県集落営農組織化サポート事業委託業務報告書（岐阜大学）、2012年を圧縮編集。
第10章第1節「雇用型集落営農の労働力―誰をどう雇用するか―」『農業と経済』第78巻第9号、2012年。
　第2節「農地管理主体として存在感を増す土地持ち非農家」『農業と経済』第81巻第2号、2015年。

Ⅳ部　農業構造改革による水田農業と集落営農の新展開
第11章「集落営農における地代と労賃の衝突と法人化―岐阜県平地農村地帯の事例分析―」農業問題研究学会2016年度秋季大会個別報告資料（2016年11月3日）に加筆。
第12章「集落を基礎とした営農組織等の機能と地産地消の展開条件―大垣南営農組合を中心として―」『大垣市の地産地消推進に関する提言と調査結果』大垣市地産地消推進研究会、2008年をもとに書き下ろし。
第13章「『米政策改革』の推進と水田農業における担い手の経営展開―岐阜県揖斐郡揖斐川町―」『平成16年度・構造改善基礎調査報告書』東海農政局、2005年3月をもとに書き下ろし。

終章　書き下ろし

著者略歴

荒井　聡（あらい　さとし）
1957年、福島県生まれ　博士（農学）・東北大学
岐阜大学応用生物科学部教授
福島大学農学系教育研究組織設置準備室専任教授（クロスアポント兼務）

主な著書：
『法人コントラクターによる粗飼料生産の展開条件』農政調査委員会、1996年（単著）
『日本農業の主体形成』筑波書房、2004年（共著）
『大塚久雄「共同体の基礎理論」を読み直す』日本経済評論社、2007年（共著）
『中山間地域は再生するか』アカデミア出版会、2008年（共著）
『水田経営所得安定対策による集落営農組織の再編と法人化』農政調査委員会、2010年（単著）
『地域再生と農業』筑波書房、2010年（共著）
『民主党農政1年の総合的検証』農林統計協会、2011年（共著）
『集落営農の再編と水田農業の担い手』筑波書房、2011年（共編著）

米政策改革による水田農業の変貌と集落営農
―兼業農業地帯・岐阜からのアプローチ―

2017年3月31日　第1版第1刷発行

　著　者　荒井　聡
　発行者　鶴見治彦
　発行所　筑波書房
　　　　　東京都新宿区神楽坂2－19 銀鈴会館
　　　　　〒162－0825
　　　　　電話03（3267）8599
　　　　　郵便振替00150－3－39715
　　　　　http://www.tsukuba-shobo.co.jp

定価はカバーに表示してあります

印刷／製本　平河工業社
© Satoshi Arai 2017 Printed in Japan
ISBN978-4-8119-0507-5 C3061